职业教育工学结合一体化教学改革系列教材

钳工实训一体化教程

主　编　高永伟

副主编　王梁华　褚佳琪

参　编　陈　禹　余清旺　丁永丽

　　　　蔡宗顺　金　卓　周安琪

主　审　汤国泰

机械工业出版社

本书体现"做中学""做中教"的教学方式，突出岗位基础性、需求性、应用性、实用性原则；以能力为本位，重视动手能力的培养，突出职业教育特色，本着理论知识"实用、够用、易学、扎实"的原则，重点加强了案例操作教学内容，强调岗位实际工作能力的培养。本书主要内容包括：入门指导、通用类量具原理及应用、划线技术、錾削技术、锉削技术、锯削技术、孔加工技术、弯形与矫正技术、刮削技术、研磨技术、锉配技术、装配技能训练等。

本书可作为职业技术院校、技工学校机械加工相关专业钳工实训教学和实训指导教材，也可作为钳工的初级工、中级工和高级工的考证指导书，还可作为相关企业员工的钳工培训教材。

图书在版编目（CIP）数据

钳工实训一体化教程/高永伟主编. —北京：机械工业出版社，2021.10
（2025.1重印）

职业教育工学结合一体化教学改革系列教材

ISBN 978-7-111-69368-0

Ⅰ.①钳… Ⅱ.①高… Ⅲ.①钳工-职业教育-教材 Ⅳ.①TG9

中国版本图书馆 CIP 数据核字（2021）第 207213 号

机械工业出版社（北京市百万庄大街 22 号 邮政编码 100037）
策划编辑：王晓洁 责任编辑：王晓洁
责任校对：张 征 王明欣 封面设计：陈 沛
责任印制：常天培
北京铭成印刷有限公司印刷
2025 年 1 月第 1 版第 4 次印刷
184mm×260mm · 15.75 印张 · 384 千字
标准书号：ISBN 978-7-111-69368-0
定价：49.80 元

电话服务　　　　　　　　　网络服务
客服电话：010-88361066　　机 工 官 网：www.cmpbook.com
　　　　　010-88379833　　机 工 官 博：weibo.com/cmp1952
　　　　　010-68326294　　金 书 网：www.golden-book.com
封底无防伪标均为盗版　机工教育服务网：www.cmpedu.com

前言

为落实国家职业教育课程体系建设的精神，提升教育教学质量，深化专业课教学改革，使学生更快、更好地打好基础，掌握专业技能，我们按现代机械制造企业的生产流程和企业岗位要求构建课程的知识技能训练体系，编写了本书。

本书依据企业工作岗位核心能力要求和现行国家职业技能等级认定规范编写而成，并采用任务驱动的教学方法，以本专业学生必备的基本知识与技能为主线，主要内容包含了生产安全与产品检测基础、钳工技术训练、综合零件加工与装配3个模块，12个课题，48个任务，大小图示约400幅，各类表格约100个。本书涵盖了钳工从入门到精通的基础知识与技能训练，较完整地体现了现代企业钳工岗位所需知识与技能培养的全过程。

本书具有以下特点：

一、将课程目标定位于中（高）级技术技能型人才的培养，因为人才不仅要有正确的职业观、就业观，还要具备创新能力和自我发展能力。本书体现了"做中学""做中教"的教学方式，突出岗位基础性、需求性、应用性、实用性原则。

二、以能力为本位，重视动手能力的培养，突出职业教育特色，本着理论知识"实用、够用、易学、扎实"的原则，重点加强了案例操作教学内容，强调岗位实际工作能力的培养。

三、系统地把钳工岗位实际需求的知识与技术技能相融合，用完成课题和任务的方式进行教学，既体现了专业知识技能的完整性，又便于各类职业院校根据自身条件和培养目标选用合适的课题进行教学。每个任务不仅包含知识目标和技能目标，还将素养目标按岗位标准要求和职业发展需求融入每一个课题的实施过程中。本书力求符合学生认知规律，编写中采用新的体例形式，文字表述简明、准确；采用图文并茂的方法，通过大量的图片、表格来展现知识要点、工艺顺序、技能要领，提高可读性，使学生在学习中有目标、有重点，进而使所学知识得到巩固与提高。

四、本书注重理论和实践相结合，通过配套的技能训练课题来加强对学生操作技能的培养。本书最大的亮点是通过课题任务训练，循序渐进地强化行业专业技能训练，每课都有任务和课内外练习，学生在校期间就可体验企业岗位的运转模式；用岗位标准来考查课题任务的完成情况；课题完成后采用自评、互评和师评三级考评方式，提高学生的自我检测意识和交流合作意识。

本课程的教学课时数建议为574课时，各模块的参考教学课时参见下面的课时分配表，其中课题内容和实践训练时间可根据各院校的实际条件和时间调整。

模　　块		课程内容		课时分配（参考）	
				讲授	实践
模块1　生产安全与产品检测基础	课题1	入门指导		4	12
	课题2	通用类量具原理及应用		8	16
模块2　钳工技术训练	课题3	划线技术		6	10
	课题4	錾削技术		4	8
	课题5	锉削技术		10	98
	课题6	锯削技术		6	10
	课题7	孔加工技术		10	26
	课题8	弯形与矫正技术		4	4
	课题9	刮削技术		6	64
	课题10	研磨技术		4	12
模块3　综合零件加工与装配	课题11	锉配技术		30	114
	课题12	装配技能训练		20	88
课时总计				112	462

注：理实一体教学，按每天8课时，每周36课时计算。

　　本书由杭州萧山职业技能培训中心有限公司（杭州萧山技师学院）高永伟任主编，编写课题5、11、12；杭州萧山技师学院王梁华任副主编，编写课题3、4；海宁技师学院褚佳琪任副主编，编写课题1、2；杭州市萧山区第一中等职业学校余清旺编写课题7，金卓编写课题6；杭州轻工技师学院陈禹编写课题8、10；杭州市第二机械技工学校蔡宗顺编写课题9；全书图表和配套资源由杭州萧山技师学院丁永丽负责，人物图形绘制由周安琪负责。本书由杭州萧山职业技能培训中心有限公司汤国泰担任主审。

　　本书的编写得到了杭州萧山技师学院院长许红平教授、海宁技师学院徐炜院长等的支持，在此一并表示感谢！

　　限于编者水平和经验，书中难免存在错误和不妥之处，恳请广大读者批评指正。

编　者

目 录

模块 1

生产安全与产品检测基础

课题 1　入门指导

本课题主要介绍钳工的基本知识及入门训练。学生通过学习获知钳工的工作性质和任务，钳工常用的工具、量具和设备；熟悉实训场所的布局和生产工作现场；学会使用简单手工工具对台虎钳进行拆装，了解其构造和使用要求；学习钳工安全文明生产知识，对事故的发生与预防有初步的认识；逐步养成良好的职业习惯，提高职业素养。

钳工实训教学第一次上课，主要是通过教师讲授钳工的概念和知识，带领学生熟悉实训现场和实习工位，参观企业生产车间，通过实物、图片和视频来了解钳工工作中常用的工具、量具和设备等的结构以及适用场合；学习了解实训教学的组织、程序以及要求，学习实训工作现场的规章制度等。

任务 1　认识钳工及常用工具

知识目标	通过讲解、视频、实物，了解钳工的工作内容，获知钳工手工作业使用的工具、量具和设备设施
技能目标	能说出钳工的基本操作内容，辨认常用作业工具、量具和设备设施
素养目标	学会正确摆放工具、量具，保持场地清洁

任务描述

了解钳工及常用工具的相关知识。

知识准备

准备钳工常用的工具、量具，钳工加工完成的典型零件等；观看相关的图片、视频、PPT等资料；提前查阅资料或到机电市场了解手工作业工具和设备。

钳工的主要任务及种类如下：

1）钳工的主要任务：

① 加工零件。钳工是通过手用工具和小型设备，完成机械方法不适宜或不能解决的加

工，如工件的划线、刮削、研磨等精密加工以及检验和修配等。

② 装配。按装配技术要求进行组件、部件装配及总装配，并经过调整、检验、试运行等，使之成为合格的机械设备（或部件）。

③ 设备维修。对机械设备使用过程中产生故障、出现损坏或长期使用后精度降低影响使用等情形，进行维护和修理。

④ 工具的制造和修理。制造和修理各种工具、量具、夹具、模具及各种专业设备。

2）钳工的种类。由于钳工技术应用的广泛性，钳工目前已有了专业性分工，如装配钳工、机修钳工、工具钳工、模具钳工等，以适应不同工作和不同场合的需要。

◈ 任务实施

通过图表、视频了解钳工基本操作内容，识别钳工常用工具和常用设备。

1. 钳工的基本操作内容（表 1-1）

表 1-1　钳工基本操作内容简介

序号	操作内容	操作演示	简介
1	划线	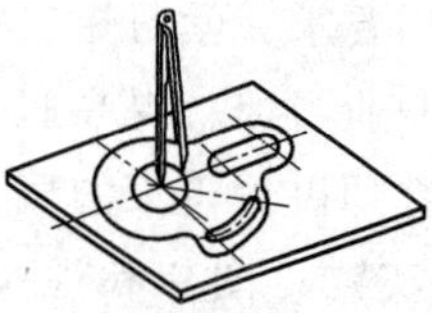	根据图样的尺寸要求,用划线工具在毛坯或半成品上划出待加工部位轮廓线(或称加工界线)的一种操作
2	錾削	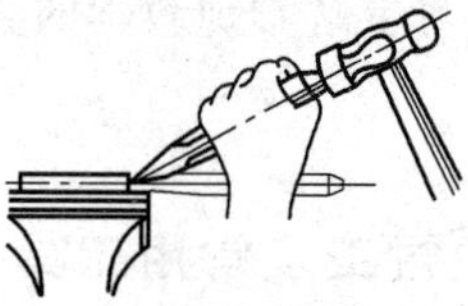	用锤子打击錾子对金属进行切削加工的操作
3	锉削		用锉刀对工件表面进行切削加工,使工件达到零件图样要求的形状、尺寸和表面粗糙度的操作
4	锯削	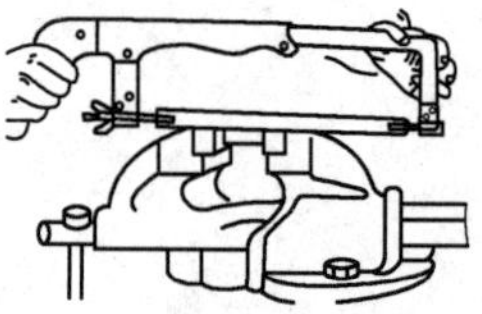	利用锯条锯断金属材料(或工件)或在工件上进行切槽的操作
5	钻孔、扩孔和锪孔	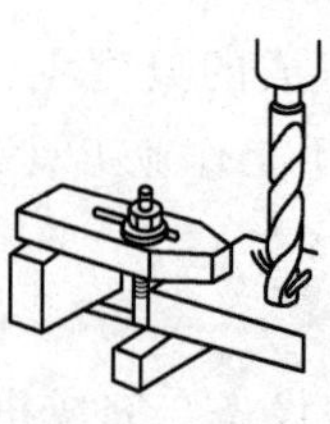	用钻头在实体材料上加工孔的操作称为钻孔;用扩孔工具扩大已加工孔的操作称为扩孔;用锪钻在孔口表面锪出一定形状的孔或表面的操作称为锪孔

（续）

序号	操作内容	操作演示	简介
6	铰孔	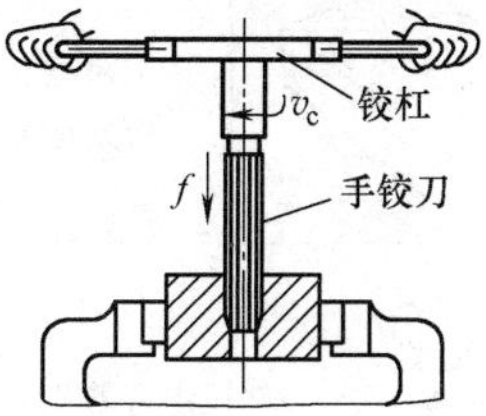	用铰刀从工件孔壁上切除微量金属层,以提高孔的尺寸精度和表面质量的操作
7	攻螺纹	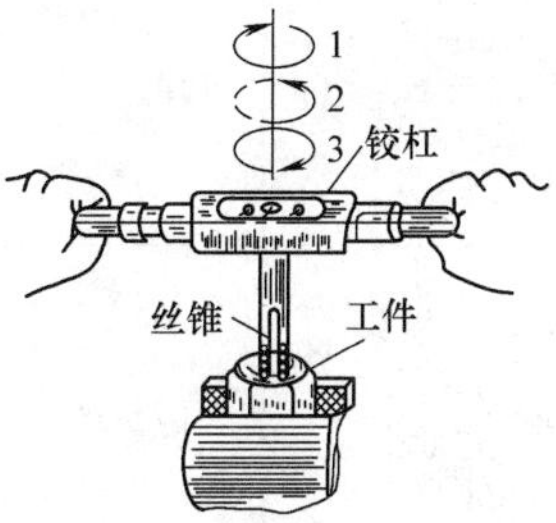	用丝锥在工件内圆柱面上加工出内螺纹的操作
8	套螺纹	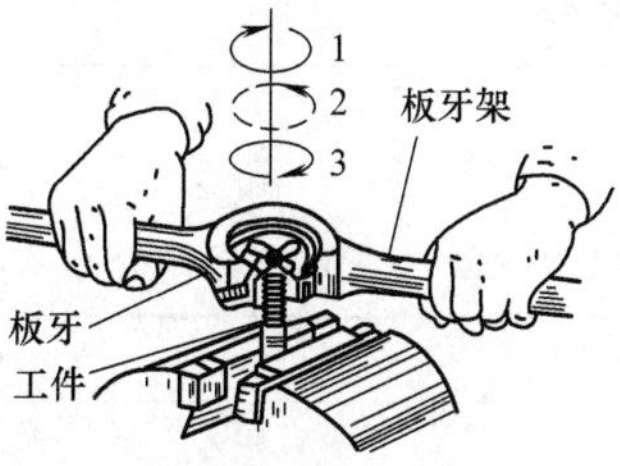	用圆板牙在圆柱杆上加工出外螺纹的操作
9	矫正和弯曲	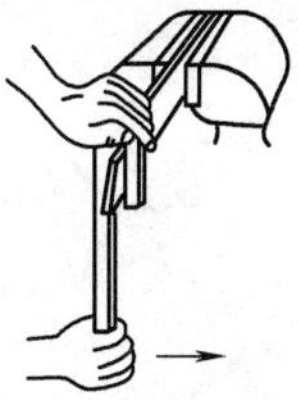	消除材料或工件弯曲、翘曲、凹凸不平等缺陷的操作称为矫正。将坯料弯成所需要形状的操作称为弯曲
10	铆接和粘接	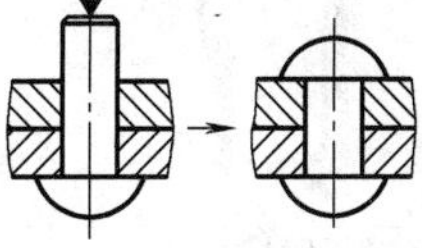	用铆钉将两个或两个以上工件组成不可拆卸的连接的操作称为铆接。利用黏结剂把不同或相同的材料牢固地连接成一体的操作称为粘接
11	刮削		用刮刀在工件已加工表面上刮去一层很薄金属的操作称为刮削

（续）

序号	操作内容	操作演示	简介
12	研磨	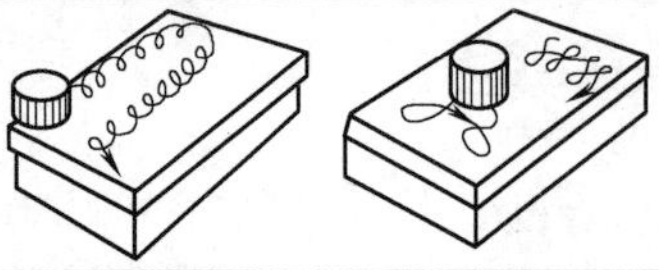	用研磨工具和研磨剂从工件上研去一层极薄表面层的精加工方法称为研磨
13	装配和调试	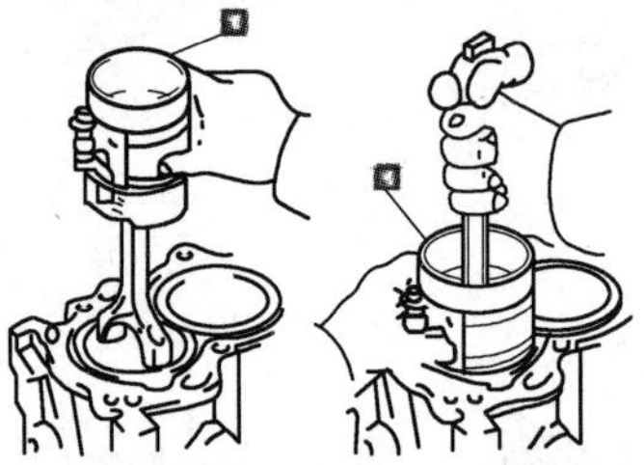	将若干合格的零件按规定的技术要求组合成部件，或将若干个零件和部件组合成机器设备，并经过调整、试验等使之成为合格产品的工艺过程
14	测量		用量具、量仪来检测工件或产品的尺寸、形状和位置是否符合图样技术要求的操作

2. 钳工手工作业常用工具（表1-2）

表1-2　钳工手工作业常用工具简介

序号	工具名称	式样	简介
1	通用扳手（活扳手）	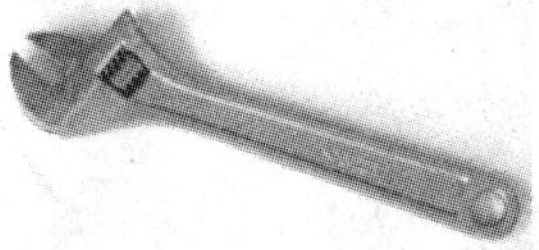	活扳手的开口宽度可在一定范围内调节，是用来紧固和起松不同规格的螺母和螺栓的一种工具
2	专用扳手	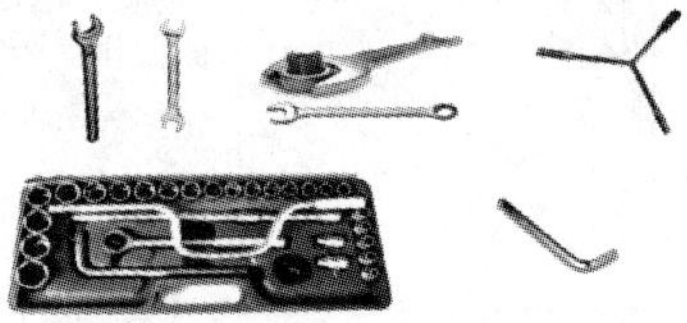	属手工工具领域，用于在空间狭小的地方和室外作业时不容易操作的作业
3	特种扳手	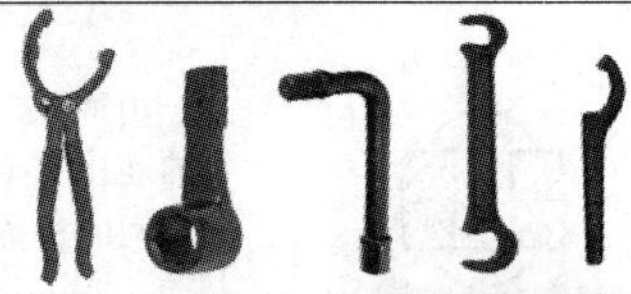	用于特殊设计要求的扳手
4	螺钉旋具	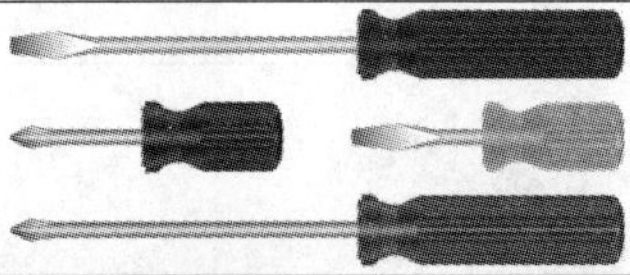	用以旋紧或旋松螺钉的工具，主要有一字（负号）和十字（正号）两种
5	铁锤/胶锤/铜棒	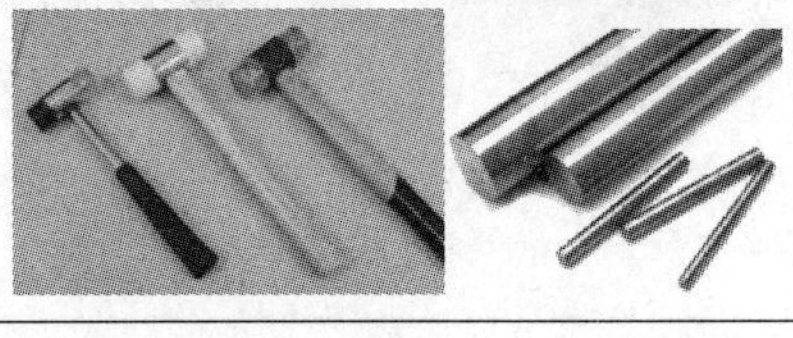	锤击工具，一般指单手操作的锤子，它主要由手柄和锤头组成

（续）

序号	工具名称	式样	简介
6	气动扳手		又称棘轮扳手，主要是一种以最小的消耗提供高转矩输出的工具
7	钳子		一种用于夹持、固定加工工件或者扭转、弯曲、剪断金属丝线的手工工具。外形呈V形，通常包括手柄、钳腮和钳嘴三个部分
8	滚动轴承拆装工具	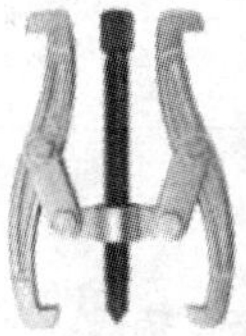 	专门用于装拆各种轴承的工具。常用的有顶拔器和专用套装工具
9	铆接工具		用于铆接的专用冲子等
10	润滑油枪		一种加注润滑油的工具
11	撬杠	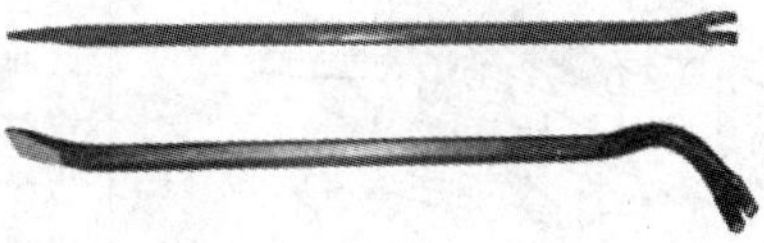	广泛用于检修、维护和搬运设备的五金工具
12	钳工锉	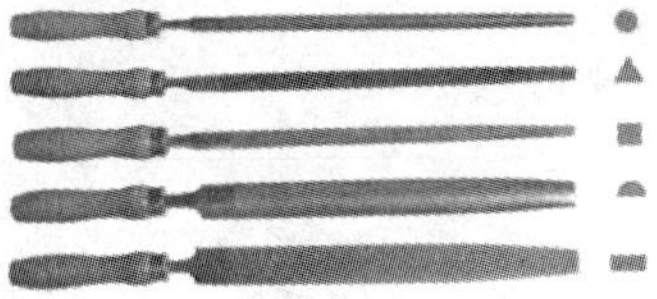	钳工常用锉削工具
13	修边器		也称毛刺刮刀。用于工件直边、弧边、圆孔等的修整、刮削、倒角和清除毛刺工序
14	钢锯	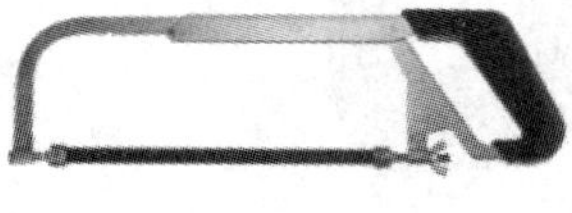	钳工常用锯削工具

（续）

序号	工具名称	式样	简介
15	划规		划规也被称作圆规、划卡、划线规等，是完成划线工作和用来确定轴及孔的中心位置、划平行线的基本工具
16	电工刀		电工常用的一种切削工具
17	划针	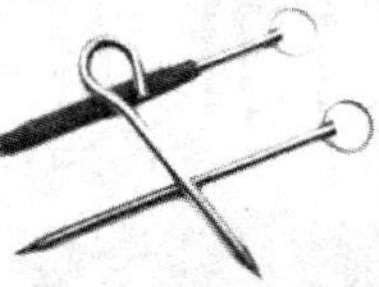	常用直径为φ3～φ6mm弹簧钢丝或高速钢制成，尖端呈15°～20°，并经淬硬，变得不易磨损和变钝

3. 钳工作业常用设备及辅具（表1-3）

表1-3　钳工作业常用设备及辅具

序号	工具名称	规格式样	使用场合
1	工作台	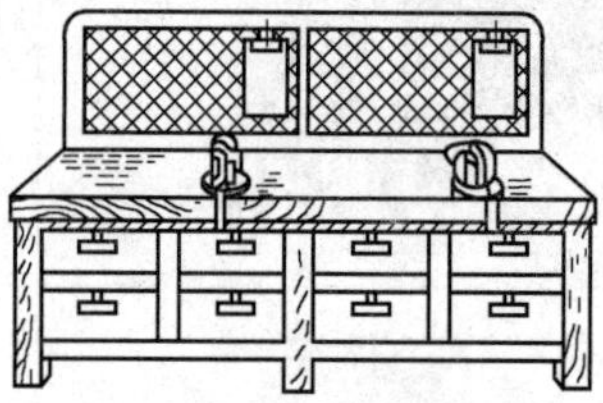	常用硬质木材或钢材制成，要求坚实、平稳。台面高度为800～900mm，台面上安装台虎钳
2	台虎钳	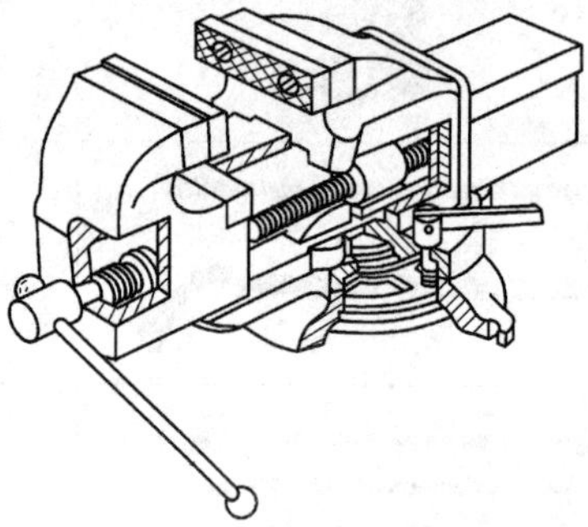	台虎钳主要用来夹持工件，有固定式和回转式两种。在钳桌上安装台虎钳时，应使固定钳身的钳口露出钳台边缘，以利于夹持长条形工件，转盘座用螺栓紧固在钳台上
3	平板		是检验机械零件相关平面的平面度、平行度、直线度等几何公差的测量基准，也可用于一般零件及精密零件的划线、研磨工艺加工及测量、装配等
4	方箱		用铸铁材料HT200按JB/T 3411.56—1999标准制造的空心立方体或长方体，精度分为1、2、3三个等级，是机械制造中零部件检测、划线等的基础设备

（续）

序号	工具名称	规格式样	使用场合
5	弯板		弯板主要用于零部件的检测和机械加工中的装夹。用于检验零部件相关表面的相互垂直度,常用于钳工划线
6	V形铁		用于轴类检验、校正、划线,还可用于检验工件相关平面的垂直度、平行度。精密轴类零件的检测、划线、定位及机械加工中的装夹
7	千斤顶	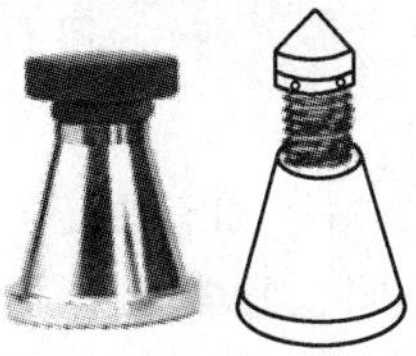	由人力通过螺旋副传动,螺杆或螺母套筒作为顶举件。普通螺旋千斤顶靠螺纹自锁作用支持重物,构造简单,但传动效率低,返程慢。千斤顶也有液压式等形式
8	台式钻床	略	详见课题7的任务1
9	砂轮机	略	详见课题7的任务1

任务评价

1) 完成《作业评价手册》课内作业1.1、1.2。

2) 记录自己对本次任务的思考和问题,写出自己的实践感受。

任务2　了解职业素养和安全文明生产要求

知识目标	了解本专业职业素养的基本内容,学习分析事故产生的原因和必要的防护措施以及应急方法
技能目标	学会基本的作业防护本领,学会合理摆放实训物品
素养目标	列队并保持安静地进入实训车间,按"7S"管理要求进行实训作业,严格执行实训纪律,做到安全文明生产

任务描述

学习钳工职业素养和安全文明生产的要求。

知识准备

学习相关的安全教育短视频、PPT课件、图片等,通过案例学习,分析事故产生的原因和必要的防护措施、应急方法等。逐条学习钳工安全文明生产基本要求,对照场地、设备进行检查。按照安全文明生产的要求在钳台上摆放工具、量具等物品。

（1）安全教育　安全生产，人人有责。从业人员必须认真贯彻"安全第一，预防为主"的方针，严格遵守安全操作规程和安全生产规章制度。设备是学校（企业）的重要财产，为做好文明生产，防止掠夺性使用设备，加强设备维护保养，延长机床使用时间，提升学校（企业）形象，必须学好安全文明生产和设备保养知识。

图 1-1　现场列队参加晨会

列队进入车间（图 1-1），进行机械设备技术及安全作业等方面的教育。防止因技术操作不规范、不熟练等而产生意外，做到持证上岗操作。

（2）生产作业保护　操作者应该学会正确选择和穿戴工作服、防护眼镜、安全帽（如有规定）等作业保护用具（图 1-2）。

1）保护眼睛。在机加工和装配生产车间，常常会有飞屑伤人等意想不到的危险发生，必须养成戴防护眼镜的良好习惯，选择舒适的、适合随时佩戴的眼镜（图 1-3）。工厂中通常有平面防护眼镜、塑料遮尘镜、防护面罩等。

图 1-2　操作者的安全措施

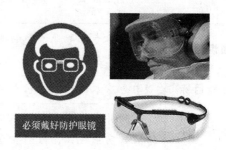

图 1-3　保护眼睛

2）保护听力。许多机械车间的噪声非常大，有些机械加工引起的噪声会造成听力永久性损伤，要养成在噪声过大时戴防护耳塞或耳罩的习惯（图 1-4）。

3）穿好工作服。宽松的衣服在操作机械设备时会带来安全隐患。长袖、领带、敞开的衬衣都是非常危险的，因为衣服容易被机械缠绕（图 1-5）。另外，加工时所产生的切屑（温度很高）易黏附在人造纤维织物上，将其熔透，皮肤被烧焦而使人疼痛难忍，降低生产效率，增加危险性。而棉质的工作服能起到保护作用，高温切屑飞溅到这种工作服上时会立即脱落。因此，在工作时必须穿合身的棉质工作服，且不能有外露的口袋和丝巾。

图 1-4　保护听力

图 1-5　衣服过于宽松被机械缠绕

4）保护脚。尽管运动鞋穿起来很舒服，但是它不适合在工厂车间穿着。穿劳保鞋（钢制包头防护鞋），能有效防止坠物砸伤脚，当地面有切屑、切削液、润滑油时能起防滑作用，还能防止疲劳。一些有防静电、绝缘等要求的特殊场合还需要按要求穿电工工作鞋。

5）安全帽。安全帽是防止冲击物伤害头部的防护用品，由帽壳、帽衬、下颊带和后箍组成。帽壳和帽衬之间留有一定空间，可缓冲、分散瞬时冲击力，从而避免或减轻对头部的直接伤害。采购和使用的安全帽应该符合国家标准 GB 2811—2019。如有规定，进入车间必须戴帽子（图 1-6）。

6）不留长发。长发缠绕引起的人身事故每年都有发生，需引起高度重视。因为机械加工时产生的气流或静电很容易将长发缠绕在旋转的机器上。如果头发长度超过 50mm，就容易被机器所缠绕（图 1-7）。

图 1-6　戴帽子进入车间

图 1-7　长发缠绕在旋转的机器上

7）不佩戴首饰。首饰等饰物或挂件容易被挂在运动着的机器上或粘在切屑上而引起危险。另外，首饰一般都传热导电，所以，从安全的角度考虑，机械加工时不要佩戴任何首饰。

（3）工作现场"7S"管理　为确保装配车间现场人员作业符合要求，实现优质、高效、低耗、安全生产，装配车间所有管理员、装配工必须严格遵守安全文明生产管理制度，并定期检查与考核。

作业现场是否按区域标识，物品是否按规定进行摆放，各工位"7S"情况等，是安全文明生产的基础，需要认真学习和执行。同时要学会做好常用设备的保养，掌握基本的保养程序与方法。

1）企业生产现场安全文明生产的基本要求。做好文明生产，班组应做到如下几点：

① 确保产品质量，做到零件"四无一不落地"（无锈蚀、无油污、无毛刺、无磕碰，

零件不落地）。

② 工位器具、工具箱按划定位置摆放，工具箱内工具要定位存放，清洁，无锈蚀，账、卡、物 "三一致"；量具和一类工具使用和保管要合理。

③ 夹具、辅具和模具等工装器件，按规定摆放，做到整齐、清洁、无锈蚀。

④ 使用的设备实行定人、定机，凭操作证操作，保持设备完好，润滑正常，安全可靠，清洁度好，外观见本色，无黄斑，无油污。

⑤ 设备工作面上不放工件、工具和杂物。

⑥ 图样、工艺文件和各种原始记录台账摆放整齐，班组管理园地简明、美观、大方、实用。

⑦ 地面无烟头、纸块、痰迹、油污、积水和杂物等，确保道路畅通。

⑧ 生产岗位不吸烟、不看手机（报纸）、不聊天，工作时间不串岗。

⑨ 按规定穿戴好劳保用品。

⑩ 门窗等明亮、清洁。

钳工实训车间 "7S" 管理实施细则

2）学习并严格执行钳工实训车间 "7S" 管理实施细则，按要求整理、整顿、清洁工作场地、操作工具和设备等。

① 整理。效率和安全始于整理。把需要与不需要的人、事、物分开。对于不需要的杂物、脏物，坚决从生产现场清除掉。

② 整顿。对整理之后现场必要的物品分门别类放置，排列整齐。

③ 清扫。将工作场所清扫干净，保持工作场所干净、整洁。

④ 清洁。将整理、整顿、清扫实施的做法制度化、规范化。维护前面的成果。

⑤ 素养。提高员工思想水准，增强团队意识，养成按规定行事的良好工作习惯。

⑥ 安全。清除安全隐患，保证工作现场工人的人身安全及产品质量安全，预防意外事故的发生。

⑦ 节约。对时间、空间、质量、资源等合理利用，以发挥它们的最大效能，从而创造一个高效率的、物尽其用的工作场所。

（4）现场定置管理　现场定置管理是使每一件物品都有最适合的地方放置，而且确保物品按照要求放在了规定的地方。定置管理的目的是减少寻找物品的时间，减少取放的时间，从而提高效率、节省成本。定置管理的基本内容是：

1）定置管理的三定原则：

① 定点。定点也称为定位，是根据物品的使用频率和便利性，决定物品所应放置的位置。一般来说，使用频率越低的物品，应该放置在距离工作场所越远的地方。通过对物品的定点，保持现场整齐，提高工作效率。

② 定容。定容的目的是解决用什么容器与颜色的问题，容器的变化往往能使现场发生较大的变化，通过采用合适的容器，并在容器上加相应的标识，不但能使杂乱的现场变得有条不紊，还有助于管理人员树立科学的管理意识。

③ 定量。定量就是确定保留在工作场所或其附近物品的数量，按照精益生产的观点，在必要的时候提供必要的数量。因此，物品数量的确定应该以不影响工作为前提。通过定量控制，使生产有序，现场次序井然，明显降低浪费。

2）定置管理的三要素：

① 放置的场所。什么物品应放在哪个区域都要明确，而且要一目了然。

② 放置的方法。所有物品原则上都要明确其放置方法：横放、竖放、斜置、吊放、钩放等。

③ 放置的标识。标识是使现场一目了然的前提，好的标识是指任何人都能够十分清楚任何一堆物品的名称、规格、使用方法、保质期等参数。标识的方法有：轮廓线、标签、阴影、色标等。

（5）实训纪律要求

1）严肃的纪律和严格的规定对工作的意义：

① 可以保证劳动生产正常地进行，从而促进社会顺利发展。

② 可以促进劳动生产率的提高。

③ 劳动纪律是严格科学管理，完善企业各种经济责任制的必要条件。

④ 有利于社会主义精神文明建设。

⑤ 遵守和执行劳动纪律是作为劳动者的一项重要义务。

2）实训纪律：

① 遵守学生守则。

② 遵守实训工厂（车间）管理制度。

③ 遵守钳工操作规程。

安全标志

任务实施

1）学习钳工安全生产操作规程。

2）学习钳工现场规范。

3）对实训工位及场地进行整理、整顿、清扫等活动，按"7S"管理要求对照检查。

钳工安全生产操作规程

任务评价

1）对照钳工安全生产操作规程和钳工现场规范的内容进行检查。

2）记录自己对本次任务的思考和问题，写出自己的实践感受。

钳工现场规范

任务3　熟悉工作场所和实训工位

知识目标	通过现场参观，整理物品，了解实训场地和工位的具体位置与物品摆放要求
技能目标	能够准确、快速、安全地到达实训场所，找到自己的工位，摆放好所用物品
素养目标	正确穿戴工作服、安全鞋、工作帽等防护用品，列队行进中不得有说话声音，实训场室内不得大声喧哗，正确使用清洁工具打扫卫生，做到干净整洁

任务描述

在实训老师带领下，走进车间、认知职业，通过观摩现场，观看视频、图片等方式，感知企业生产环境和生产流程，了解安全生产要求、规章制度和技术发展趋势等。完成实训物品的分发领用和摆放；正确穿戴工作服、安全鞋和工作帽；分组确定工位，正确使用清洁工具打扫场室，做到干净整洁。

◆ 知识准备

钳工工作场地是钳工生产或实习的场所，熟悉钳工工作场地，了解场地内的主要设施、设备，理解钳工安全文明生产基本要求，是每个钳工学生入门学习的必修一课。

（1）钳工工作场地　钳工的工作场地是供一人或多人进行钳工操作的地点。对钳工工作场地的要求有以下几个方面。

1）主要设备的布局应合理适当。钳工工作台应放在光线适宜、工作方便的地方。面对面使用钳工工作台时，应在两个工作台中间安置安全网。砂轮机和钻床应放置在场地边缘，以保证安全。

2）正确摆放毛坯和工件。毛坯和工件要分别摆放整齐、平稳，并尽量放在工件搁架上，以免磕碰。

3）合理摆放工具、夹具和量具。常用工具、夹具和量具应放在工作位置附近，便于随时取用，不应任意堆放，以免损坏。工具、夹具和量具用后应及时清理、维护，并且妥善放置。

4）工作场地应保持清洁。作业后对设备进行清理、润滑、保养，并及时清扫场地。

（2）实训工位　学生需有独立的实训工作位置，有钳台、台虎钳、工具箱、踏脚板（如有必要）等。

◆ 任务实施

1. 参观工厂（场）

（1）熟悉钳工工作场地　参观钳工实训场地，认识主要钳工设施，如台虎钳、钳台、砂轮机、台钻等。

（2）参观工厂　通过系统性地参观工厂，帮助学生提高对机械生产流程和工艺的初步认识，了解产品从毛坯转变为成品的过程，知道产品是需要通过机器和机床多工种协作才能完成的。观察企业生产组织秩序和现场"7S"管理成果，了解钳工相关的工作内容。

组织参观的流程：备料（下料车间）→铸造→锻造→机械加工车间（加工轴、套、箱体或支架、齿轮，质量检验）→热处理车间（退火、正火、淬火、回火等）→精加工车间→装配车间（准备组件、部件，总装配）→调整与试验→涂装并装箱→生产运输等。

2. 放好实习用品

根据图 1-8 所示掌握以下几条规律：

1）用左手去拿的物品应放在左边，用右手去拿的物品应放在右边。

2）常用的物品放在近处，不常用的物品放在远处。

3）量具和检验校正工具，应当跟工具分开单独放，以免损坏。

4）图样应放在图板上挂于眼前较高处。

3. 检查钳工工位高度

教师帮助学生检查各自钳工工位高度是否合适。检查的方法是人在台虎钳前站立，握拳、弯曲手臂，使拳头轻抵下腭，手肘下端应刚好在钳口上面（图1-9），否则需要调整钳台高度或在地面垫脚踏板以提高人的高度。

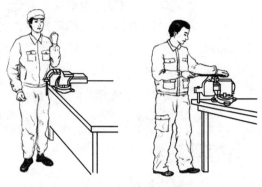

图1-8　工作台放置工具、毛坯、文件的位置范围　　　图1-9　按学生身体高度选择台虎钳（工位）高度

4. 检查光线

通常要求光线从左侧或前面照射到台虎钳上，以使实习工位有正确的光线，通常采用混合照明，照度范围控制在1000lx。如果未达标，指导老师应及时通知学院后勤管理进行维护。

5. 装拆、保养台虎钳训练

1）指导教师下达小组学习任务。

2）各小组接受任务并进行分析讨论，制订装拆计划，分工协作。

3）台虎钳是钳工主要要用到的工具之一。图1-10所示为回转式台虎钳。装拆、保养时，首先要了解台虎钳的结构、工作原理，准备好训练需用的工具如螺钉旋具、活扳手、钢丝刷、毛刷、油枪、润滑油、黄油等。注意拆卸顺序要正确，拆下的零部件排列有序并清理干净、涂油。装配后要检查是否使用灵活。

4）完成作业1.3中工具清单的填写。

5）完成作业1.4中台虎钳的零件名称及作用的填写。

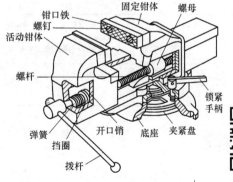

图1-10　回转式台虎钳

常见台虎钳

6）完成对台虎钳的装拆及保养（具体操作步骤）。

① 拆下活动钳体。逆时针转动手柄，一手托住活动钳体并慢慢取出。

② 拆下螺杆。依次拆下开口销、挡圈、弹簧，将螺杆从活动钳体取出。

③ 拆下固定钳体。转动锁紧手柄松开锁止螺钉，将固定钳体从底座上取出。

④ 拆下螺母。用活扳手松开紧固螺钉，拆下螺母。

⑤ 拆下两个钳口铁。用螺钉旋具（或内六角扳手）松开钳口铁紧固螺钉。

⑥ 拆下底座和夹紧盘。用活扳手松开紧固底座和钳桌的三个联接螺栓。

⑦ 清理各零部件。用毛刷清理各零部件以及钳桌表面。一些积留在钳口铁、底座和夹紧盘上的切屑可用钢丝刷清除。

⑧ 涂油。螺杆、螺母涂润滑油，其他螺钉涂防锈油。

⑨ 装配。按照与拆卸相反的顺序装配好台虎钳，装配后检查活动钳体转动、螺杆旋转是否灵活。

 小提示：

①安装钳口铁时，要拧紧螺钉，否则在使用时易损坏钳口铁和螺钉并使工件夹不稳。②安装螺母时要用扳手拧紧紧固螺钉，否则当用力夹工件时，易使螺母毁坏。

任务评价

1）完成课内作业后，按作业 1.5 进行检测评分。

2）完成课内作业 1.6。

3）记录自己对本次任务的思考和问题，写出自己的实践感受。

课题 2　通用类量具原理及应用

钳工作业常常会用到一些通用量具，了解这些量具的式样、结构和使用场合，学习量具操作和保养的注意事项，可以在完成钳工操作时及时判断出加工尺寸精度和几何精度是否达到图样的要求，也能较好地使用和维护量具。

任务 1　游标卡尺的应用

知识目标	准确说出游标卡尺的读数方法和使用方法
技能目标	快速、正确、有效地利用游标卡尺进行尺寸测量
素养目标	秉持尊重科学、应用科学的态度，养成爱护和保养量具的习惯，树立务实的工作观和学习观

任务描述

认识游标卡尺的基本结构和刻线原理，掌握游标卡尺的读数方法和使用方法。做到快速、正确、有效地利用游标卡尺进行尺寸测量。

知识准备

游标类量具的种类与规格繁多，本任务以通用游标卡尺为例进行学习，其他类型的游标卡尺可查阅相关资料。

游标卡尺是一种测量长度、内外径、深度的量具，也是钳工作业过程中经常使用的通用类量具。

游标卡尺
的结构

（1）游标卡尺的结构及用途　游标卡尺（图 2-1）测量部分由主标尺和附在主标尺上能滑动的游标尺两部分构成。主标尺一般以毫米为单位，而游标尺上有 10、20 或 50 个分格，根据分格的不同，游标卡尺可分为 10 分度游标卡尺、20 分度游标卡尺、50 分度游标卡尺等，游标为 10 分度的为 9mm，20 分度的为 19mm，50 分度的为 49mm。游标卡尺有两副活动量爪，分别是内测量爪和外测量爪，内测量爪通常用来测量内径，外测量爪通常用来测量长度和外径。

其他类型的
游标卡尺

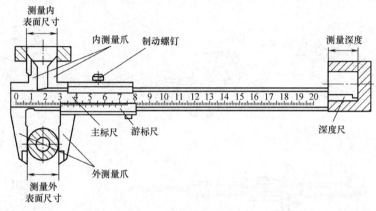

图 2-1　游标卡尺结构示意图

（2）游标卡尺的分类及精度　游标卡尺按测量范围有 0～125mm、0～150mm、0～300mm、0～500mm 等多种。游标卡尺按分度值有 0.1mm、0.05mm 和 0.02mm 三种。

（3）游标卡尺的刻线原理（以分度值为 0.02mm 为例）　擦净并合拢游标卡尺两量爪测量面，观察主标尺、游标尺刻线对齐情况。（图 2-2）游标尺 50 格对准主标尺 49 格（49mm），则游标尺每格长度为 49mm/50 = 0.98mm，主标尺、游标尺每格差值为 1mm - 0.98mm = 0.02 mm。主标尺、游标尺每格差值，即该游标卡尺的最小读数精确值就是 0.02mm。

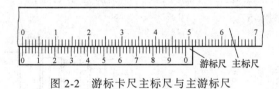

图 2-2　游标卡尺主标尺与主游标尺

任务实施

1. 游标卡尺的读数方法（图 2-3）

（1）读取整数值　主标尺上游标尺零刻线左侧整毫米数值为 10mm。

（2）读小数值　找出主标尺和游标尺对齐刻线（注意观察对齐刻线左右两侧刻线特点）；读小数值为 0.9mm+2 格×0.02mm = 0.94mm。

（3）测量值 = 整数值+小数值 = 10.94mm。

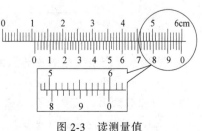

图 2-3　读测量值

2. 游标卡尺的使用与操作

1）准备工作：含宽度、外径、内径、深度尺寸零件。

2）检查游标卡尺主要检查主标尺和游标尺零刻线是否对齐等。

3）游标卡尺检测（图2-4）。

4）读数。

5）安放与保存。

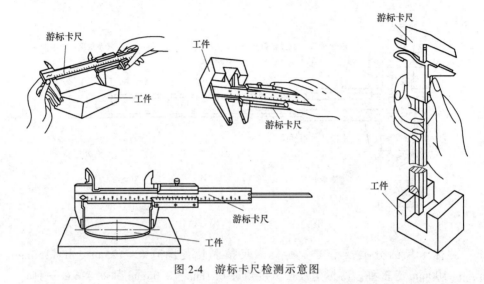

图 2-4 游标卡尺检测示意图

注意：

　　1）测量时，应按照工件尺寸大小、尺寸精度要求选择游标卡尺。

　　2）游标卡尺属于中等精度（IT10～IT6）量具，不能测量毛坯或高精度工件。

3. 测量训练

1）调整游标卡尺，使之处于不同的位置，读出所显示的数值，观其是否正确。

2）测量塔形件（图2-5）。

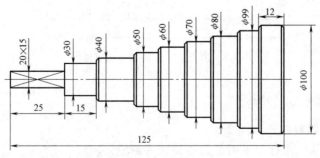

图 2-5 塔形件

4. 游标卡尺产生误差的主要原因

1）视差引起的误差。

2）因加载测力过大产生的误差。

3）卡尺与测量物的温度差导致热膨胀引起的误差。

4）测量小孔内径时，内侧测量面的厚度与内侧测量面之间的间隙引发的误差。

5）制造精度（如刻线精度、垂直度、平面度、量爪的直线度等）引起的误差。

6）基准端面的歪斜。卡尺滑块的导向基准端面如果歪斜（图2-6），会造成测量误差。这一误差可以用与不符合阿贝原理误差相同的计算公式来表示，即

$$f = h\theta = h\frac{a}{l}$$

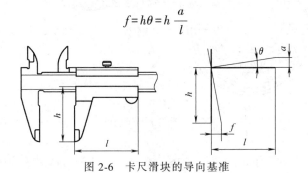

图2-6　卡尺滑块的导向基准

例：假设导向面的歪斜引起的滑块摆动量为0.010mm/50mm，外径量爪前端为40mm来计算，$f = 40\text{mm} \times 0.01/50 = 0.008\text{mm}$。

导向面因磨损或使用不慎出现变形等情况，其影响不可忽视。

注意：

卡尺因为没有定压装置，所以必须正确、测力均衡地来测量。尤其用卡尺量爪的根部或爪尖部测量时，出现误差的可能性增大，因此需要特别注意。

任务评价

1）完成作业后，按作业2.1进行检测评分。

2）记录自己对本次任务的思考和问题，写出自己的实践感受。

任务2　千分尺的应用

知识目标	认识千分尺的基本结构和刻线原理
技能目标	快速、正确、有效地用千分尺对工件进行测量
素养目标	秉持尊重科学、应用科学的态度，养成爱护和保养量具的习惯，树立务实的工作观和学习观

任务描述

通过实物与结构图，了解千分尺的结构和刻线原理；能正确使用千分尺并对零件进行测量，准确地读出测量值。

千分尺的使用

知识准备

1. 千分尺的结构与分类（图2-7）

千分尺按功能可分为外径千分尺、内径千分尺、公法线千分尺、壁厚千

其他类型的
千分尺

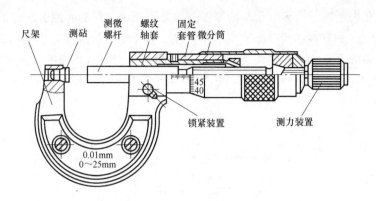

尺架　测砧　测微螺杆　螺纹轴套　固定套管微分筒

锁紧装置　　　测力装置

0.01mm
0～25mm

图 2-7　千分尺结构组成

分尺等。其常用的测量范围有 0～25mm、25～50mm、50～75mm、75～100mm 等。其制造精度可分 0 级、1 级和 2 级。常见千分尺的分度值为 0.01mm。

2. 千分尺的刻线原理

测微螺杆右端螺纹的螺距为 0.5mm。当微分筒转一周时螺杆就移动一个螺距，即 0.5mm。微分筒圆锥面上的刻线将其分为 50 格，因此将微分筒转动一格测微螺杆就移动 0.01mm，即：0.5mm/50＝0.01mm。

固定套管上有两组刻线，同一组中两条线之间的距离为 1mm，每两条线之间的距离为 0.5mm（图 2-8）。

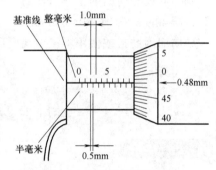

基准线　整毫米　1.0mm

0.48mm

半毫米　0.5mm

图 2-8　千分尺刻线示意图

3. 千分尺的读数方法

1）在固定套管上读出与微分筒相邻近的刻度线数值（毫米数和半毫米数）。

2）用微分筒上与固定套管的基准线对齐的刻线格数，乘以千分尺的测量精度（0.01mm），读出不足 0.5mm 的数。

3）将前两项读数相加为测得的实际尺寸，即为被测尺寸。

任务实施

1. 千分尺的零位检查

1）使用前，应先擦净测砧和测微螺杆端面，校正千分尺零位的正确性。0～25mm 的千分尺，可转动测力装置，使测砧端面和测微螺杆端面贴平，当测力装置发出响声后，停止转动测力装置，观察微分筒上的零线和固定套管上的基准线是否对正，从而判断尺子零线是否正确。

2）25～50mm、50～75mm、75～100mm 的千分尺可通过标准量柱进行检测。

2. 千分尺的使用方法

1）测量工件时，擦净工件的被测表面和尺子的两测量面，左手握尺架，右手转动微分筒，使测微螺杆端面和被测工件表面接近。

2）再用右手转动测力装置，使测微螺杆端面和工件被测表面接触，直到测力装置打滑，发出响声为止，读出数值。

3）测量外径时测微螺杆轴线应通过工件。

4）测量尺寸较大的平面时，为了保证测量的准确度，应多测几个部件。

5）测量小型工件时，用左手握工件，右手单独操作。

6）退出尺子时，反向转动微分筒，使测微螺杆端面离开被测表面，再将尺子退出。

3. 注意事项

1）根据不同公差等级要求的工件，选用合适的千分尺。

2）千分尺的测量面应保持干净，使用前应校对零位。

3）测量时，应转动微分筒，当测量面接近工件时，改用棘轮，直到发出"咔咔"声为止。

4）读数时要防止在固定套管上多读或少读 0.5mm。

5）测量时千分尺要放正，并注意温度影响。

6）不能用千分尺测量毛坯或转动的工件。

7）为防止尺寸变动，可转动锁紧装置，锁紧测微螺杆。

4. 测量训练

1）调整千分尺使之处于不同的位置读出所示的数值。

2）测量塔形件（图 2-5）。

任务评价

1）完成作业任务后，按作业 2.2 进行检测评分。

2）记录自己对本次任务的思考和问题，写出自己的实践感受。

任务3　认识刀口形直尺与直角尺

知识目标	说出刀口形直尺与直角尺的种类和结构
技能目标	会根据要求选用直角尺，并正确测量，会保养直角尺
素养目标	秉持懂得尊重科学、应用科学，养成爱护和保养量具的习惯，树立务实的工作观和学习观

任务描述

通过实物了解刀口形直尺和直角尺的种类；掌握正确的使用方法；学会正确对刀口形直尺、直角尺进行维护保养。

知识准备

刀口形直尺、直角尺结构如图 2-9 所示。刀口形直尺在钳工作业中应用较多，它可检验工件的平面度，直角尺可以检测平面或相邻两平面的垂直度。

刀口形直尺、直角尺的使用方法详见表 2-1，检测时要求动作规范，轻拿轻放，认真观察。

a) 刀口形直尺　　　b) 直角尺　　　c) 宽座直角尺

图 2-9　刀口形直尺、直角尺

表 2-1　刀口形直尺、直角尺的使用方法

工序	检验内容	示意图	内容
1	平面度检验		用透光法来检查。检查部位如图所示,用"纵横交错"法
			根据光隙判断被检查平面的直线度或平面度。如图所示光隙均匀,表示该处平直
			中间光隙大,表示该处内凹。两边光隙大,表示该处外凸
2	垂直度检验	向下移动　贴紧基准　基准　等于90°	将直角尺尺座(短边)贴紧工件基准面,轻缓向下移动至长边触碰被测表面上某点,观察长边与表面间的光隙,判断垂直度误差
		大于90°　小于90°	左图被测处右侧有光隙,表示大于90°,右图被测处左侧有光隙,表示小于90°
3	正误使用方法示例	直角尺　工件　工件　尺身左右歪斜	直角尺　工件　尺身倒置

（续）

工序	检验内容	示意图	内容
3	正误使用方法示例	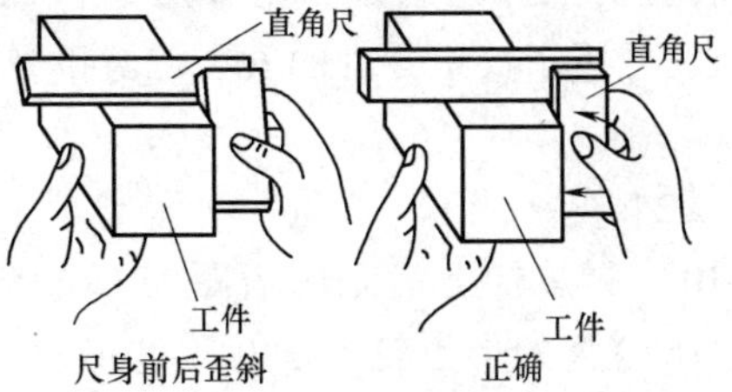 直角尺 直角尺 工件 工件 尺身前后歪斜 正确	

![任务实施]

具体测量，将在课题5锉削技术中的相关作业中完成。

![任务评价]

1）完成作业任务后，按作业2.3进行检测评分。

2）记录自己对本次任务的思考和问题，写出自己的实践感受。

任务4 指示表的应用

知识目标	说出指示表的种类、结构调整与刻线原理
技能目标	会使用百分表对工件进行跳动、平面度、平行度、对称度误差的测量；能正确安装和调整百分表，会维护保养
素养目标	秉持尊重科学、应用科学的态度，养成爱护和保养量具的好习惯，树立务实的工作观和学习观

![任务描述]

了解指示表的种类、规格与结构；能用百分表进行平面度、平行度、跳动、对称度等几何公差的检验；会对百分表进行保养。

![知识准备]

指示表是一种精度较高的示值类比较量具，它只能测出相对数值，不能测出绝对值。

指示表是在零件加工或机器装配时检验尺寸精度和几何精度的一种量具。分度值为0.01mm的为百分表，测量范围有0~3mm、0~5mm和0~10mm三种规格。若增加齿轮放大机构的放大比，使圆表盘上的分度值为0.001mm或0.002mm（圆表盘上有200个或100个等分刻度）的为千分表。

改变测头形状并配以相应的支架，可制成指示表的变形品种，如厚度指示表、深度指示表和内径指示表等。具体可查相关生产厂家产品手册进行了解。

百分表的组成

1. 百分表的结构和用途

百分表主要由表体部分（表盘、表圈和套筒）、传动系统（测量头、测量杆、拉簧等）、读数装置（指针、表盘）三部件组成，主要用于检测工件的几何误差（如圆度、平面度、垂直度、跳动等），也可用于校正零件的安装位置以及小位移长度测量。常见的百分表有钟表式和杠杆式两种。

2. 刻线原理与读数

百分表（图 2-10）测量杆上齿条的齿距为 0.625mm，当测量杆上升 1mm 时（即上升 $1/0.625 = 1.6$ 齿），16 个齿的小齿轮 1 正好转过 1/10 周，与其同轴的 100 齿的大齿轮 1 也转过 1/10 周，与大齿轮 1 啮合的 10 齿的小齿轮 2 连同大指针就转过了 1 周。

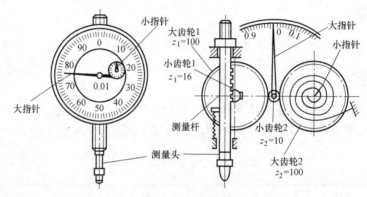

图 2-10　百分表的工作原理

测量杆上升 1mm，大指针转过了 1 周。由于表盘上共刻有 100 个小格的圆周刻线，因此，大指针每转 1 个小格，表示测量杆移动了 0.01mm，故百分表的分度值为 0.01mm。

🔅 任务实施

1. 百分表的调整与使用

1）调整百分表的零位。用手转动表盘，观察大指针能否对准零位。

2）观察百分表指针的灵敏度。用手指轻抵表杆底部，观察表针是否动作灵敏；松开之后，能否回到最初的位置。

3）百分表的读数

① 先读小指针转过的刻度线（即毫米整数），再读大指针转过的刻度线（即小数部分），并乘以 0.01mm，然后两者相加，即得到所测量的数值。

② 图 2-11 所示的数值为：读小指针转过的刻度线（即毫米整数），再加上读大指针转过的刻度线（即小数部分）73 格，并乘以 0.01mm 即为结果，即 $8mm + 73 \times 0.01mm = 8.73mm$。

图 2-11　百分表的读数

2. 百分表的安装

1）百分表要装夹在磁性表座上使用（图 2-12）。表座上的接头即伸缩杆，可以调节百分表的上下、前后和左右位置。

2）测量平面或圆形工件时，百分表的测量头应与平面垂直或与圆柱形工件中心线垂

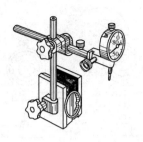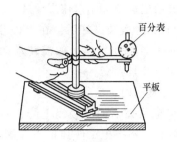

a) 安装在磁性表座上　　　　　　　　　b) 安装在万能表座上

图 2-12　百分表的安装方法

直，否则百分表测量杆移动不灵活，测量的结果不准确（图 2-13）。

3）测量杆的升降范围不宜过大，以减少由于存在间隙而产生的误差。

3. 百分表使用的注意事项

（1）百分表在使用前检查

1）检查相互作用。轻轻移动测杆，表针应有较大位移，指针与表盘应无摩擦，测杆、指针无卡阻或跳动。

2）检查测头。测头应为光洁圆弧面。

3）检查稳定性。轻轻拨动几次测头，松开后指

图 2-13　百分表的测量方法

针均应回到原位；沿测杆安装轴的轴线方向拨动测杆，测杆应无明显晃动，指针位移应不大于 0.5 个分度。

4）安装百分表。把百分表装夹在专用表架上（图 2-12），千万不要贪图方便把百分表随便卡在不稳固的地方，这样不仅造成测量结果不准，而且有可能把百分表摔坏。

（2）使用中的安装与调整

1）为了使百分表能够在各种场合下顺利地进行测量，例如在车床上测量径向圆跳动（图 2-14a）、轴向圆跳动，在专用检验工具上检验工件精度（图 2-14b）时，应把百分表装夹在磁性表座或万能表座上使用。表座应放在平板、工作台或某一平整位置上。百分表在表座上的上、下、前、后位置可以任意调节。使用时注意，百分表的测量头应垂直于被检测的工件表面。把百分表装夹套筒夹在表架紧固套内时，夹紧力不要过大，夹紧后测杆应能平

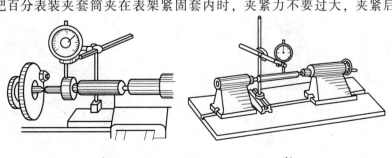

a)　　　　　　　　　　　　　　b)

图 2-14　百分表测量示意图

稳、灵活地移动，无卡住现象。

2）百分表装夹好后，在未松开紧固套之前不要转动表体，如需转动表的方向应先松开紧固套。

3）测量时，应轻轻提起测量杆，把工件移至测头下面，缓慢下降，测头与工件接触，不准把工件强推入至测头下，也不得急剧下降测头，以免产生瞬时冲击力，给测量带来测量误差。测头与工件的接触方法如图2-15所示。对工件进行调整时，也应按上述方法进行。

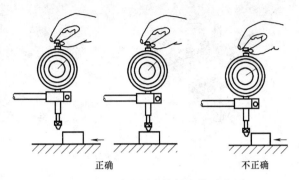

正确　　　　　　　不正确

图2-15　百分表测头接触工件示意图

4）用百分表校正或测量工件时，应当使测量杆有一定的初始测量压力。即在测头与工件表面接触时，测量杆应有 0.3~1mm 的压缩量，指针转过半圈左右，然后转动表圈，使表盘的零位刻线对准指针。轻轻地拉动手提测量杆的圆头，拉起和放松几次，检查指针所指零位有无改变。当指针零位稳定后，再开始测量或找正工件。如果是找正工件，此时开始改变工件的相对位置，读出指针的偏摆值，就是工件安装的偏差数值。

（3）百分表的维护与保养

1）远离液体，避免切削液、水或油与百分表接触。

2）在不使用时，要摘下百分表，除去表的所有负荷，让测量杆处于自由状态。

3）保存于盒内，避免丢失与混用。

（4）杠杆百分表　杠杆百分表是利用杠杆齿轮传动将测杆的直线位移变为指针的角位移的计量器具，主要用于比较测量和产品几何误差的测量，其结构如图2-16所示。

① 将表固定在表座或表架上，稳定可靠。

② 调整表的测杆轴线垂直于被测尺寸线（图2-17）。对于平面工件，测杆轴线应平行于被测平面；对圆柱形工件，测杆的轴线要与过被测素线的相切面平行，否则会产生很大的误差。

③ 测量前调零位。比较测量时用对比物（量块）作为零位基准；几何误差测量时用工件作为零位基准。调零位时，先使测头与基准面接触，测头压到量程的中间位置，转动刻度盘使零线与指针对齐，然后反复测量同一位置 2~3 次后检查指针是否仍与零线对齐，如不齐则重调。

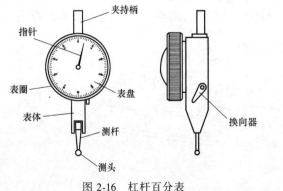

夹持柄

指针

表圈　　　　　表盘

表体

测杆

测头

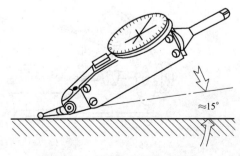

换向器

≈15°

图2-16　杠杆百分表　　　　　　　图2-17　调整杠杆百分表测杆

④ 测量时，用手轻轻抬起测杆，将工件放入测头下测量，不可把工件强行推入测头下。明显凹凸不平的工件不用杠杆百分表测量。

⑤ 不要使杠杆百分表突然撞击到工件上，也不可强烈振动、敲打杠杆百分表。

⑥ 测量时注意表的测量范围，不可使测头位移超出量程。

⑦ 当测杆移动发生阻滞时，须送计量室处理。

任务评价

1）完成作业任务后按作业2.4进行检测评分。

2）记录自己对本次任务的思考和问题，写出自己的实践感受。

任务5　BT40刀柄体的测量

知识目标	进一步掌握通用量具的基本知识，初步掌握测量方法
技能目标	会根据零件测量要求，合理选择量具的种类与规格，正确进行测量操作，测量数据准确并记录清晰完整，数据校核计算准确
素养目标	秉持尊重科学、应用科学的态度，养成爱护和保养量具的习惯，树立务实的工作观和学习观。测量作业细致、准确

任务描述

完成对典型零件BT40刀柄（图2-18）和拉钉（图2-19）尺寸参数的测量记录。做到选用量具科学合理、操作规范，观察测量数据准确，数据按精度要求进行科学处理，记录完成清晰。

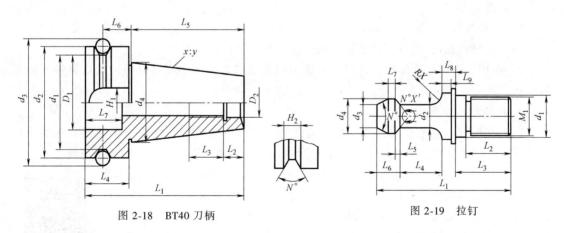

图2-18　BT40刀柄　　　　　　　　　　图2-19　拉钉

知识准备

1. 复习回顾

1）互换性的基本知识及其作用（可课前预习，特别是查国家标准和选用）。

2）查阅资料，学习计量标准的知识与概念，能说明长度标准传递的路径。

2．量块与正弦规的使用

（1）量块的使用　量块是检验工具或工件长度的用具，是厚度极为精确的长方形金属块。它的使用环境条件：温度为 20 ～ 25℃，湿度不大于 70%。成套量块及结构如图 2-20 所示。

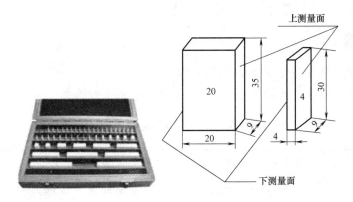

图 2-20　成套量块及结构示意图

量块使用时的操作步骤如下：

1）拿无水酒精，用无尘纸将量块表面擦拭干净。

2）检查量块表面是否有生锈、损伤、弯曲；数字刻度是否清晰。

3）在测量产品时，对于确认好的量块，用手拿着量块的端部，轻轻地放入被测产品的待测位置（在保证量块垂直于产品的条件下）。

4）根据产品选择相应量程的量块，记录好产品的通止值。

5）将所测量到的数据记录好，把所用量块放回原处，防止损坏。

（2）注意事项

1）测量过程中，务必要戴手套，产品、量块及辅助治具在运用时要轻拿轻放。

2）量块使用后，要将量块放回原处，用防锈油进行保养。

3）在用组合量块测量时，选择尽可能少的量块组合，减小测量误差，量块最多不能超过 5 块，通常在 3 块左右。

3．正弦规的使用

（1）正弦规　它是利用三角法测量角度的一种精密量具，一般用来测量带有锥度或角度的零件。因其测量结果是通过直角三角形的正弦关系来计算的，所以称为正弦规。

（2）正弦规的组成　它主要由准确钢制长方体、主体和固定在其两端的两个相同直径的钢圆柱体组成。其两个圆柱体的中心距要求很准确，两圆柱的轴线距离 L 一般为 100mm 或 200mm 两种。工作时，两圆柱轴线与主体严格平衡，且与主体相切。有宽型（图 2-21）和窄型两种。

正弦规

（3）使用方法　利用正弦规测量圆锥量规（图 2-22）。在直角三角形中，$\sin\alpha = H/L$，式中 H 为量块组尺寸，由被测角度的公称角度计算。根据测微仪在两端的示值之差可求得被测角度的误差。正弦规一般用于测量小于 45° 的角度，在测量小于 30° 的角度时，精度可达 $3'' \sim 5''$。

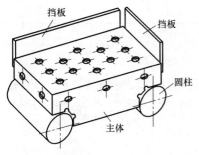

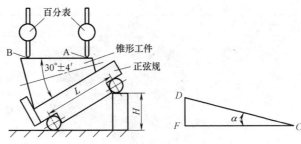

图 2-21 宽型正弦规结构示意图

图 2-22 正弦规工作示意图

4．测量使用的要求

1）正确阅读机械图样，充分理解各要素尺寸、几何公差、表面粗糙度的要求与含义。

2）根据零件被测要素的要求，正确查用极限与配合国家标准内容和相关表格。

3）根据图样要求，正确选择实际生产中的计量器具，并了解其结构，制订测量方案。

4）熟练、正确使用实际生产中的通用量具，测量零件几何量误差，并正确测量典型零件的误差。

5）按照计量器具的要求，能熟练、正确地对其进行保养和维护。

6）能正确填写检测报告，对检测数据科学处理，正确判断零件几何量合格与否。

7）具有很好的合作协助精神，共同完成项目检测，并养成一丝不苟的素养。

任务实施

1）合理选用量具，按零件图完成 BT40 刀柄及拉钉主要尺寸的测量。

2）根据测量数据，按主要尺寸公差等级 IT7，几何公差等级 IT6，其他尺寸公差等级 IT12 并符合入体原则的要求，进行查表确定各尺寸和几何公差的公差值。

3）测量时做到规范操作与认真记录。

4）能说出钳工作业其他常用量具的名称，了解其结构，并会选择使用（表 2-2）。

5）记录自己对本次任务的思考和问题，写出自己的实践感受。

表 2-2 钳工作业常用量具

序号	名称	规格式样	使用场合
1	钢直尺		钢直尺是最简单的长度量具，它的长度有 150mm、300mm、500mm 和 1000mm 四种规格
2	塞尺		由许多层厚薄不一的薄钢片组成，每把塞尺中的每片具有两个平行的测量平面，且都有厚度标记，以供组合使用

（续）

序号	名称	规格式样	使用场合
3	表面粗糙度比较样块		表面粗糙度比较样块是以比较法来检查机械零件加工表面粗糙度的一种工作量具。通过目测或放大镜与被测加工件进行比较,判断表面粗糙度的级别
4	塞规与环规		塞规一头称为通规,是孔径的下极限偏差,另一头称为止规,是孔径的上极限偏差 环规也叫校正环规,是用于校正量具不足的一种具有特定尺寸及属性的圆环

 任务评价

完成 BT40 刀柄和拉钉尺寸测量，按作业 2.5 进行检测评分。

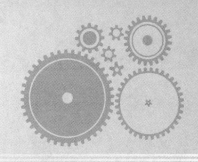

模块 2

钳工技术训练

课题 3 划线技术

划线是根据图样或实物尺寸，用划线工具在毛坯或半成品上准确地划出待加工界线或找正、借料的一种钳工操作技术。

划线的作用：划出明确的加工界线；检查加工余量；为安装和加工提供依据；检查毛坯或半成品的形状和尺寸，可通过合理借料，进行加工表面余量的分配，及时发现不合格品，减小不必要的浪费。

任务 1　认识常用平面划线工具及其使用

知识目标	能说出和辨认划线工具的种类、名称和使用方法
技能目标	分析图形结构与图样要求，正确选用划线工具并合理使用，能按图样选择划线基准并掌握划线操作技术，在规定时间内完成划线任务
素养目标	秉持尊重科学、应用科学的态度，养成爱护和保养划线工具的习惯，认真细致的工作态度，求真务实的工作观和学习观

认识常见划线工具的种类，了解应用场合，掌握正确的使用方法。

知识准备

划线常
用工具

划线一般常用的工具有钢直尺、游标高度卡尺、平板、直角尺、划针、划规等。

1. 划线工具及其使用

（1）划针及其使用　划针（表 1-2）是供钳工用来在工件表面划线条的，常与钢直尺、直角尺或划线样板等导向工具一起使用。

操作要领：划线时针尖要紧贴导向工具的边缘，并压紧导向工具；划线时，划针向划线方向倾斜 45°~75°，上部向外侧倾斜 15°~20°；划线要尽量一次划成（图 3-1）。划针修磨时，划针不能静止不动，需边转动边平移；不使用时应放入笔套，划针的头要保持锐利（图 3-2）。

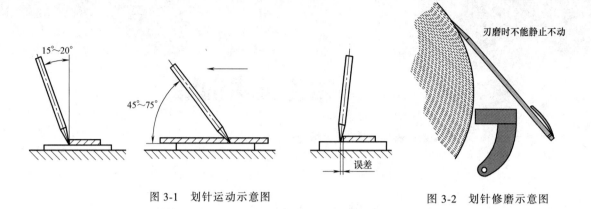

图 3-1　划针运动示意图　　　　　　　　　图 3-2　划针修磨示意图

（2）划规及使用　划规的作用是在划线工作中可以划圆和圆弧、等分线，等分角度以及量取尺寸等，是用来确定轴及孔的中心位置、划平行线的基本工具。

划规一般用中碳钢或工具钢制成，两脚尖端部位经过淬硬并刃磨（图 3-3），也被称作圆规、划卡、划线规等（图 3-4）。

操作要领：

① 划规划圆时，作为旋转中心的一脚应施加较大的压力，而施加较轻的压力于另一脚在工件表面划线（图 3-5）。

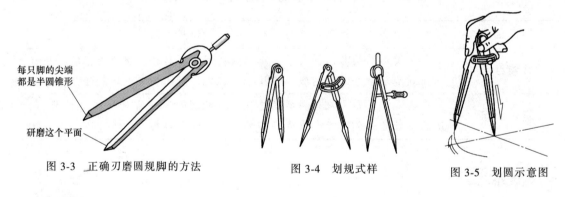

图 3-3　正确刃磨圆规脚的方法　　　　图 3-4　划规式样　　　　图 3-5　划圆示意图

② 划规两脚的长短应磨得稍有不同，头部磨成圆锥状，且两脚合拢时脚尖应能靠紧，这样才能划出较小的圆。

③ 为保证划出的线条清晰，划规的脚尖应保持尖锐。

（3）冲头（样冲）与锤子及使用

1）冲头（样冲）。冲头的作用是为了避免划出的线被擦掉，用于在工件所划加工线条上以一定的距离打一个小孔（小眼）作为标记打样冲眼（冲点），以及作为加强界线标志和作为圆弧或钻孔时的定位中心。要在划出线上做标志的这个冲头也叫样冲（图 3-6）。

2）锤子。锤子一般指单手操作的锤子，它主要由手柄和锤头组成。其有木锤、橡胶锤、铁锤等几种类型，用于锤击。

3）操作要领。

① 磨样冲时应防止过热退火，锥角可以是 60°，定心划线也可以是 90° 钻孔定心；打样

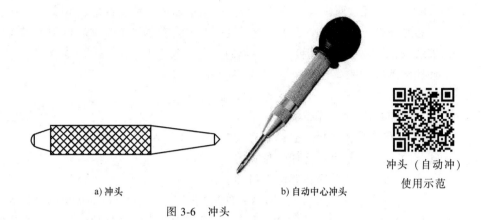

a) 冲头　　　　　　　　　　b) 自动中心冲头

冲头（自动冲）
使用示范

图 3-6　冲头

冲眼时冲尖应对准所划线条正中（图3-7）。样冲眼准确性示意图如图3-8所示。

②样冲眼间距视线条长短曲直而定，线条长而直时，间距可大些；线条短而曲时，间距应小些。交叉、转折处必须打上样冲眼。

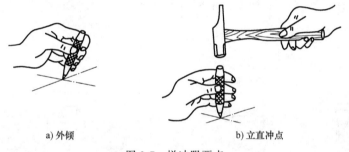

a) 外倾　　　　　　　　　　b) 立直冲点

图 3-7　样冲眼要点

③样冲眼的深浅视工件表面粗糙程度而定，表面光滑或薄壁工件样冲眼打得浅些，粗糙表面打得深些，精加工表面禁止打样冲眼。

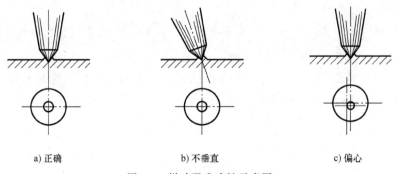

a) 正确　　　　　　　b) 不垂直　　　　　　c) 偏心

图 3-8　样冲眼准确性示意图

为了遵守在划线平板上不能使用锤子敲击的规定，可以使用自动中心冲头。当按下样冲上某一部件时，里面的弹簧受压，产生一个压力后，触发冲针头快速向下运动，压向指定点，会产生一定的冲击力，但是没有使用锤子敲击。

（4）划线平板、方箱及V形铁

1）划线平板及使用。划线平板（平台）由高强度铸铁HT200铸造而成，工作面硬度为

170~240HBW，经过两次人工处理，刮削或精刨而成，精度稳定、耐磨性能好。

平板是检查机器零件平面度、直线度等几何公差的测量基准，可用于零件划线、研磨加工，安装设备及测量等，需要根据平板的不同公差等级选用。

使用注意事项：

① 划线平板放置时，应使工作表面处于水平状态。

② 平板工作表面应保持清洁。

③ 工件和工具在平板上应轻拿轻放，不可损伤平板工作表面。

④ 不可以在平板上进行任何形式的敲击作业。

⑤ 用完后要擦拭干净，并涂上机油防锈。

2）方箱及使用。方箱用铸铁材料 HT200 按 JB/T 3411.56—1999 标准制造的空心立方体或长方体。精度分为 1、2、3 三个等级，是机械制造中零部件检测划线等的基础设备。方箱常用于零部件平行度、垂直度的检验和划线。

3）V 形铁及使用。V 形铁是一个四棱体，四个工作面上或有 1~4 个尺寸不同的 90°（也有 60°、120°）的槽，一般都成对供应和使用（图 3-9）。常用于轴类检验、校正、划线，还可用于检验工件垂直度、平行度；精密轴类零件的检测、划线、定位及机械加工中的装夹。

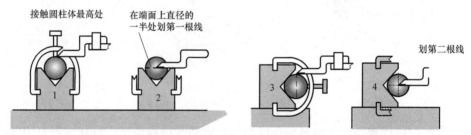

接触圆柱体最高处　在端面上直径的一半处划第一根线　　划第二根线

图 3-9　在 V 形铁上划轴的中心线

小常识

同样结构形式的 V 形铁的术语不一样。规定用于测量的叫 V 形架，用于夹具的叫 V 形块，用于划线的叫 V 形铁。

（5）千斤顶及其使用　千斤顶由人力通过螺旋副传动，螺杆或螺母套筒作为顶举件。螺旋千斤顶靠螺纹自锁作用支持重物，构造简单，但传动效率低，返程慢。千斤顶也有液压式等形式，用于对较大的零件进行支撑、调平（图 3-10）。

（6）涂料及其使用　钳工在划线时为了获得清晰的线条，通常在零件表面进行涂色。划线涂色通常用三种涂料，适用于不同的场合。

1）石灰水用稀糊状熟石灰水加适量骨胶或桃胶调和而成，主要用于大、中型铸件和锻件毛坯表面涂色。

2）蓝油用 2%~4%甲紫加 3%~5%虫胶漆和 91%~95%酒精混合而成，常用于已加工表面涂色，在已加工

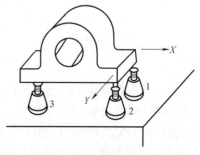

图 3-10　千斤顶支撑示意图

表面涂色还可以防止眩光。

3）硫酸铜溶液用 100g 水中加 1~1.5g 硫酸铜和少许硫酸溶液配制而成，常用于形状复杂的工件或已加工表面涂色。

划线涂色时，涂料涂抹要均匀，等涂料晾干后再进行划线。

2. 常用划线量具及其使用

（1）钢直尺及其使用　钢直尺是最简单的长度量具，常见的有 150mm、300mm、500mm 和 1000mm 四种规格。由于钢直尺的刻线间距为 1mm，而刻线本身的宽度就有 0.1~0.2mm，所以测量时读数误差比较大，只能读出毫米数，比 1mm 小的数值只能估计而得。

使用钢直尺划线时，需将钢直尺的测量面对准所画的尺寸，并用左手压紧，使钢直尺紧贴划线平面，右手用划针沿着钢直尺的导向面滑动，一次性划出准确清晰的线（图 3-11）。

（2）直角尺及其使用　直角尺是检验和划线工作中常用的量具，用于检测工件的垂直度及工件相对位置的垂直度、安装加工定位、划线等，是机械行业中的重要测量工具。使用直角尺划线时注意基准导向要紧贴划线的基准面，并用划针沿尺的一边，一次性划出清晰的划条（图 3-12）。

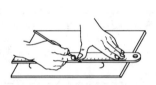

图 3-11　钢直尺划线示意图　　　　图 3-12　利用直角尺画直线

（3）高度尺及其使用　高度尺（图 3-13a）的主要用途是测量工件的高度，另外还经常用于测量形状和位置误差，也常常用于划线。根据读数形式的不同，高度尺可分为普通游标式和电子数显式两大类。

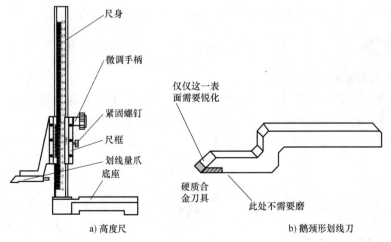

a）高度尺　　　　　　　　　b）鹅颈形划线刀

图 3-13　高度尺及其使用

划线高度尺的划线头需要保持锋利，为了保持锋利，通常用硬质合质镶嵌在头部。因为硬质合金的脆性大，在使用过程中需小心，划线时不要将它用力地按在工件上或与工件发生强烈碰撞。正确的划线压力相当于铅笔划过纸面的压力，与使用划线工具一样，在划线时使用推力而不是拉力。

鹅颈形划线刀的底面通常要在使用前轻轻地与平板接触，以校对零位。

要使划线刀锋利并不困难。需要采用碳化硅硬质合金砂轮或金刚石砂轮这些高硬度材料的砂轮来刃磨，而非氧化铝砂轮刃磨。

当需要磨锐时，仅仅需要磨鹅颈形划线刀（图 3-13b）左前斜面部分，不能错误地磨其他表面，破坏刀具的划线能力。

任务实施

对常用划线工具逐一进行识别，能叫出名称并说出其使用场合。

任务评价

1）划线训练结束后，按作业 3.1 进行检测评分。

2）记录自己对本次任务的思考和问题，写出自己的实践感受。

任务 2 划线及打样冲眼

知识目标	了解划线工具及使用方法，能区分平面划线和立体划线的不同及要求
技能目标	正确使用划线工具完成基本线型和图形的划线，做到划线步骤合理、线条清晰、样冲眼均匀准确
素养目标	自觉遵守"7S"管理，养成爱护和保养划线工具的习惯，认真细致的工作态度，求真务实的工作观和学习观

任务描述

利用划线工具，完成基本线条和图形的划线，并准确打样冲眼。

知识准备

1. 划线及打样冲眼

划线是根据图样的尺寸要求，用划线工具在毛坯或半成品上划出待加工部位的轮廓线（或称加工界线）的一种操作方法。划线分平面划线和立体划线两大类。

（1）平面划线 在工件的一个表面上划线的方法称为平面划线（图 3-14a）。

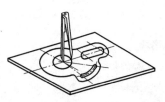
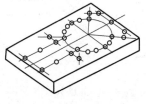
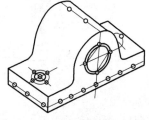

a) 平面划线   b) 立体划线

图 3-14 划线

（2）立体划线　在工件的几个表面上划线的方法称为立体划线（图 3-14b、图 3-15）。

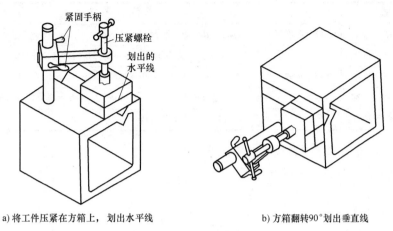

紧固手柄

压紧螺栓

划出的水平线

a) 将工件压紧在方箱上，划出水平线　　　　b) 方箱翻转90°划出垂直线

图 3-15　用方箱进行立体划线

（3）练习划线和打样冲眼

1）正确识读零件图，找出划线基准，进行合理计算。

2）根据零件图形的要求，准备划线工具、量具和辅具。

3）划线公差等级达 IT12，打样冲眼准确，完成划线任务。

2. 划线操作步骤

1）划线前的准备。对工件或毛坯进行清理：去毛刺、涂色及在工件孔中心填塞木料或其他材料等，详见图 3-16 所示。

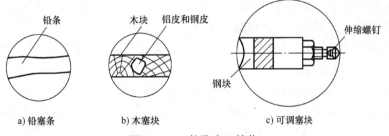

铅条　　　　　　木块　铝皮和钢皮　　　　　　伸缩螺钉

钢块

a) 铅塞条　　　　b) 木塞块　　　　c) 可调塞块

图 3-16　工件孔中心填物

2）分析图样，确定划线基准与划线的先后顺序。

3）根据基准检测毛坯，确定是否需要找正或借料。

4）选择合适的划线工具、量具。

5）按确定的划线顺序划线。

6）复核划线的正确性，包括尺寸、位置等。

3. 基准的分类及类型

（1）基准　基准就是用来确定生产对象上几何关系所依据的点、线或面。它是机械制造中应用十分广泛的一个概念，机械产品从设计时零件尺寸的标注，制造时工件的定位，校验时尺寸的测量，一直到装配时零部件的装配位置确定等，都要用到基准的概念。基准的类型和含义见表 3-1。

表 3-1　基准的类型和含义

基准类型		含义
设计基准		设计时在图样上用来确定其他点、线、面位置的依据
工艺基准	定位基准	工件加工时，用来确定被加工零件在机床上相对于刀具的正确位置所依据的点、线、面
	测量基准	用于检验已加工表面尺寸及其相对位置所依据的点、线、面
	划线基准	划线时在工件上用来确定其他点、线、面位置的依据。划线基准通常为对称平面(中心线)
	装配基准	装配时用来确定零部件在机器中的位置所依据的点、线、面

（2）划线基准的类型　划线基准通常有三类：

1）以两个相互垂直的平面（或线）为基准。

2）以一个平面和一条中心线为基准。

3）以两条中心线为基准。

有时划线需要通过基准转换，选择新的基准（面或线）来进行划线。但通常应选择设计基准或测量基准，以提高划线的精确性。

划线方法

任务实施

1. 划线练习

（1）平行线的划法　用钢直尺划平行线，用直角尺划平行线，用划线盘或游标高度卡尺划平行线。

（2）垂直线的划法　用直角尺划垂直线、用游标高度卡尺划垂直线、用几何作图法划垂直线。

（3）角度线的划法　角平分线的画法，以及 30°、60°、75° 和 120° 角度线的画法。

（4）划圆弧前求圆心的划法　用划规求圆心、用高度尺求圆心。

（5）圆弧线的划法　划圆弧与锐角、直角、钝角相切、圆弧相切。

2. 扇形锉配凹件的划线

扇形锉配凹件（图 3-17）的划线工艺及操作如下：

1）下料，并对毛坯进行清理、涂色。

2）分析图样，确定划线基准与划线的先后顺序。

3）根据基准检测毛坯，确定是否需要找正或借料。

4）选择合适的划线工具、量具。

5）按确定的划线顺序划线。

6）检查并打样冲眼。

7）利用划规，划出圆和圆弧。

8）复核划线的正确性，包括尺寸、位置圆等。

9）轮廓线上打样冲眼。

10）检查。

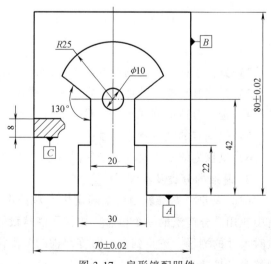

图 3-17　扇形锉配凹件

3. 划五角星图（图 3-18）

本任务具体尺寸由教师根据现场备料而定。具体步骤略。

需要注意，划此类图形时，要注意所划线条不应该划到空白处（零件表面已加工），为了减少划线对已加工表面的破坏，不能在整个工件上划线，工件的保留部分不应该留有划线的痕迹。需要用软铅笔在所要划线的地方用笔先进行预划线，以减少划针（高度尺）划线时带给工件表面的损伤。

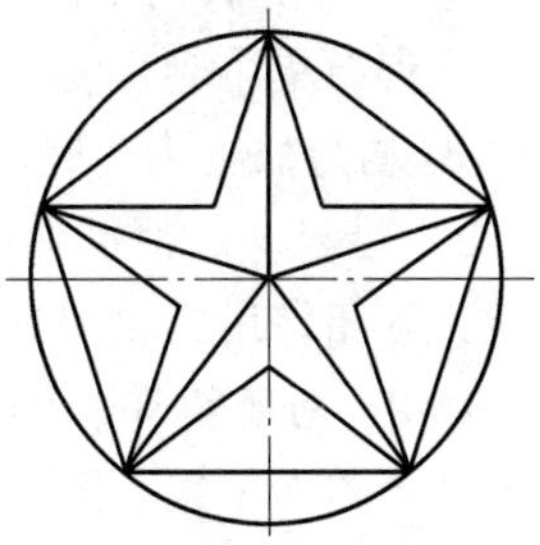

图 3-18 五角星

任务评价

1）完成作业任务后，按作业 3.2 进行检测评分。

2）记录自己对本次任务的思考和问题，写出自己的实践感受。

任务 3 掌握支架类零件立体划线

需要在工件几个互成不同角度（一般是互相垂直）的表面上划线，才能明确表明加工界线的划线称立体划线。

这一内容在划线过程中常常具有挑战性，有时简单可以很快完成，有时会因为划错线或出现错误而耗费大量时间。如何做好取决于作业前的预先计划，在划线前充分考虑划线的内容和要求，防止划线前没有预先规划而出现错误。

知识目标	复习巩固识图技能，提升对基准的认识与理解
技能目标	正确识图，分析线面与基准之间的关系，系统地完成立体划线
素养目标	培养认真细致的工作态度，严谨的作业习惯，良好的安全文明意识

任务描述

分析支架零件图，合理选择划线工具和划线基准，完成支架的划线。

知识准备

（1）相关知识 立体划线在许多情况下是对铸、锻毛坯进行划线。各种铸、锻毛坯件可能有歪斜、偏心、壁厚不均匀等缺陷。当偏差不大时，可以通过找正或借料的方法来补救。

1）找正。找正就是利用划线工具，使工件的表面处于合适的位置。

例 1：轴承座（图 3-19）。轴承孔处内孔与外圆不同轴，底板厚度不均匀。运用找正的方法，以外圆为依据找正内孔划线，以 A 面为依据找正底面划线。找正划线后，内孔线与外圆同轴，底面厚度比较均匀。

找正的技巧如下：

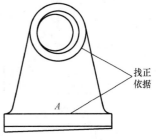

找正依据

A

图 3-19 轴承座

① 按毛坯上的不加工表面找正后划线，使加工表面与不加工表面各处尺寸均匀。

② 工件上有两个以上不加工表面时，以面积较大或重要的面为找正依据，兼顾其他表面，将误差集中到次要或不显眼的部位上去。

③ 均为加工表面时，应按加工表面自身位置进行找正划线，使加工余量均匀分布。

2）借料。所谓借料就是通过对工件的试划和调整，使原加工表面的加工余量进行重新分配、互相借用，以保证各加工表面都有足够加工余量的划线方法。

例2：对于零件（图3-20a）。若毛坯内孔和外圆有较大偏心，仅仅采用找正的方法无法划出适合的加工线。图3-20b是依据毛坯内孔找正划线，外圆加工余量不够；图3-20c是依据毛坯外圆找正划线，则内孔加工余量不够。

通过测量，根据内外圆表面的加工余量，判断能否借料。若能，判断借料的方向和大小再划线，如图3-20d所示，向毛坯的右上方借料，可以划出加工界线并使内、外圆均有一定的加工余量。

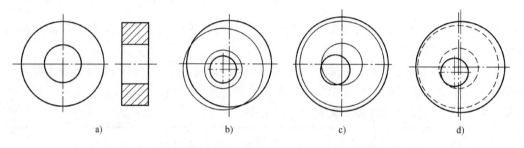

a)　　　　　b)　　　　　c)　　　　　d)

图3-20　找正划线

（2）支架类零件轴承座立体划线　对轴承座（图3-21）进行立体划线。

图样分析：根据图样，需要划线的部位有轴承内孔、两侧端面和底面2×φ13mm螺纹孔及其上表面。分析主视图和俯视图，该工件需要在长、宽、高3个方向分别划线。因此，要划出全部加工线，需要对工件进行三次安放。分析基准可知：长度方向基准为轴承的左右对

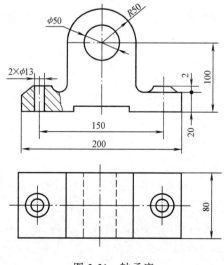

图3-21　轴承座

称中心线，高度方向的基准为轴承座底面，宽度方向两端面选一即可。另外，φ50mm毛坯孔需在划线前装好塞块。

任务实施

完成轴承座的立体划线。划线的参考步骤详见表3-2。

表 3-2　轴承座划线工序表

序号	图样	工序内容
1	略	清理毛坯，去除残留的型砂及氧化皮、毛刺、飞边等。在φ50mm毛坯孔内装好塞块
2	图 3-21　轴承座图	分析图样，确定划线基准
3	略	用石灰水或防锈漆在毛坯划线表面涂上薄而均匀的一层
4	略	检测毛坯，确定是否需要找正或借料
5	略	选择合适的划线工具、量具
6	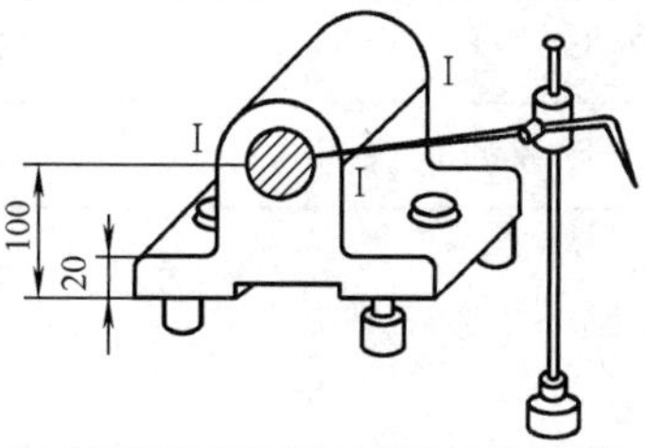	划高度方向线。用三个千斤顶支撑毛坯，调节千斤顶，使工件水平且轴承孔中心基本平行于划线平板，同时考虑底板上表面基本与平板平行，必要时适当借料，以确保底板厚度基本一致。划出φ50mm水平中心线、底面加工线和两个螺纹孔上平面加工线
7	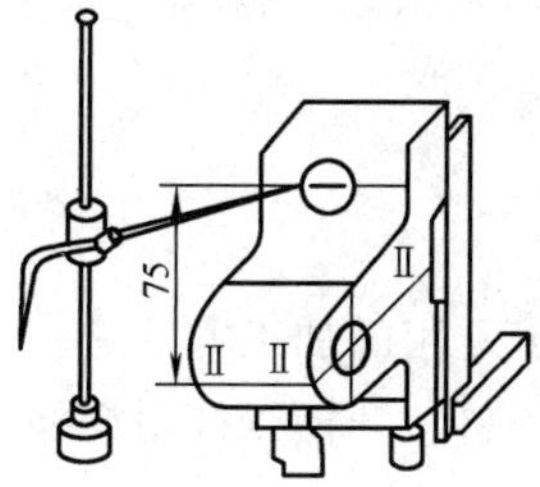	划长度方向线。将工件翻转90°后用千斤顶支撑，调整千斤顶使轴承内孔的两端中心线处于同一高度。用直角尺找正，划出φ50mm垂直中心线、两个螺纹孔的中心线
8	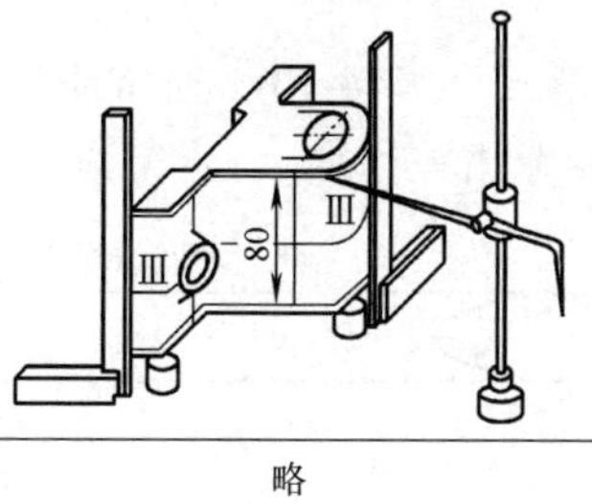	划宽度方向线。将工件翻转90°后用千斤顶支承。用直角尺在两个方向进行找正，划出两个螺纹孔另一方向中心线和轴承座前后两个端面
9	略	撤下千斤顶。用划规划出两端轴承内孔和两个螺纹孔的圆周线
10	略	经检查无错误、无遗漏后，在所划线上打样冲眼

注：1. 工件支撑要牢固。在一次支撑中划齐平行线。样冲眼的位置要准确，大小疏密要适当。
　　2. 划好线后，要反复核对尺寸，确保准确无误。
　　3. 不宜用手直接调节千斤顶，以免工件砸伤手。

任务评价

1）完成划线任务后，按作业3.3进行检测评分。

2）记录自己对本次任务的思考和问题，写出自己的实践感受。

课题 4 錾 削 技 术

在钳工技术的发展过程中，传统的金属錾削技术曾经发挥过重要的作用。随着机械加工和新技术的应用，这一项传统的技术已慢慢淡出了人们的视野。但作为技术的传承和发展，錾削技术中的锤击技术，仍在钳工作业中被广泛应用。因此，学习并掌握錾削技术仍具有积极和现实的意义。

任务 1 锤击基础训练

知识目标	通过讲解、视频、实物和现场演示，认识錾削工作的内容，錾子的结构与工作场合；认识锤子，学习锤击安全技术
技能目标	通过训练，达到锤击准确，动作协调；能正确选择和使用工具（錾子与锤子）对工件进行正确的錾削；锤击做到稳、准、快
素养目标	作业中严格执行"7S"标准，养成吃苦耐劳的优良品格

任务描述

通过老师讲解，观看微视频和现场示范，了解錾削的基本内容，掌握工具的使用方法，学习锤击作业技巧和安全注意事项。

知识准备

用锤子打击錾子对金属进行切削加工叫作錾削，是钳工常用的加工方法之一。錾削的作用主要是去除毛坯上的凸缘、毛刺、浇冒口，切割板料、条料，开槽以及对金属表面进行粗加工等。

（1）錾子的种类 常见的錾子有八角形、圆形两种形式（图 4-1），通常用碳素工具钢锻打而成。錾子的切削部分需淬火和回火，具体尺寸可参考相关标准。

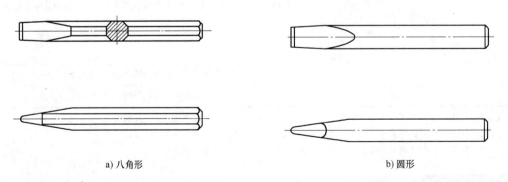

a) 八角形   b) 圆形

图 4-1 錾子的形式

常用的种类、外形和使用场合详见表 4-1。

表 4-1　錾子的种类外形和使用场合

种类	图示	作用及场合
扁錾（阔錾）		切削部分扁平，切削刃较宽并略带圆弧，其作用是在平面上錾去微小的凸起部分，切削刃两边的尖角不易损伤平面的其他部位。扁錾用来去除凸缘、飞边和分割材料等
狭錾（尖錾）		尖錾的切削刃较短，主要用来錾槽和分割曲线形板料。尖錾切削部分的两个侧面，从切削刃起向柄部逐渐变狭小，作用是避免在錾沟槽时錾子的两侧面被卡住，增加錾削阻力和加剧錾子侧面的损坏
油槽錾		油槽錾用来錾削润滑油槽。切削刃很短，呈圆弧形。在对开式的滑动轴承孔壁錾削油槽，切削部分呈弯曲形状

（2）錾子的切削部分及几何角度

1）錾子切削部分。錾子的切削部分由"两面一刃"组成。

① 前面。錾子工作时与切屑接触的表面。

② 后面。錾子工作时与切削表面相对的表面。

③ 切削刃。錾子前面与后面的交线。

2）錾子切削时的三个角度。錾子由前角 γ_o、楔角 β 和后角 α_o 组成。

錾子在切削平面和基面的测量角度满足 $\gamma_o+\beta+\alpha_o=90°$ 的条件（图 4-2）。

① 切削平面。通过切削刃并与切削表面相切的平面。

② 基面。通过切削刃上任意一点，并垂直于切削速度方向的平面。

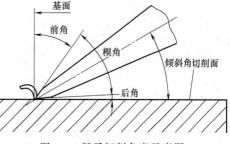

图 4-2　錾子切削角度示意图

③ 楔角 β。前面与后面所夹的锐角。楔角大小决定了切削部分的强度及切削阻力大小。楔角越大，刃部的强度就越高，但受到的切削阻力也越大。因此应在满足强度的前提条件下，刃磨出尽量小的楔角。

錾切硬度较高的钢、硬铸铁时 β 取 65°~70°，普通钢及软铸铁 β 取 60°，錾切软材料如铝等 β 取 35°。

④ 后角 α_o。后面与切削平面所夹的锐角。后角的大小决定了切入深度及切削的难易程度。后角越大切入深度就越大，切削越困难；反之，切入深度就越浅，切削越容易，但切削效率低，后角为 5°~8° 较为适中。

⑤ 前角 γ_o。前面与基面所夹的锐角，大小决定切屑变形的程度及切削的难易程度。由于 $\gamma_o=90°-(\alpha_o+\beta_o)$，因此楔角与后角确定后，前角也就确定了。

注意：

　　不得使用高碳钢制作錾子，也不允许錾子通体淬火，以防錾子过硬而在使用中出现碎裂而引起安全事故发生。

任务实施

1. 握锤

1）锤子的握法（表4-2）。

表4-2　锤子的握法

握法	图示说明
紧握法	右手五个手指紧握锤柄，拇指在食指上，虎口对准锤头方向，木柄尾端露出15~30mm，敲击过程中五指始终紧握
松握法	使用时，拇指和食指始终握紧锤柄。锤击时中指、无名指、小指在运锤的过程中依次握紧锤柄，挥锤时，按照相反的顺序放松手指

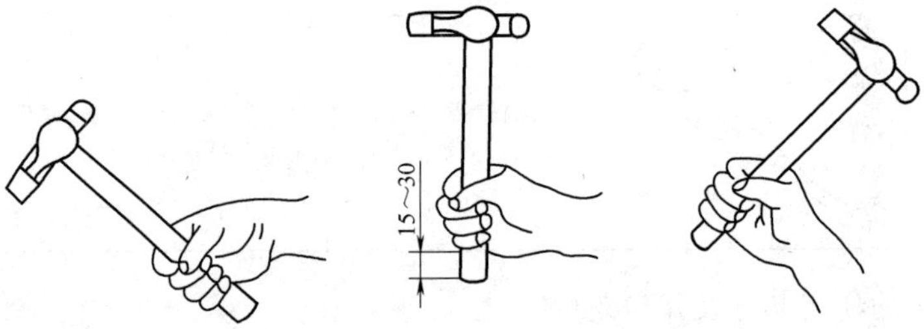

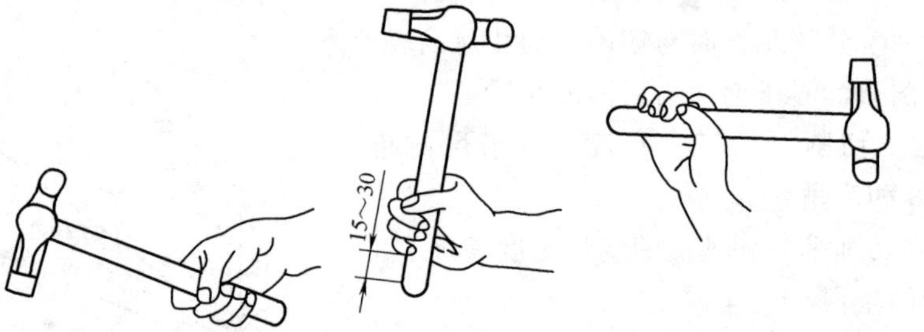

2）錾子的握法（表4-3）。

表4-3　錾子的握法

方法	正握法	反握法
图示	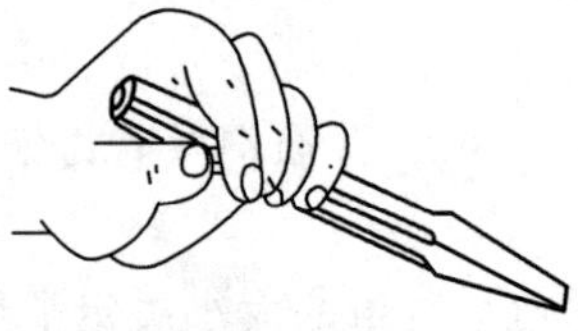	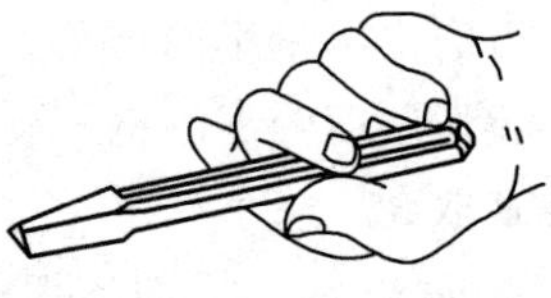
说明	手心向下，用中指、无名指握住錾子，小指自然合拢，食指和拇指自然伸直地松靠，錾子头部伸出约20mm	手心向上，手指自然捏住錾子，手掌悬空

2. 锤击训练

目前在许多职业院校已不开展锤击训练，主要原因是不具备场地设施、存在安全隐患等。但作为一名合格的钳工，在钳工作业的许多场合，除了偶尔錾削飞边、沟槽等需要用到锤击技术外，用得最多的场合是锉配过程中去除多余的材料和用锤子或铜棒在装配过程中对产品进行锤击敲打，完成装配任务。因此，锤击训练仍需要加强，以提高操作者的锤击技术，做到击点准确、有力。

（1）錾削姿势 錾削姿势的训练需按要求进行，这样可以减少操作者的身体疲劳感，并使錾削作业顺利进行。錾削作业姿势和要领见表4-4。

表4-4 錾削作业姿势和要领

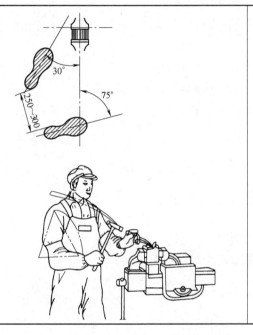

	1. 左脚跨前半步，右脚稍微向后（左图所示位置） 2. 身体自然站直，重心偏于右脚 3. 右脚要站稳，右腿伸直，左腿自然弯曲 4. 眼睛注视錾削处 5. 左手握錾，使其在工件上保持正确的角度 6. 右手挥锤，使锤头沿着弧线运动进行敲击

（2）挥锤的方法 锤击作业中的挥锤是否科学合理，关系到操作者的身体适应性和锤击敲打的准确性和力度。科学合理掌握挥锤方法很有必要。挥锤的姿势和要求见表4-5。

表4-5 挥锤的姿势和要求

名称	手挥	肘挥	臂挥
图示			
说明	只依靠手腕的运动来挥锤	利用手腕和肘一起运动来挥锤	利用手腕、肘和臂一起挥锤

> 动作要领口诀：肘收臂提举锤过肩，手腕后弓三指微松；锤面朝天稍停瞬间，目视錾刃肘臂齐下；收紧三指手腕加劲，锤錾一线走弧形；左脚着力右腿伸直，动作协调稳准狠快。

（3）锤击练习

1）按照口令进行锤击。通过听口令，完成手腕锤击（约 15min）、肘锤击（约 5min）、挥臂锤击（约 5min）。

2）注意事项。

① 观察教师的正确站立姿势，防止弯着背操作（弯着背操作会引起过度劳累，产生过早疲劳）。

② 观察教师如何正确握锤，并说明在用手腕锤击、用肘锤击、用手臂锤击时，手握锤的用力和运动轨迹。

③ 讲解锤击的力量取决于锤子的重量，杠杆的长度（手柄、肘长、臂长）以及锤子的运动速度。

④ 两种握锤方法介绍：紧握法、松握法。通常采用松握法。

⑤ 锤击作业时注意力要集中，精确锤击；速度控制在 50~60 次/min。

（4）锤击安全技术　锤击安全关系着操作者的人身和物品安全，应该高度重视，做好以下几点：

1）正确佩戴好防护眼镜。

2）正确夹紧工件（或练习用 45°弯柄）。

3）注意握持锤子和錾子的正确性。

4）注意检查操作训练所处的位置。

5）训练时不得近距离围观或站在锤击的正前方向。

6）注意锤击时的速度和身体疲劳状况，如身体不适应及时休息。

任务评价

1）任务完成后，按作业 4.1 进行检测评分。

2）记录自己对本次任务的思考和问题，写出自己的实践感受。

任务 2　平面錾削与薄板料的切割

知识目标	说出平面錾削和薄板切割的工艺步骤、基本操作要求
技能目标	运用已学技能，完成平面錾削和薄板料切割任务
素养目标	掌握工具、量具的正确摆放，严格执行"7S"管理

任务描述

完成平面錾削和薄板料的分割任务，达到錾削平面度误差 0.5mm，尺寸误差 ±0.5mm 的要求。动作准确，选择工具合理，正确佩戴防护用具，作业规范，严格地执行"7S"要求。

知识准备

錾削平面用扁錾，每次錾削的余量为 0.5~2mm。錾削时要掌握好起錾的方法。平面錾削的操作要点见表 4-6。

錾削方法

表 4-6 平面錾削的操作要点

序号	内容	图示	说明
1	起錾	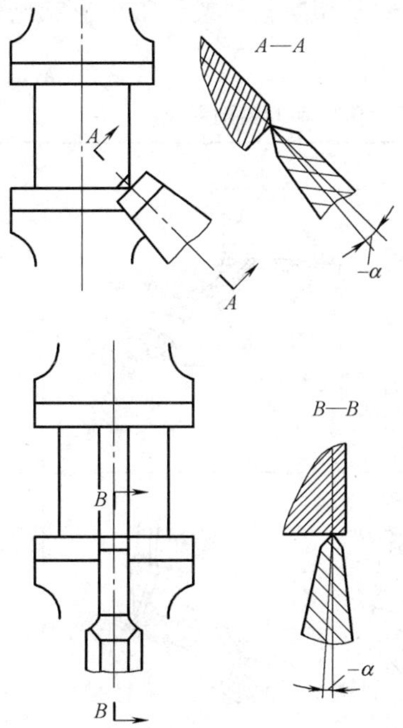	起錾时从工件边缘的尖角处入手,用锤子轻敲錾子,錾子便容易切入材料。因为尖角处与切削刃接触面小,阻力小,易切入,能较好地控制加工余量,不易产生滑移及弹跳现象。起錾后把錾子逐渐移向中间,使切削刃的全宽参与切削
2	结束	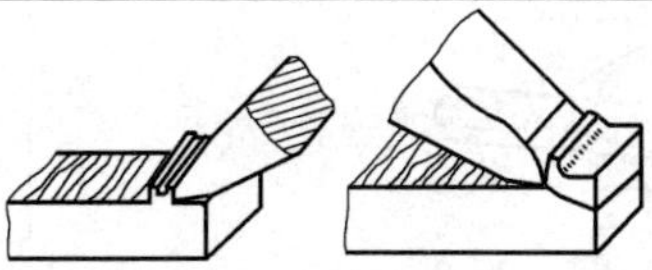	当錾削与尽头相距 10mm 时,应调头錾削,否则尽头的材料会崩裂。对铸铁、青铜等脆性材料尤应如此
3	宽平面	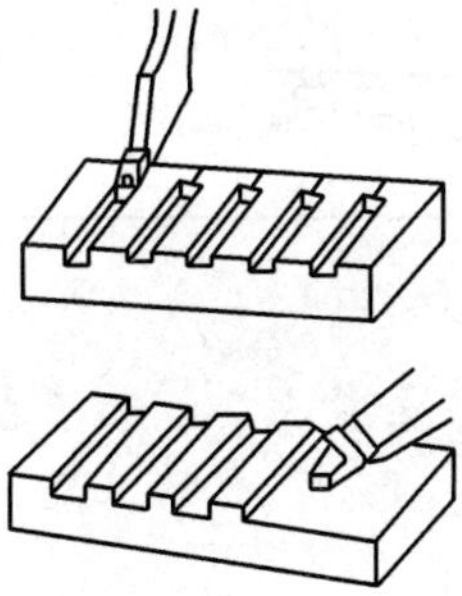	应在平面上先用窄錾在工件上錾上若干条平行槽,再用扁錾将剩余的部分除去,这样能避免錾子切削部分两侧受工件的卡阻
4	窄平面	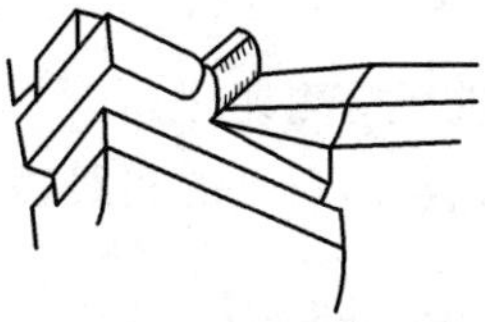	选用扁錾,并使切削刃与錾削的方向倾斜一定角度。其作用是易稳住錾子,防止錾子左右晃动而使錾出的表面不平

任务实施

1. 完成平面錾削任务（錾削余量 1mm，錾削零件图略，零件尺寸 20mm×51mm×50mm）
操作步骤：检查作业场所组织与准备→划线→检查工件是否准确地夹紧在台虎钳中→检

查站立位置是否正确→检查握持錾子的正确性→进行锤击和移动錾子→检查与修正。

2. 薄板料錾削

在缺乏机械设备的情况下，要依靠錾子切断板料或切割出形状比较复杂的薄板零件。薄板料的錾削要点见表 4-7。

表 4-7 薄板料的錾削要点

序号	内容	图示	说明
1		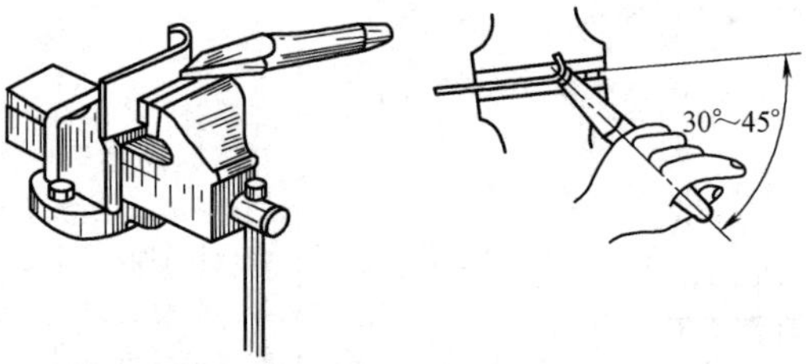	在台虎钳上錾切
2	薄板料的切割	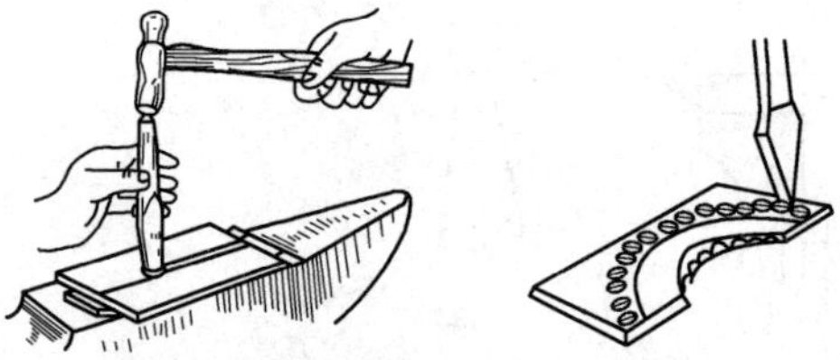	在铁砧或平板上进行较大薄板料的錾削，用密集排孔配合錾切、分割曲线形板料
3		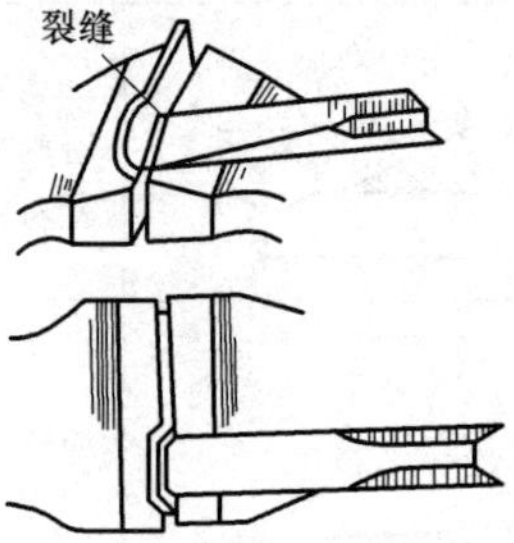	错误錾切薄板的方法

注意：

錾削余量一般为每次 0.5～2mm。余量太小，錾子容易滑出，而余量太大又使錾削太费力，且不易将工件表面錾平。

任务评价

1）完成錾削任务训练后，按作业 4.2 进行检测评分。

2）记录自己对本次任务的思考和问题，写出自己的实践感受。

课题 5　锉　削　技　术

钳工用锉刀切削工件表面多余的金属材料，使工件达到零件图样要求的形状、尺寸和表面粗糙度等技术要求的加工方法称为锉削。

锉削加工简便，应用范围广泛，可以锉削平面、曲面、外表面、内孔、沟槽和各种形状复杂的表面；还有一些不便机械加工的，也需要锉削来完成。锉削的最高精度可达 IT7～IT8，表面粗糙度可达 $Ra0.8～1.6\mu m$。锉削可用于配键、成形样板、模具型腔以及部件，机器装配时的工件修整。锉削是钳工一项重要的基本操作。

任务 1　锉削基础训练

知识目标	了解锉削在生产加工中的作用，锉刀的种类和使用时的注意要点
技能目标	正确选用锉刀，进行锉削规范操作训练并达到基本熟练程度
素养目标	养成规范着装、保持工作环境清洁有序、严格执行安全操作规程的习惯

❖ 任务描述

　　学习锉削的基础知识，了解锉刀的种类、规格及使用场合；学习锉削动作要领，通过训练达到基本熟练水平。

❖ 知识准备

　　锉削加工是钳工作业中的重要操作内容和基本操作技能之一。学习了解锉刀的种类、规格，并能够根据实际加工零件的表面和材料、加工余量等因素正确安装和选用锉刀。

锉刀的种类

　　（1）锉削　用锉刀对工件表面进行切削加工，使工件达到所要求的尺寸、形状和表面粗糙度的操作叫锉削。锉削精度可以达到 0.01mm，表面粗糙度值可达 $Ra0.8\mu m$。

　　1）锉刀。锉刀是锉削的主要工具，常用碳素工具钢 T12、T13 制成，并经热处理淬硬至 62～67HRC。锉刀由锉刀面、锉刀边、锉刀舌、锉刀尾、木柄等部分组成。常用锉刀的式样和使用范围见表 5-1。

表 5-1　常用锉刀式样和使用范围

品名	图样	适用范围
尖头扁锉		锉削平面和外曲面
整形锉	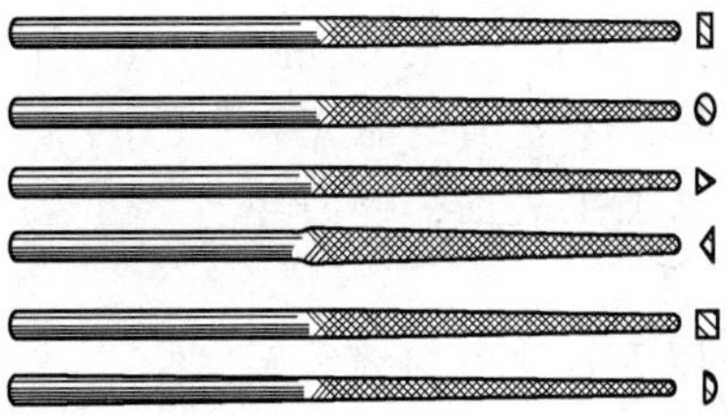	主要用于精细加工及修整工件上难以机械加工的细小部位，由若干把各种截面形状的锉刀组成一套

（续）

品名	图样	适用范围
特种锉		加工零件特殊表面用，它有直、弯曲两种，其截面形状很多
平板锉		锉削内外平面
半圆锉		锉削内圆弧
方锉		锉削内型面及凹槽
三角锉		锉削内角和清角
圆锉		锉削内圆弧和内圆

2）锉刀的规格。锉刀的规格主要指锉刀的尺寸规格。钳工锉的尺寸规格指锉身的长度，特种锉和整形锉的尺寸规格指锉刀全长。锉齿规格指锉刀面上齿纹疏密程度，可分为粗齿、中齿、细齿、油光锉等。截面形状指锉刀的截面形状。锉刀齿纹有单纹和双纹两种，双纹是交叉排列的锉纹，形成切削齿和空屑槽，便于断屑和排屑。单纹锉刀一般用于锉削铝合金等软材料。钳工锉国家标准规范技术性规定可查 QB/T 2569.1—2002。

（2）锉刀的选用　合理选用锉刀，对保证加工质量、提高工作效率和延长锉刀寿命有很大的影响。

锉刀的一般选择原则是：根据工件形状和加工面的大小选择锉刀的形状和规格；根据材料软硬、加工余量、精度和粗糙度的要求选择锉刀齿纹的粗细。粗锉刀的齿距大（齿距为 0.83～2.30mm），不易堵塞，适宜粗加工（即加工余量大、公差等级和表面质量要求低）及铜、铝等软金属的锉削；细锉刀（齿距为 0.25～0.33mm）适宜钢、铸铁以及表面质量要求高的工件锉削；油光锉（齿距为 0.20～0.25mm）只用来修光已加工表面，锉刀越细，锉出的工件表面越光，但生产率越低。

（3）锉刀柄的装卸（图 5-1）　先用手将锉刀的锉舌轻轻插入锉刀柄的小圆孔中，然后用木锤敲打。也可将锉刀柄朝下，左手扶正锉刀柄，右手抓住锉刀两侧面，将锉刀踏入

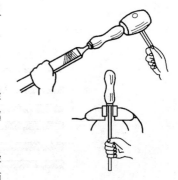

图 5-1　锉刀柄的装卸

锉刀柄直至固定紧为止。

拆锉刀柄要巧借台虎钳施力。将两钳口位置缩小至略大于锉刀厚度，用钳口挡住锉刀柄，用手将锉刀向下冲击，利用冲击力将锉刀柄脱出。

（4）锉刀的正确使用和保养

1）新锉刀应先使用一面，用钝后再使用另一面。

2）在粗锉时，应充分使用锉刀的有效全长，避免局部磨损。

3）锉刀上不可沾油和沾水。

锉刀的握法

4）不可用嘴吹锉屑，也不可用手清除锉屑。当锉刀堵塞后，应用铜丝刷顺着锉纹方向刷去锉屑。

5）不可锉毛坯件的硬皮或淬硬的工件；锉削铝、锡等软金属，应使用单齿纹锉刀。

6）铸件表面如果有硬皮，则应先用旧锉刀或锉刀的有侧齿边锉去硬皮，然后再进行加工。

7）锉削时不可用手摸锉过的表面，因手有油污，会导致再锉时打滑。

8）锉刀使用完毕时必须清刷干净，以免生锈。

9）放置锉刀时，不要使其露出工作台面，以防锉刀跌落伤脚。也不能把锉刀与锉刀叠放或锉刀与量具叠放。

铣削姿势

10）锉刀不能作为橇杠使用或用来敲工件，防止锉刀折断伤人。

⚙ 任务实施

1. 作业准备与基础训练

（1）作业前准备　工具：粗（细）钳工锉、划针、划规。量具：刀口形直尺、直角尺、钢直尺、游标卡尺。辅具：练习用毛坯、铜丝刷等。零件模型、实用教材、图样、挂图、PPT或视频、安全技术资料等。

（2）锉削基础技能练习　保持良好的姿势，不仅是提高锉削质量的基本保证，同时也影响着操作者的疲劳程度；要完成锉削加工必须掌握锉削的基本方法、要领，锉刀的握法、锉削时人的站立姿势、双手用力方法等，并练习至熟练固化，也是钳工非常重要的基本训练与体现形式之一。

锉削基本技能包括锉刀的握法、锉削时人的站立姿势、双手用力方法、平面锉削方法等。进行锉削基本技能练习操作时应根据要求细心体会、感悟、感知，才能有良好的"手感"。可以根据现场备料进行调整，尽可能选用厚度在20～30mm的材料。如果更厚，中间可以先挖槽（錾削或铣削）。

锉削基础性训练具体可以按表5-2锉削技术要领操作步骤详解进行分段训练。

表5-2　锉削技术要领操作步骤详解

工序	操作内容	示意图	内容
1	装夹工件	略	工件必须牢固地夹在台虎钳钳口的中部,需锉削的表面略高于钳口。夹持已加工表面时,应加钳口铜

（续）

工序	操作内容	示意图	内容
2	锉刀的握法	大锉刀	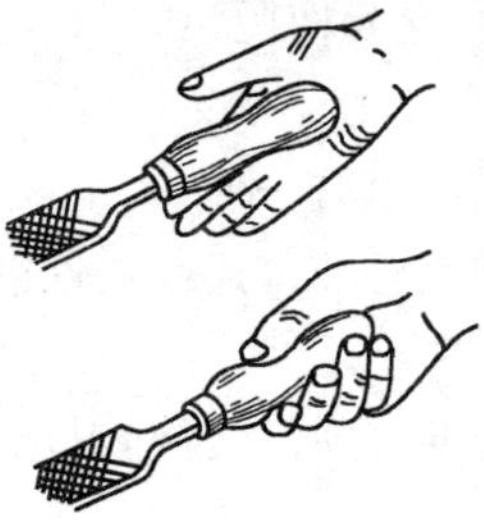 采用拇指压柄法。常使右手心处于锉刀木柄一端,右拇指下压锉刀柄,其余四指环握锉刀柄。其好处是可以利用右手掌紧握锉刀柄且不使手指过度用力而受伤
			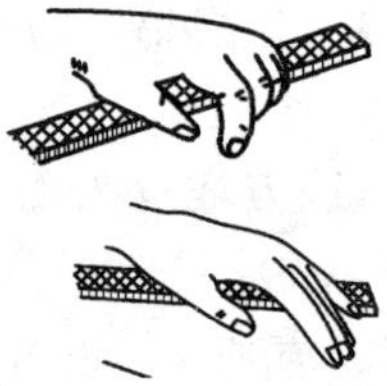 左手根据锉刀的大小和用力轻重,可有多种姿势 前掌压握法:左手掌自然伸展,掌面压住锉刀身的前部刀平面
			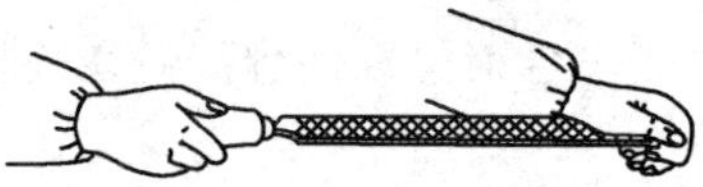 拇指压锉法:左手将拇指根部的肌肉压在锉刀头上,拇指自然伸直,其余四指弯向手心,用中指、无名指捏住锉刀前端
		中锉刀	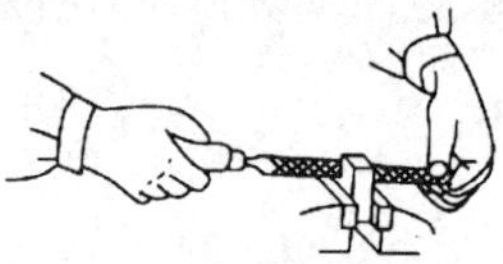 右手握法大致和大锉刀握法相同,左手用拇指和食指捏住锉刀的前端
		小锉刀	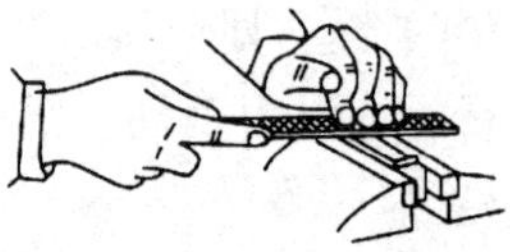 右手食指伸直,拇指放在锉刀木柄上面,食指靠在锉刀的刀边,左手几个手指压在锉刀中部
		整形锉	 一般只用右手拿着锉刀,食指放在锉刀上面,拇指放在锉刀的左侧
3	锉削方法	交叉锉	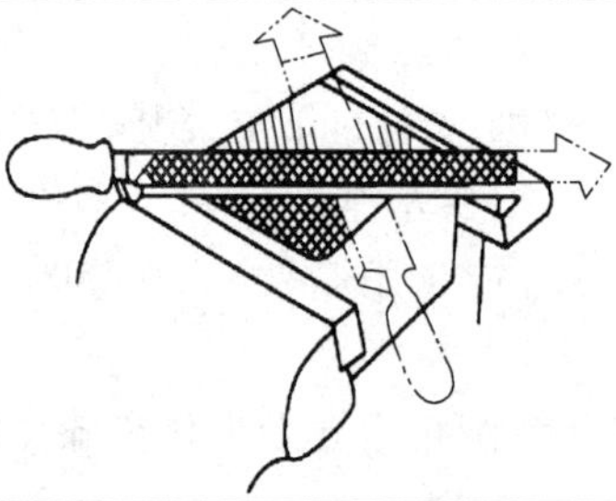 锉刀贴紧工件表面。由于锉刀与工件接触面较大,较容易把握锉刀的平衡,锉刀运动方向与工件夹持方向成30°~40°角,以交叉的两方向顺序对工件进行锉削。锉痕交叉,容易判断锉削表面的不平程度,因而也容易把表面锉平。交叉锉法去屑较快,适用于平面的粗锉
		顺向锉	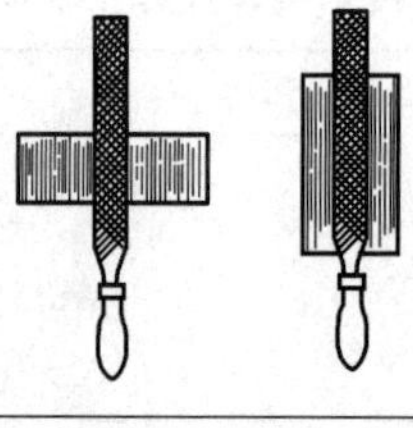 较小的平面和最后锉光可以采用顺向锉。锉刀沿着工件表面横向或纵向移动,锉痕正直,锉纹整齐一致,比较美观,这是最基本的一种锉削方法

（续）

工序	操作内容		示意图	内容
3	锉削方法	推锉	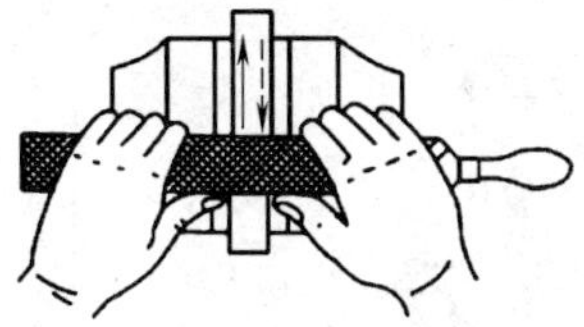	两手对称地握住锉刀,用两拇指推锉刀进行锉削。这种方法适用于在表面较窄且已经锉平、加工余量很小的情况下,用来修正尺寸和减小表面粗糙度
4	姿势练习	站立步位的姿势	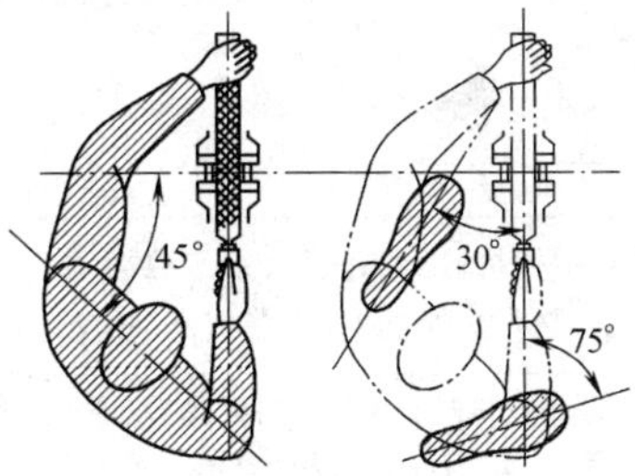	人站在台虎钳左侧,身体与台虎钳约成75°角,左脚在前,右脚在后,两脚分开约与肩膀同宽。身体稍向前倾,重心落在左右两脚(图中阴影)上。两手握住锉刀放在工件表面,左手肘部张开,左上臂部分与锉刀基本平行,但要自然。左臂弯曲,小臂与工件锉削面的左右方向保持基本平行,使得右小臂与锉刀成一条直线
		曲膝动作姿势		1. 开始锉削:锉削时,两脚站稳不动,靠左膝的屈伸使身体作往复运动,手臂和身体的运动要互相配合,并要使锉刀的全长充分利用。开始锉削时身体要向前倾10°左右,左肘弯曲,右肘向后
				2. 锉刀推1/3行程时:身体向前倾15°左右,这时左腿稍弯曲,左肘稍直,右臂向前推
				3. 锉刀推到2/3行程时:身体逐渐倾斜到18°左右

（续）

工序	操作内容		示意图	内容
4	姿势练习	曲膝动作姿势		4. 锉刀行程推尽时：左腿继续弯曲，左肘渐直，右臂向前使锉刀继续推进，直到推尽，身体随着锉刀的反作用退回到15°位置。行程结束后，把锉刀略微抬起，使身体与手回复到开始时的姿势，如此反复
5	锉削练习	推锉动作练习	站立姿态。双手握持锉刀，右臂大致与地面垂直，左肘大致与地面平行，双脚按站立姿态要求站立，右腿自然伸直，身体重心分布于左、右脚	
			膝、曲肘。左腿向前屈膝，身体前倾18°左右，右臂尽量向后曲肘回锉，此时，右腿伸直，身体重心分布于左、右脚、直膝、直臂。身体后倾至10°左右，左臂尽量向前伸直送锉，身体回退	
		推锉体验	屈膝、曲肘。左腿向前屈膝，身体前倾，右臂尽量向后曲肘	
			直膝、直臂。左腿向后屈膝，身体回退至10°，左臂应尽量向前伸直，右臂跟着向前尽量推锉	
			要求：动作姿势的协调性好，只需用四五分的力，速度控制在30次/min左右	
		全程大力锉削训练	建议采用顺向锉削法进行练习，工件厚度以20～30mm为宜（如果大于则采取中间挖空） 训练过程：准备→起锉→推锉→回锉 训练时间：约9学时	锉削时，身体先于锉刀并与之一起向前，右脚伸直并稍向前倾，重心在左脚，左膝部呈弯曲状态。当锉刀锉至约3/4行程时，身体停止前进，两臂则继续将锉刀向前锉到头，同时，左脚自然伸直并随着锉削时的反作用力，将身体重心后移，使身体恢复原位，并顺势将锉刀收回。当锉刀收回接近结束时，身体又开始先于锉刀前倾，第二次锉削向前运动
6	锉削时的用力		要锉出平直平面，必须使锉刀保持直线运动。锉削时右手的压力要随锉刀推动而逐渐增加，左手的压力要随锉刀推动而逐渐减小（左右手压力的变化是微小的，主要做到保持锉刀端平动作），回程不加压，以减小对锉齿的磨损	
7	锉削速度		一般正常的锉削速度控制在40次/min左右，推出时稍慢，回程稍快，动作自然协调。太快，操作者容易疲劳，且锉齿易磨钝；太慢则切削效率低	
8	口诀法		两手握锉放件上，左臂小弯横向平，右臂纵向保平行，左手压来右手推；上身倾斜紧跟随，右腿伸直向前倾，重心在左膝弯曲，锉行四三体前停；两臂继续送到头，动作协调节奏准，左腿伸直借反力，体心后移复原位；顺势收锉体前倾，接着再做下一回	

注意：

　　注意安全操作、规范操作的注意事项。细心、耐心地学习和体会操作要领，体验精细加工的过程。较为枯燥的基本功训练是一种匠心的磨炼。

锉削力的正确运用是锉削的关键。锉削的力量有水平推力和垂直压力两种，推力和压力主要由右手控制，其大小必须大于切削阻力才能锉去切屑；压力由两手控制，其作用是使锉齿深入金属表面。

锉削直角面的顺序：先基准面后其他面；先大面后小面；先长加工面后短加工面；先尺寸后位置公差（如垂直度），再形状公差（如平面度），最后表面粗糙度（Ra 值）。

（3）锉削质量检测 平面锉削精度主要有平面度、直线度和垂直度以及表面粗糙度的检测，几何精度需要刀口形直尺和直角尺来检测，表面粗糙度用粗糙度比对块或经验检测，精度高的可以用粗糙度仪检测。锉削面用刀口形直尺、直角尺检测平面度和垂直度精度，检测方法详见表2-1。检测表面粗糙度一般用目测，也可用表面粗糙度样板进行比对检测。

2. 锉削姿势训练

全程大力锉削法可以帮助学习者较快地提高身体条件的适应性，帮助学习者掌握锉削要领和熟练锉削操作技能。通常需要约30课时来完成这一操作。

1）全程大力锉削的要求。

① 利用锉刀全长参与锉削，采用全刀面、长行程、大切削量操作。

② 采用 14in(1in = 2.54cm) 或 16in粗、中齿锉刀。

③ 加工对象为加工余量较大的工件，或进行锉削姿势训练。

2）全程锉削法的特点为"二大一长"，即动作幅度大、推锉力量大、行程长。

锉削平面的
双手用力

3）锉削训练用料可以根据现场备料进行调整，尽可能选用厚度在 20~30mm 的材料。如果再厚，中间可以先挖槽（錾削或铣削）。

4）锉削是需要花费很大的体力的技术活。为此，建议每隔 10min 操作后休息 2~3min，或每隔 30min 休息 5min。在间歇时间可以做些补充说明。

平面的锉
削方法

任务评价

初学动作阶段容易犯的典型缺点有：工件没有夹紧；工件没有正确地夹在台虎钳中；操作时锉刀拿得不正确；操作时身体姿势不正确；推锉时平衡性差，锉刀运动显摇摆状；操作时用力不均匀，未能使用锉刀的全部工作长度；锉削回程时有拖拉现象；检测已加工表面的操作不正确，判断不准确。

1）训练完成后，按作业 5.1 进行检测评分。

2）记录自己对本次任务的思考和问题，写出自己的实践感受。

注意：

完成任务1的锉削基础训练后，可先学习课题6锯削的内容，掌握了手锯的正确使用方法后，为接下来的锉削综合训练打好下料、锯削的基础。

任务 2 刀口形直角尺制作

知识目标	正确制订锉削加工工艺，选择合理的工具、量具
技能目标	巩固识图、划线等技能；正确选择工具、量具，熟练合理地进行各项操作
素养目标	养成规范着装、保持工作环境清洁有序、严格执行安全操作规程的习惯

任务描述

进行刀口形直角尺的锉削加工（图 5-2）。

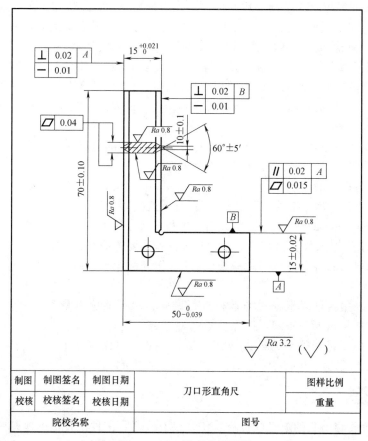

图 5-2　刀口形直角尺图样

知识准备

1. 分析图样及技术要求

刀口形直角尺图样如图 5-2 所示。其技术要求为：

1）刀口面的直线度误差小于或等于 0.01mm，$Ra0.8\mu m$。

2）几何公差达图样要求。

3）未注公差按 ±IT14/2。

2. 工艺准备

1）熟悉图样。

2）检查毛坯是否与图样相符合［备料尺寸（55±0.10）mm×75mm×4mm（磨二面）］。

3）工具、量具、夹具准备。

4）所需设备检查（如台钻）。

3. 考核要求

1）公差等级：锉削 IT8，铰孔 IT7。

2）几何公差：锉削的直线度、平面度、垂直度、平行度达到图样要求。

3）表面粗糙度：锉削 $Ra0.8 \sim 3.2\mu m$，铰孔 $Ra1.6\mu m$。

4）时间定额：270min。

任务实施

1）编制加工工艺。

2）选择锉刀、量具。

3）锉基准 A 达图样要求，锉直角边（与 A 相邻左侧）达图样要求。

4）划全部线，并检查后打样冲眼。

5）锯削加工，去除余料。留余量 $0.5 \sim 1mm$。

6）粗、精锉内直角面两处，达图样要求。

7）锉削内、外刀口面，达图样要求。

8）钻孔、孔口倒角、去锐边（课题7学习后进行加工）。

9）去全部锐边、毛刺，检查合格后打上标记，上交工件。

任务评价

1）完成刀口形直角尺作业，按作业 5.2 进行检测评分。

2）记录自己对本次任务的思考和问题，写出自己的实践感受。

任务3　六角螺母制作

知识目标	说出锉削在生产加工中的作用，以及锉削的基础知识要点
技能目标	正确选用工、量具，规范操作，完成六角螺母的制作并达到图样要求
素养目标	养成规范着装、保持工作环境清洁有序、严格执行安全操作规程的习惯

任务描述

运用已学的知识与技能，分析图形加工要求，完成六角螺母制作，达到图 5-3 的技术要求。

知识准备

1. 游标万能角度尺的使用

游标万能角度尺（图 5-4）是利用游标读数原理来直接测量工件角度或进行划线的一种角度量具，适用于机械加工中的内、外角度测量。

2. 读数及使用方法

测量时，根据产品被测部位的情况，先调整好直角尺或直尺的位置，用卡块上的螺钉把

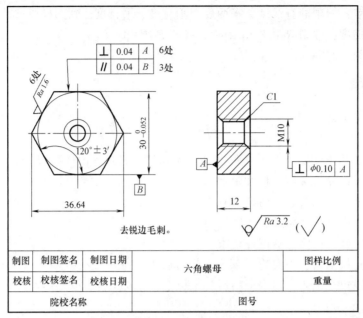

| ⊥ | 0.04 | A | 6处 |
| // | 0.04 | B | 3处 |

6处 Ra 1.6

120°±3′

$30^{0}_{-0.052}$

36.64

去锐边毛刺。

C1

M10

A

⊥ | φ0.10 | A

12

Ra 3.2 (√)

制图	制图签名	制图日期	六角螺母		图样比例
校核	校核签名	校核日期			重量
	院校名称			图号	

图 5-3　六角螺母图样

它们紧固住，再来调整基尺测量面与其他有关测量面之间的夹角。这时，要先松开制动头上的螺母，移动主尺作粗调整，再转动扇形板背面的微动装置作细调整，直到两个测量面与被测表面密切贴合为止，然后拧紧制动器上的螺母，把角度尺取下来进行读数。表 5-3 为游标万能角度尺的读数及使用方法。

图 5-4　游标万能角度尺

游标万能
角度尺

表 5-3　游标万能角度尺的读数及使用方法

序号	测量角度范围	图示	说明
1	0°~50°		直角尺和直尺全都装上，产品的被测部位放在基尺各直尺的测量面之间进行测量

（续）

序号	测量角度范围	图示	说明
2	50°～140°	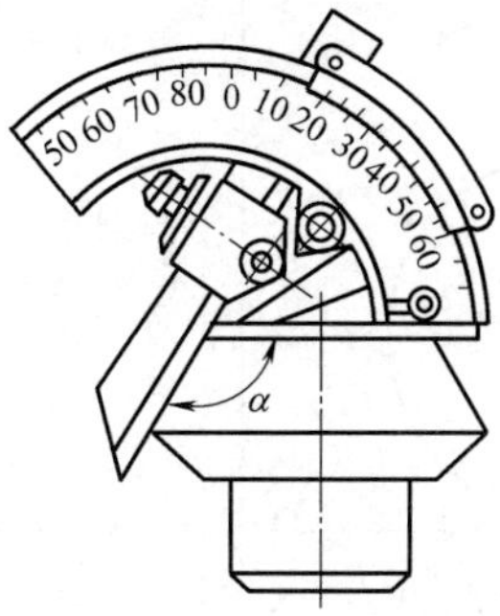	可把直角尺卸掉,把直尺装上,使它与扇形板连在一起。工件的被测部位放在基尺和直尺的测量面之间进行测量
3	140°～230°	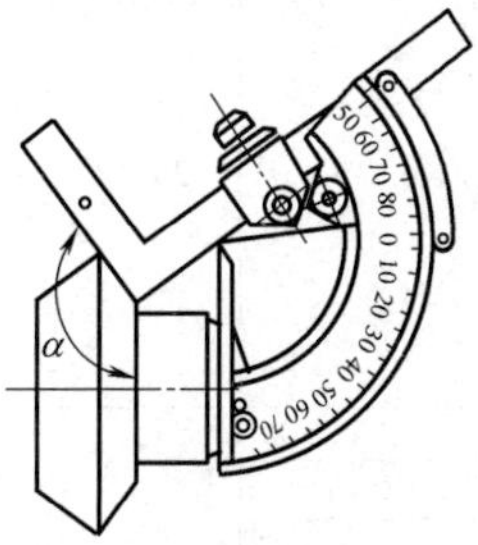	把直尺和卡块卸掉,只装直角尺,但要把直角尺推上去,直到直角尺短边与长边的交线和基尺的尖棱对齐为止。把工件的被测部位放在基尺和直角尺短边的测量面之间进行测量
4	230°～320°	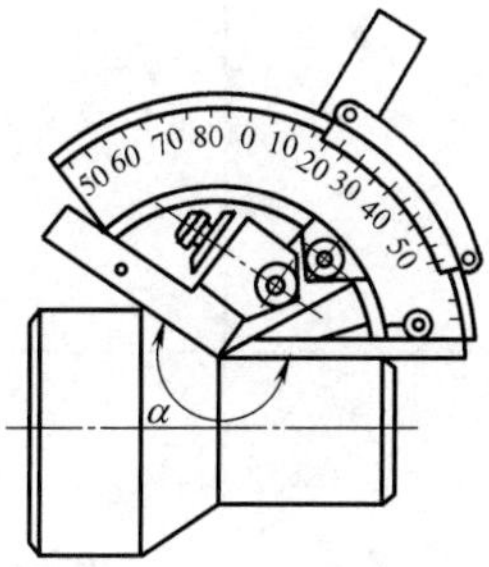	把直角尺、直尺和卡块全部卸掉,只留下扇形板和主尺(带基尺)。把产品的被测部位放在基尺和扇形板测量面之间进行测量

任务实施

1）备料 ϕ35mm×12mm （车加工件）。

2）六角螺母加工按表5-4的步骤进行。

表5-4 六角螺母加工工艺表

工序	作业内容	示意图	说明
1	锉削基准 C	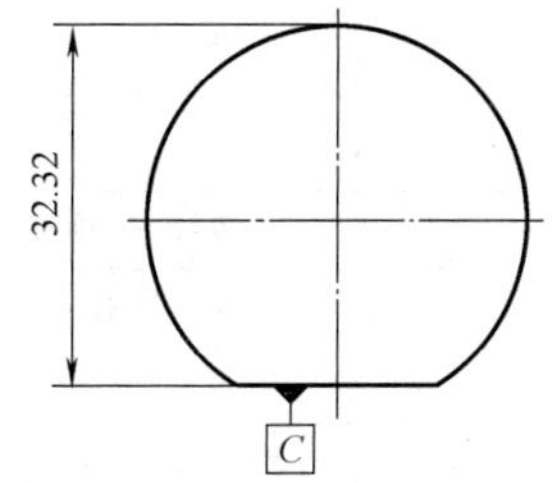	控制平面度和与 A 基准的垂直度,同时控制尺寸 32.32mm

（续）

工序	作业内容	示意图	说明
2	锉削基准 D	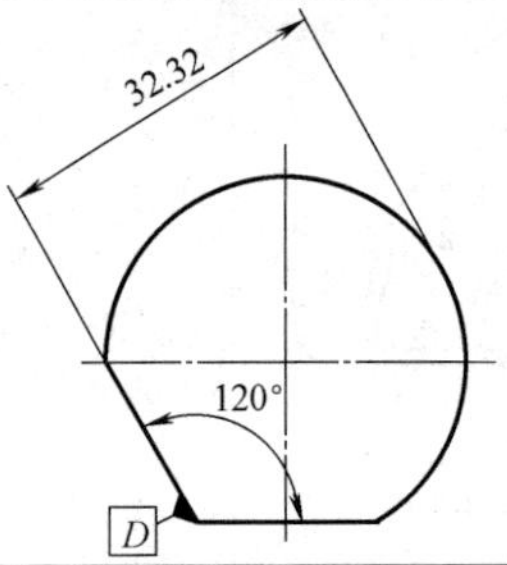	控制平面度和与 A 基准的垂直度,同时控制 120°角,控制尺寸 32.32mm
3	锉削 G 辅助基准	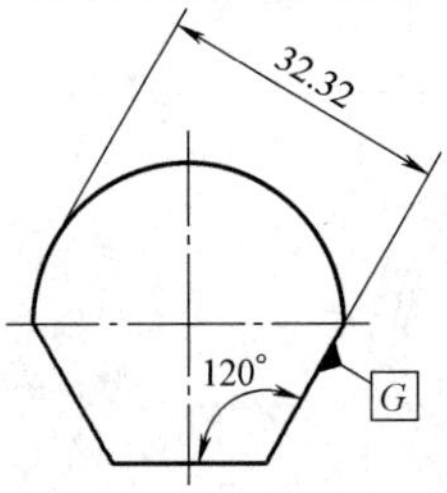	控制平面度和与 A 基准的垂直度,同时控制 120°角,控制尺寸 32.32mm
4	锉尺寸 30mm	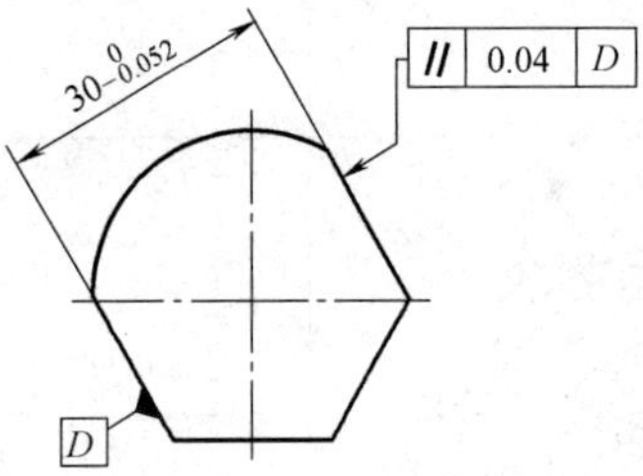	分别控制平面度、与 A 的垂直度和与 D 的平行度以及尺寸 $30_{-0.052}^{0}$ mm,兼顾 120°角
5	锉尺寸 30mm	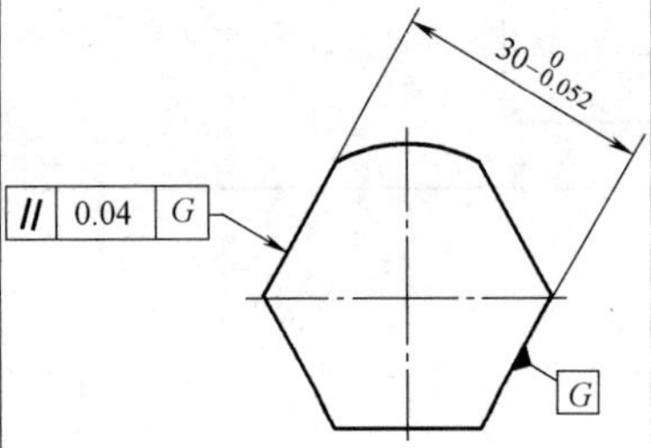	分别控制平面度、与 A 的垂直度和与 G 的平行度,以及尺寸 $30_{-0.052}^{0}$ mm,兼顾 120°角
6	锉尺寸 30mm	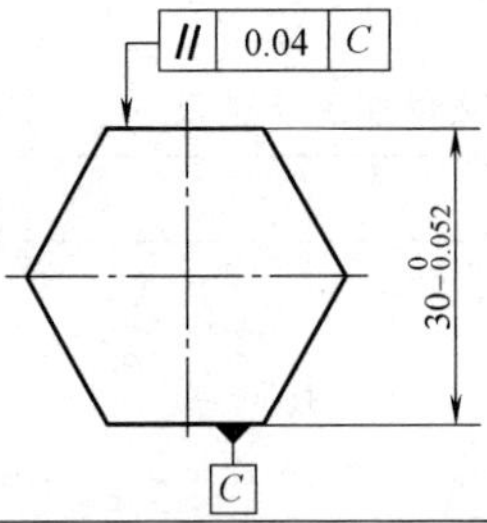	分别控制平面度、与 A 的垂直度和与 C 的平行度,以及尺寸 $30_{-0.052}^{0}$ mm,兼顾 120°角
7	划线	略	划螺纹线、检查、打样冲眼
8	钻孔	略	钻螺纹底孔
9	倒角	略	孔口倒角(2 处)
10	攻螺纹	略	攻 M10 螺纹
11	检查	过程略	按图样技术要求检查

任务评价

1) 完成六角螺母的加工任务，按作业5.3进行检测评分。

2) 记录自己对本次任务的思考和问题，写出自己的实践感受。

任务4　曲面锉削

知识目标	说出曲面锉削的基本要点和锉刀保养要求
技能目标	正确选用工具、量具，进行规范操作，完成平键的制作并达到图样要求
素养目标	养成规范着装、保持工作环境清洁有序、严格执行安全操作规程的习惯

任务描述

学会曲面锉削的基本方法，掌握平键锉削操作要领。完成图5-5所示的A型普通平键加工。

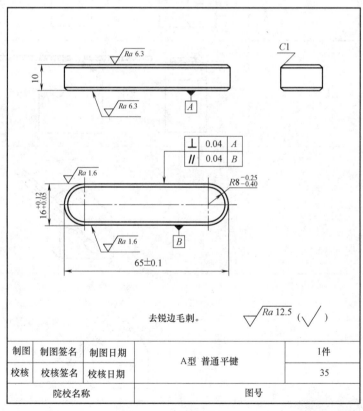

图5-5　A型普通平键

知识准备

曲面锉削是钳工利用平板锉刀、半圆锉刀，通过综合性的运动完成对零件内外曲面的加工。要求操作协调，熟练运用。

半径样板及外圆弧的锉销

内圆弧面锉削

1. 曲面锉削要点 （表 5-5）

表 5-5　曲面锉削要点

序号	锉削方法	图示/要领
1	基本锉削步骤	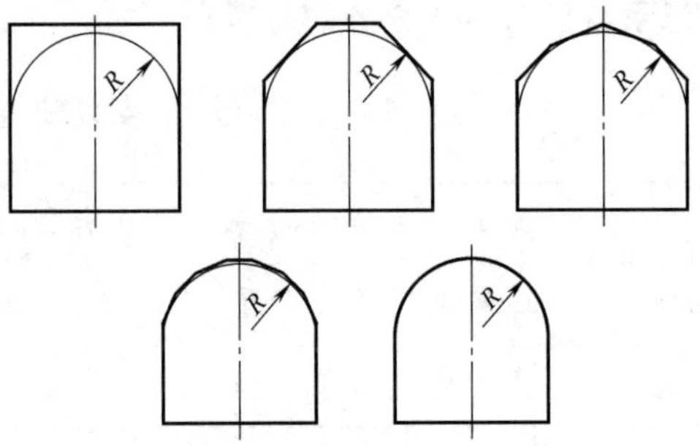
2	轴向多切面法	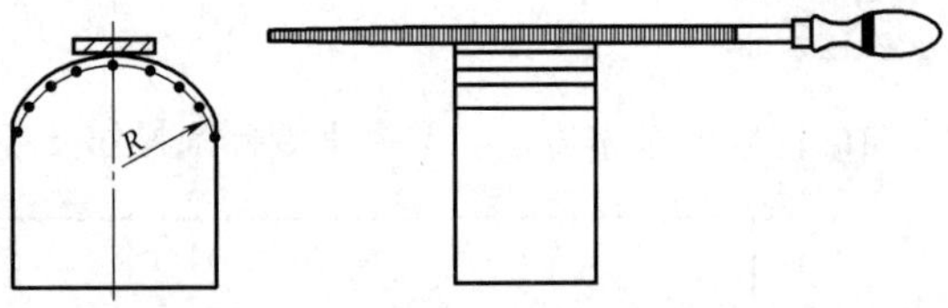
3	周向多切面法	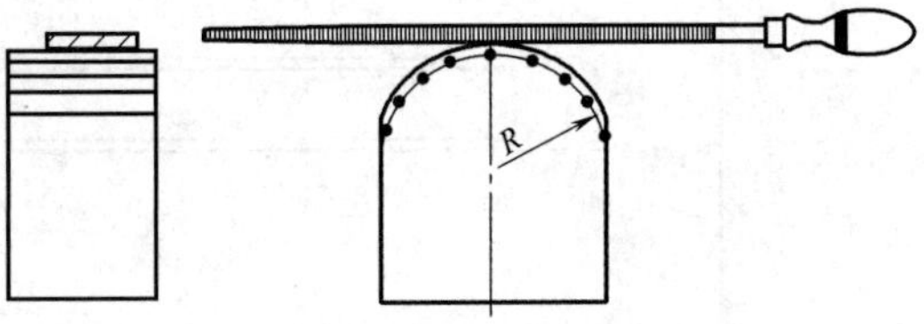
4	轴向滑动	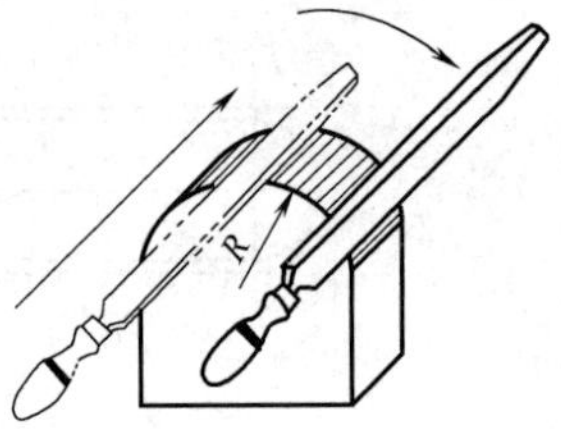
5	周向摆动	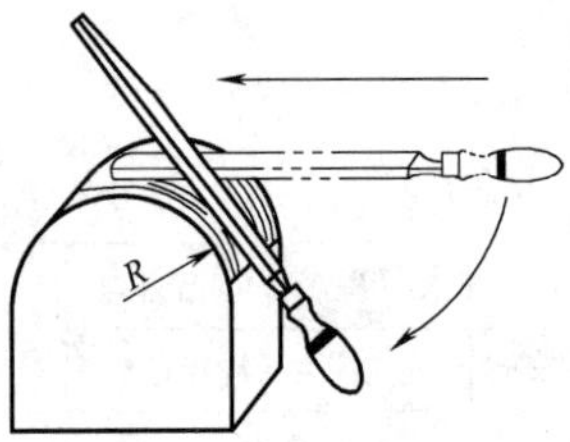
6	合成锉削法	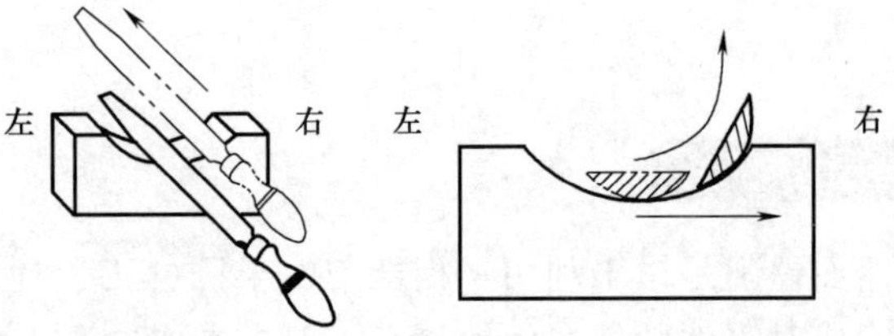 左　　　右　　左　　　　右

（续）

序号	锉削方法	图示/要领
7	横推滑动锉削法	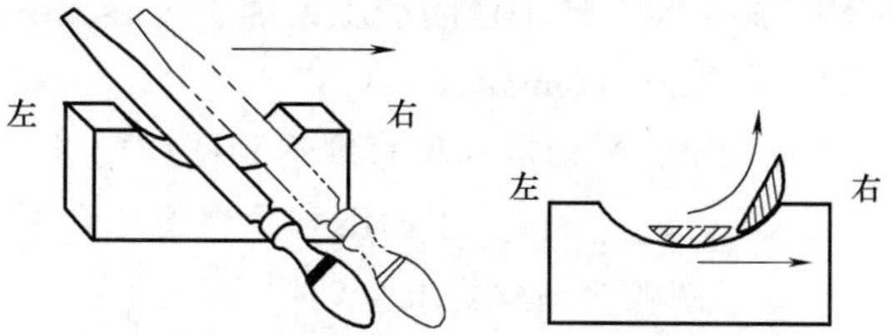
8	定位转锉法	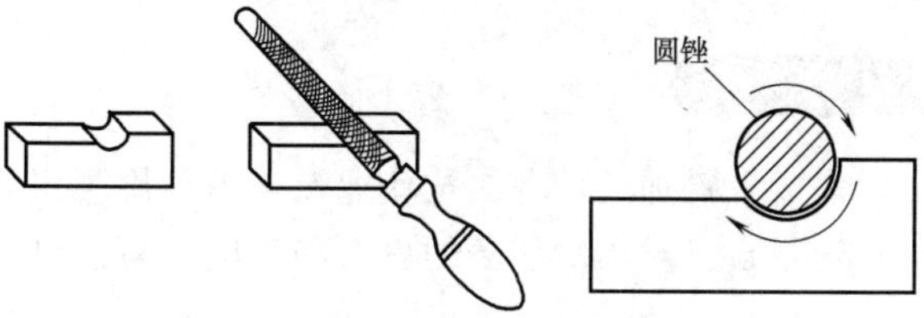 圆锉
9	半径规检测	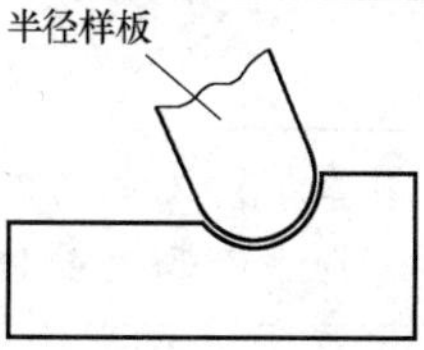 半径样板
10	球面锉削:纵倾横向滑动锉法 侧倾垂直摆动锉法 注意:可将球面大致分为4个区域进行对称锉削,依次循环锉削至球面顶点	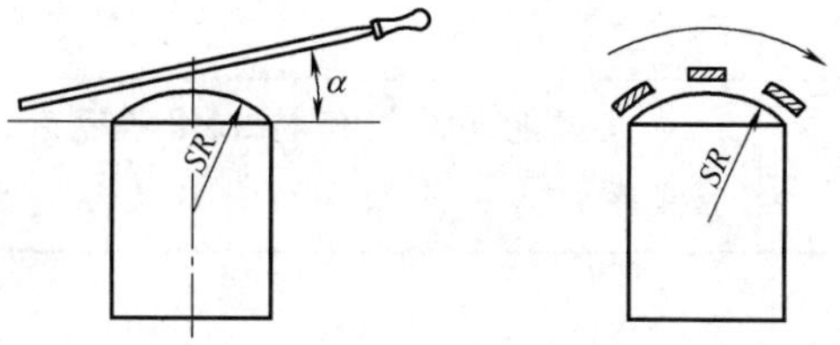 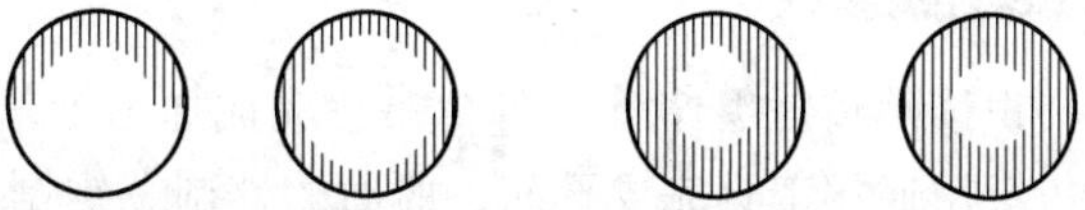 锉刀根据球形半径 *SR* 摆好纵向倾斜角度 α,并在运动中保持稳定。锉刀推进时,刀体同时作自左向右的滑动 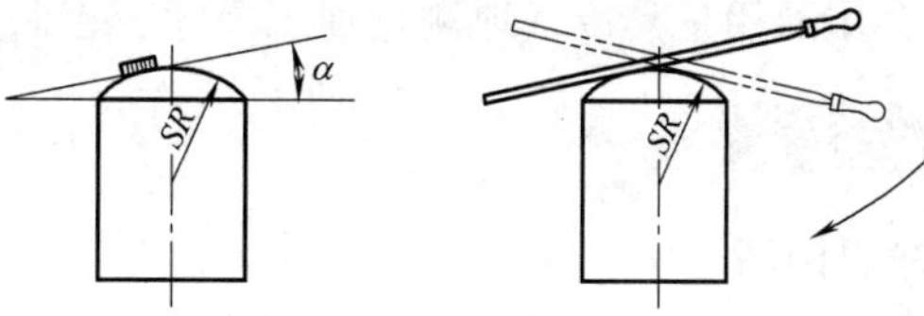 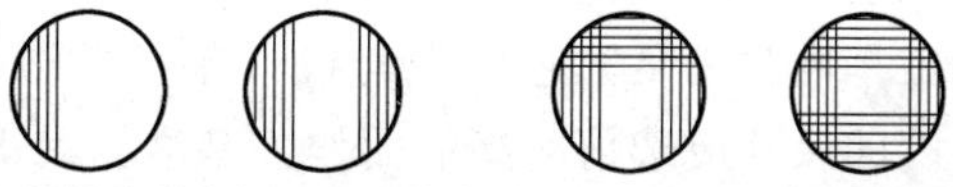 锉刀根据球形半径 *SR* 摆好侧倾角度 α,并在运动中保持稳定。锉刀推进时,右手同时作垂直下压锉刀柄的摆动

2. 圆弧面的检测

圆弧面通常用半径样板检测（图5-6）。

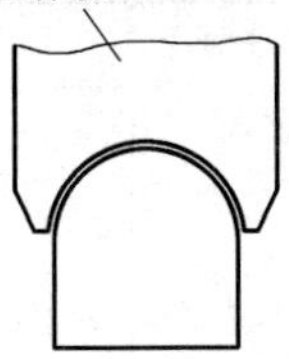

图 5-6　半径样
板检测

任务实施

按图完成 A 型普通平键的加工。加工步骤如下：

1）下料 17mm×66mm×10mm。

2）锉基准 A，平面度和垂直度达到图样要求。

3）锉尺寸 $16^{+0.12}_{+0.05}$mm，平面度和垂直度达到图样要求。

4）锉两半圆弧达图样要求，动作准确。

5）测量修正后，上交检测。

任务评价

1）完成平键加工任务，按作业 5.4 进行检测评分。

2）记录自己对本次任务的思考和问题，写出自己的实践感受。

任务 5　鸭嘴锤制作

知识目标	应用已学，完成对鸭嘴锤零件图的分析，编制加工工艺；能较熟练地使用工具进行平面和曲面锉削、钻孔加工，会用量具进行准确检测
技能目标	独立完成鸭嘴锤的加工任务，解决加工中出现的问题；对工件进行准确的测量
素养目标	养成规范着装，保持工作环境清洁有序，严格执行安全操作规程的习惯；养成系统考虑问题和综合解决难题的能力

任务描述

1）识读鸭嘴锤零件图（图 5-7），完成加工工艺的编制。

2）会用通用工具完成平面、曲面的锉削、锯削和钻孔加工；几何公差达 IT10，表面粗糙度达 $Ra3.2\mu m$，锉纹顺直、倒角 C0.5mm。

3）会用通用量具准确地测量加工尺寸，控制加工精度。

知识准备

1. 知识回顾

1）如何选择加工基准？

选择加工基准要满足工艺基准与设计基准重合的要求，同精度的尺寸应选大的面为基准，不同精度的尺寸应选精度高的面作为基准，其次可以选择容易装夹的面作为基准。

2）鸭嘴锤加工如何选基准？

鸭嘴锤有长方体的 4 个大面要加工，即图 5-7 中底平面为基准面，依次锉削基准面、基准面的对面和基准面的两个邻面。

3）锉削时为何要求最大限度地留有加工余量，并尽量使公称尺寸保持最大？

鸭嘴锤中间有个腰孔要加工，考虑到在钻孔时，定位不准而导致孔有微量偏移时，还可

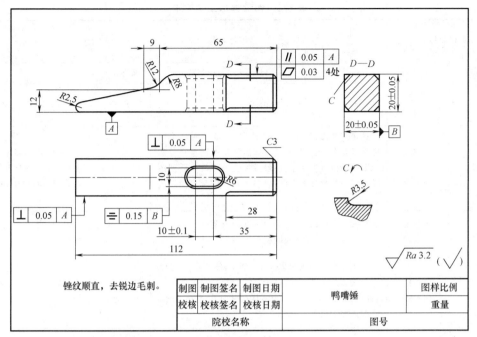

图 5-7 鸭嘴锤图样

以修复；另外在加工时不小心把表面上划出痕迹时，还有修整的余量；同时考虑留出鸭嘴锤抛光时的抛光余量。

4）划线基准的确定原则有哪些？

① 以两个相互垂直的平面或直线为基准。

② 以一个平面或一条直线和一条中心线为基准。

③ 以两条相互垂直的中心线为基准。

5）划线前总是要先进行找正，这是为什么？

找正就是利用划线工具，通过调节支撑工具，使工具有关的毛坯表面都处于合适的位置。

6）为什么要在加工前进行划线？划线的具体步骤是什么？

这是由于毛坯或半成品的加工余量不均匀，直接加工有可能有的地方会没有加工余量，划线是为了确保有均匀的加工余量，保证产品不会报废。

具体步骤：读图，熟悉尺寸，选择基准，涂紫色，划线，校核。

7）任务中需要锉削内、外圆弧面等曲面，其方法与锉削平面的方法相同吗？

不相同。在锉削内、外圆弧等曲面时，锉削一次要在完成前进运动、顺圆弧面向右或向左移动、绕锉刀中心线转动三个动作，三个动作要一起协调完成。而锉削平面时，只有前进运动，没有顺圆弧面向右或向左移动、绕锉刀中心线转动这两个动作。

8）鸭嘴锤两端进行淬火的具体操作过程是什么？

把鸭嘴锤的平端放入火中加热，温度到 780° 左右，颜色为樱桃色时，把鸭嘴锤放到水里淬火，不能放得太深，大约有 5mm。然后用同样地方把錾口端也进行淬火。

2. 分析鸭嘴锤加工工艺

填写表 5-6 加工工艺卡。

表 5-6　鸭嘴锤加工工艺卡

（单位名称）		加工 工艺卡	零件名称	鸭嘴锤	数量
材料	45 钢	毛坯尺寸	115mm×22mm×22mm	实际工时	
工序	工序 名称		工序内容	设备	工具、量刃具、辅具
1	锉削长 方体的 4 个大面		选定基准面，依次加工基准面、基准面对面至图样精度要求，然后加工任意邻面和基准面垂直并最大限度地留有加工余量；最后加工外形尺寸面到图样几何公差精度要求（注意基本尺寸应尽量保持最大）	台虎钳	锉刀、游标高度卡尺、游标卡尺、直角尺、刀口形直尺、粗糙度样板
2	锉削一 个端面		锉削一个端面，保证其与基准面及基准面的一个邻面垂直，同时保证表面粗糙度要求		锉刀、直角尺、粗糙度样板
3	划形体 加工线		将工件需要划线的部位涂上着色剂，然后以基准面与端面为基准，用鸭嘴锤划线样板画出形体加工线（两面同时划出），并按图样尺寸划出 4 处 C3mm 的倒角加工线	划线 方箱	划针、着色剂、鸭嘴锤样板
4	加工腰形 孔		按图样要求划出腰形孔加工线及钻孔检查线，用样冲打样冲眼，并钻孔，然后用圆锉锉削腰形孔到图样要求，最后将腰形孔各面倒出 1mm 弧形喇叭口	台虎钳、台钻、划线方箱、砂轮机、平口钳等	划针、样冲、φ9.8mm 钻头、圆锉、着色剂
5	加工鸭嘴 锤斜面		用锯削方式去除圆弧线切线以外的余料，并留 1mm 的加工余量；用 φ12～φ14mm 圆锉加工 R16mm 圆弧；用扁锉锉削两圆弧间的切线；加工 R2mm 圆弧线；保证尺寸 115mm	台虎钳	手锯、φ12～φ14mm 圆锉、扁锉、半径样板
6	加工倒角		用 φ6mm 圆锉加工 R3mm 圆弧，用扁锉加工 4 处 C3mm 倒角		φ6mm 圆锉、扁锉、半径样板
7	锉球面控 制尺寸		加工球面半径至尺寸要求，保证球顶与腰孔圆心距离尺寸为 44mm，并与四个面垂直		锉刀、圆弧样板、半径样板
8	修整		用细锉推锉修整，保证各面连接圆滑、光洁，纹理整齐		细锉刀
9	热处理		淬火	淬火炉、冷却池	淬火钳、冷却液
10	抛光		用砂纸进行抛光		砂纸

任务实施

1）通过对鸭嘴锤加工工艺卡分析，完成作业 5.5，画出工艺卡中各工序内容对应的工序简图。

2）分析加工要求，确定所需的工具和量具。阅读工艺卡，确定鸭嘴锤制作需要用到的工具和辅具，将需要领用的工具材料与性能填写到作业 5.6

鸭嘴锤的
制作

的相应位置。

3）按表5-7鸭嘴锤加工工序表，完成鸭嘴锤的制作。

表5-7　鸭嘴锤加工工序表

工序	内容	工序示意图	加工说明
1	备料	略	21mm×21mm×115mm
2	锉外形	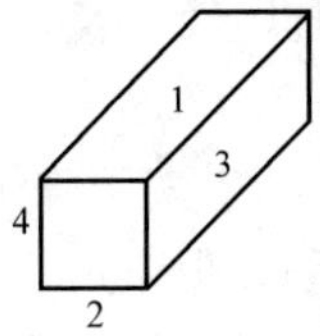	锉准20mm×20mm×113mm长方体
3	锉端面基准	略	以长面为基准锉一端面，达到基本垂直，表面粗糙度≤$Ra3.2\mu m$
4	划线	图5-7	划出形体加工线（或用样板），并按图样尺寸划出4处$C3$倒角加工线
5	钻孔	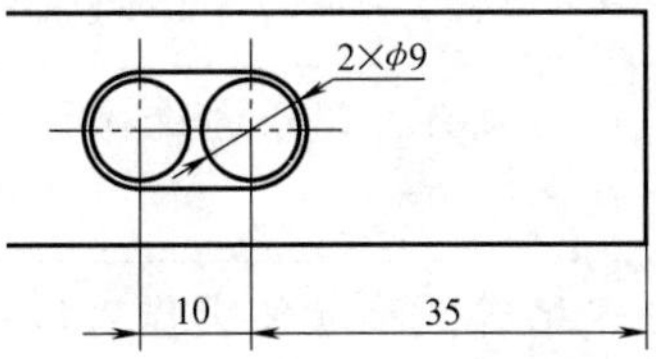	按图样划出腰孔加工线及钻孔检查线，并用$\phi 9mm$钻头钻孔。（此工序可以和课题7任务1结合完成）
6	锯	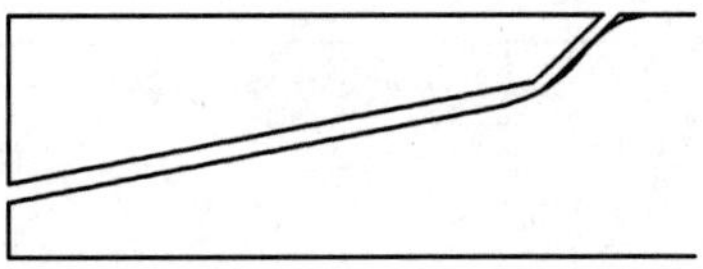	斜面锯削，留余量0.5～1mm。（此工序可以和课题6任务1结合完成）
7	锉鸭嘴	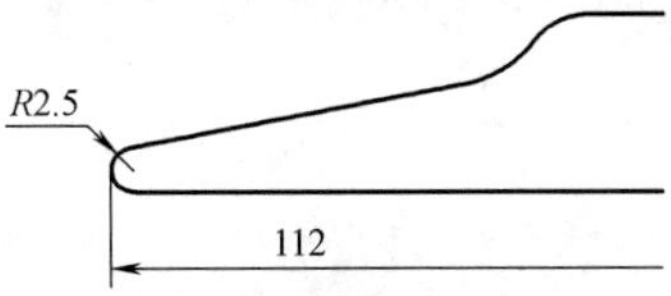	用半圆锉按线粗精锉$R12mm$内圆弧面，用扁锉粗精锉斜面与$R8mm$圆弧面至划线线条。用细扁锉及半圆锉作推锉修整，达到各形面连接圆滑、光洁、纹理齐正
8	倒角	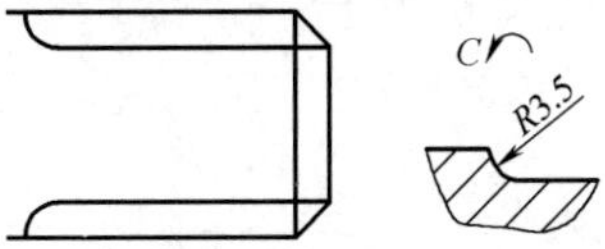	先用圆锉粗锉出$R3.5mm$圆弧，然后分别用粗、细扁锉粗、细锉倒角，再用圆锉加工$R3.5mm$圆弧，最后用推锉法修整，并用砂布打光
9	锉八角端	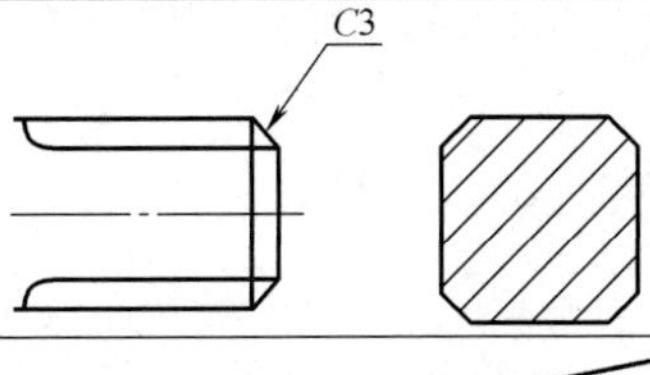	锉八角端部，棱边倒角$C3$
10	锉$R2.5mm$圆头	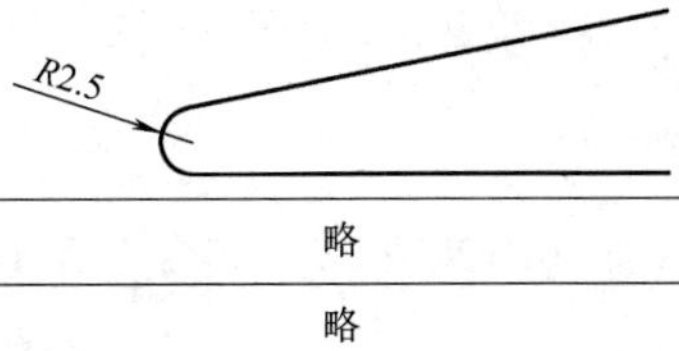	锉$R2.5mm$圆头，并保证工件总长112mm
11	修饰	略	用砂布将各加工面全部打光，交件待验
12	检验	略	待工件检验后，将工件两端热处理淬硬

1）完成作业任务，按作业 5.7 进行检测评分。按作业 5.8 进行作业过程综合评分。

2）记录自己对本次任务的思考和问题，写出自己的实践感受。

课题 6　锯削技术

手工锯削是利用手锯锯断金属材料（或工件）或在工件上进行切槽的加工方法。虽然当前诸如锯床、加工中心等数控设备已广泛地使用，但是由于手工锯削具有方便、简单和灵活的特点，使其在单件或小批量生产中经常使用，常用于分割各种材料及半成品，锯掉工件上多余部分，在工件上锯槽等。手工锯削是钳工需要掌握的基本操作之一。

任务 1　锯削基础训练

知识目标	能说出锯削作业操作者正确的站立姿势与手锯的正确握法
技能目标	通过模仿、实践，完成工件的装夹、锯条的选择和安装，较熟练地用正确的姿势和操作方法完成锯削任务
素养目标	体验和感受锯削作业；遵守纪律，养成文明作业的习惯，严格执行"7S"管理；保持积极乐观的学习态度

任务描述

通过训练掌握正确的锯削姿势，并能根据材料的不同选择合理的锯条进行切割。

知识准备

手锯由锯弓和锯条两部分组成。

1）锯弓是用来装夹并张紧锯条的工具，有固定式和可调式两种（图 6-1）。

锯弓的种类

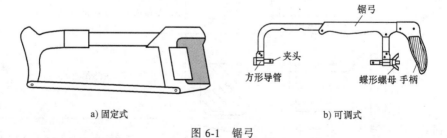

a) 固定式　　　　　　　　　　　　　　b) 可调式

图 6-1　锯弓

2）锯条是手锯的工作部分。

① 锯条的材料。锯条用碳素工具钢（如 T10 或 T12）或合金工具钢冷轧而成，并经热处理淬硬。

② 锯条的尺寸规格以锯条两端安装孔间的距离来表示。钳工常用的锯条尺寸规格为300mm，其宽度为12mm、厚度为 0.6~0.8mm。

③ 锯条的粗细规格是按锯条上每 25mm 长度内齿数表示的。14~18 齿为粗齿，24 齿为中齿，32 齿为细齿。手用锯条，一般是 300mm 长的单向齿锯条。

3）锯齿的角度。锯条切削部分由许多锯齿组成，每个齿相当于一把錾子起切削作用。常用锯条一般前角 γ 是 0°，后角 α 是 40°，楔角 β 是 50°（图 6-2）。

4）锯路。锯削时，锯入工件越深，锯缝的两边对锯条的摩擦阻力就越大，严重时将把锯条夹住。为了避免锯条在锯缝中被夹住，锯齿均有规律地向左右扳斜，使锯齿形成波浪形或交错形的排列，一般称之为锯路（图 6-3）。

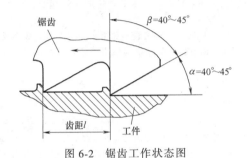

图 6-2　锯齿工作状态图　　　　　　图 6-3　锯路形式

5）锯条粗细的选择。锯条的粗细应根据加工材料的硬度、厚度来选择。

锯削软材料（如铜、铝合金等）或厚材料时，应选用粗齿锯条，因为锯屑较多，要求较大的容屑空间；锯削硬材料（如合金钢等）或薄板、薄管时，应选用细齿锯条。锯齿的粗细规格及应用见表 6-1。

表 6-1　锯齿的粗细规格及应用

锯齿粗细	锯齿/（齿数/25mm）	应　　　用
粗	14~18	锯削软钢、黄铜、铝、铸铁、纯铜、人造胶质材料
中	22~24	锯削中等硬度钢、厚壁铜管、铜管
细	32	锯削薄片金属、薄壁管材
细变中	32~20	易于起锯

任务实施

1. 锯削基础训练

锯削基础训练主要包括认识锯弓与锯条、锯条正确安装、工件准确划线、工件正确夹持、握锯训练、锯削姿势训练、锯削定位、起锯、锯削运动方式、锯削、锯削速度控制和锯削注意事项等内容。具体可参考表 6-2 的步骤进行练习。

锯条的安装　　　手锯的握法

2. 完成作业训练

1）用废料练习起锯、锯削、深缝锯（长度大于 50mm、宽度为 3~5mm、5 件）。

用手锯锯削板料（图 6-4），尺寸误差控制在（5±0.50）mm 的范围内。此类训练属于消耗性训练。如果可能，建议寻找报废材料进行练习，以下料（备料）的方式完成训练。这样既完成了锯削训练，也为后续锉削训练提供备料。

表 6-2　锯削基础训练

序号	内容	图示/要领
1	锯条安装	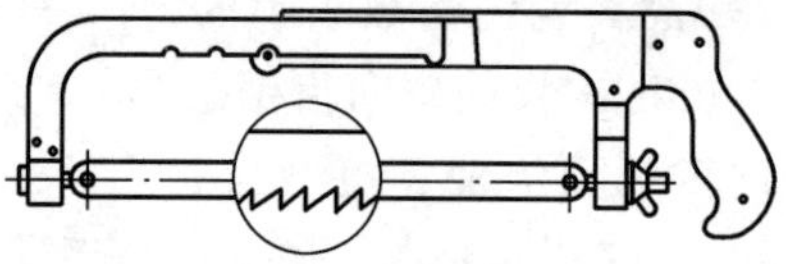 正确 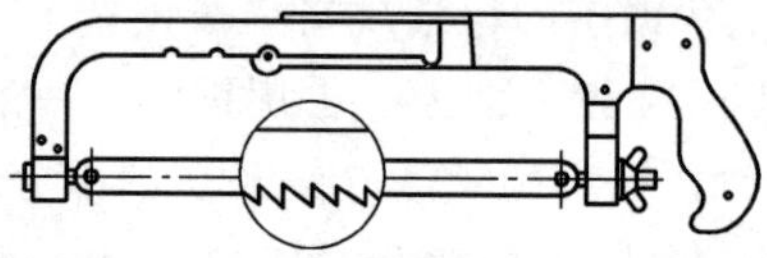　　　　　　　错误 　　锯齿向前,因为手锯向前推时进行切削,向后返回是空行程,如上图所示 　　锯条松紧要适当,太紧则失去了应有的弹性,锯条容易崩断;太松会使锯条扭曲,锯缝歪斜,锯条也容易崩断 　　锯条安装好后应检查是否与锯弓在同一个中心平面内,不能有歪斜和扭曲,否则锯削时锯条易折断且锯缝易歪斜。同时用右手拇指和食指抓住锯条轻轻扳动,锯条没有明显的晃动时,松紧即为适当
2	工件划线	用钢直尺和划针在毛坯表面划出若干个间隔的线和 1mm 的锯缝线
3	夹持工件	工件一般应夹在台虎钳的左面,以便操作;工件伸出钳口不应过长,应使锯缝离钳口侧面 20mm 左右,要使锯缝线保持铅垂,便于控制锯缝不偏离划线线条;工件夹持应该牢固,防止工件在锯削时产生振动,同时要避免将工件夹变形和夹坏已加工面
4	练习站立姿势	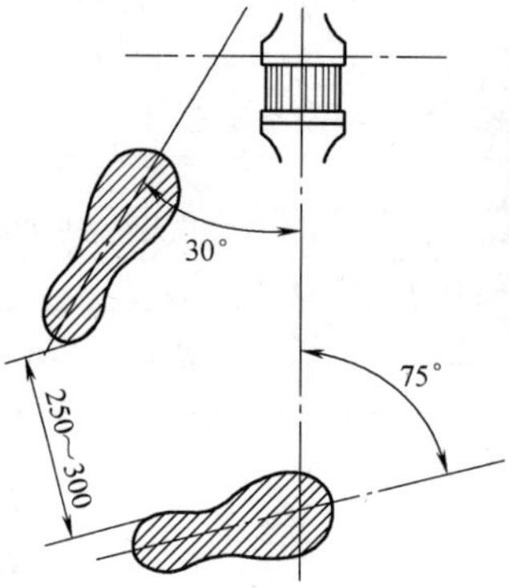 锯削姿势 　　锯削时的站立姿势与锉削相似,重心均匀分在两腿上 　　随着锯削的进行,身体重心在左右两腿间自然轮换,保持身体、动作协调自然
5	练习握锯	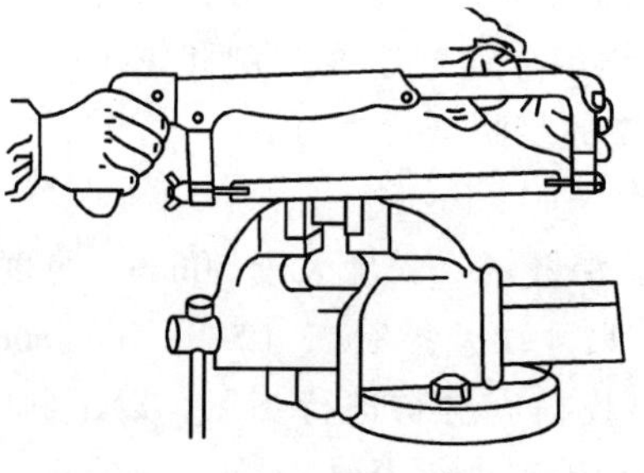 　　右手握稳锯柄,左手扶在锯弓前端。锯削时推力和压力主要由右手控制,左手的作用主要是扶正

（续）

序号	内容	图示/要领	
6	定位		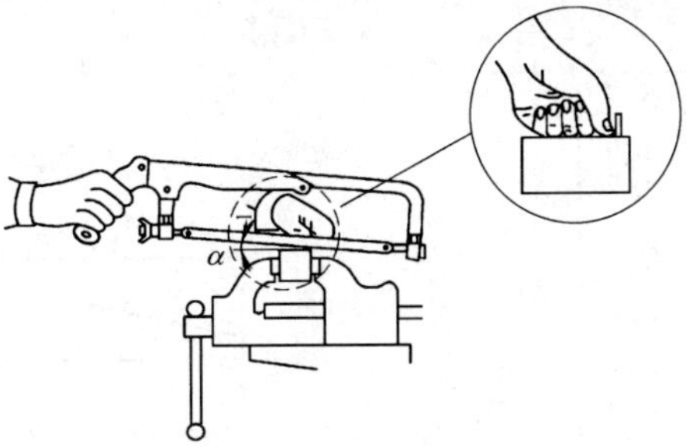 一般左手不宜抓着锯弓,而是用手指的第一个关节位置扶住锯弓,手掌稍往外张开,以保证扶持的力度。为了起锯位置正确且平稳,可用左手拇指竖起用指甲挡住锯条来定位
7	起锯	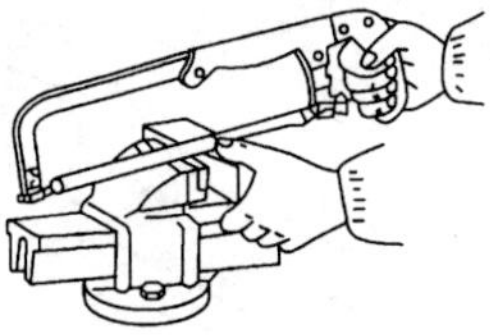 远起锯 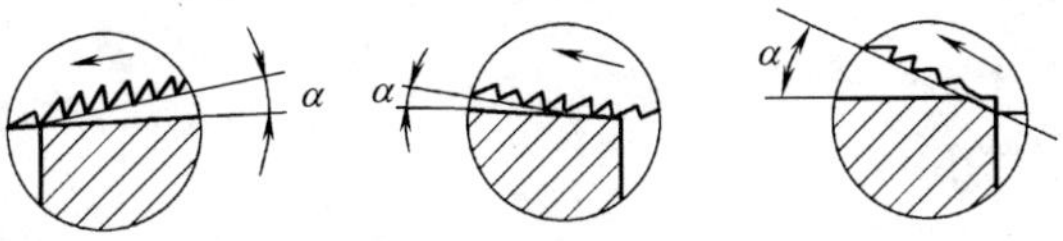 $\alpha=15°$ α太小易打滑 α太大易崩齿	起锯是锯削工作的开始,起锯的好坏直接影响锯削质量。起锯的方式有远起锯和近起锯两种,通常控制在15° 起锯的动作要点是"小""短""慢"。"小"指起锯时压力要小;"短"指往返行程要短;"慢"指速度要慢,这样可使起锯平稳
8	运动方式	直线运动——左手施压,右手推进,用力要均匀,适用于锯缝底面要求平直的槽和薄壁工件的锯削	
		上下摆动——操作自然,两手不易疲劳,且摆动幅度不宜过大	
9	锯削	要保证锯削质量和效率,必须有正确的握锯姿势、站立姿势,锯削动作要协调、自然。手握锯弓要舒展自然,右手握住手柄向前施加压力,左手轻扶在弓架前端 推锯时推力和压力均由右手控制,左手几乎不加压力,主要配合右手起扶正锯弓的作用。此时,身体上部稍向前倾,给手锯以适当的压力而完成锯削 回程中拉锯时因不进行切削,故不施加压力,应将锯稍微提起,使锯条轻轻滑过加工面,以免锯齿磨损	
10	锯削速度	为防止疲劳和锯条发热而加剧磨损,因此锯削频率不宜过高,一般以30次/min为宜	
11	注意事项	锯削到材料快断时,用力要轻,以防突然锯断工件导致工件掉落或折断锯条。因此,快锯断时,应用左手抓稳将要锯落的工件,右手单手轻轻锯削直至锯落为止 锯硬材料时,应采用大压力慢移动;锯软材料时,可适当加速减压。为减轻锯条的磨损,必要时可加乳化液或机油等切削液	

① 开始锯削时应经常观察锯缝是否在所划锯缝线间。若发现偏斜,应及时调整锯弓位置以修正。无法修正时,应将工件翻转90°重新起锯。

② 锯削时注意观察锯条运行中是否铅垂,否则需要调整站位或两手用力。

③ 锯削练习初期以直线运动为主,这主要是考虑到未掌握全面的锯削姿势要领时,防

止因上下摆动带来的两手不能保持平衡，影响锯削平面。

2）完成鸭嘴锤制作（图6-5，课题5任务5鸭嘴锤零件斜面锯削），达到图样加工要求（留余量0.5~1mm）。

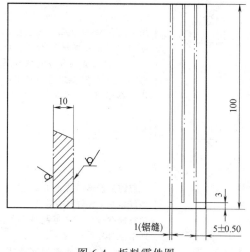

图6-4　板料零件图

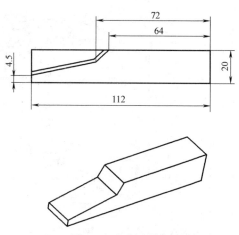

图6-5　鸭嘴锤制作

任务评价

1）完成基本训练后，按作业6.1进行检测评分。

2）记录自己对本次任务的思考和问题，写出自己的实践感受。

任务2　材料、型钢的锯削

通过任务1的训练，对锯削的基本知识和基本技能已经有初步的感悟。但由于任务1实施的材料属于较大平面的锯削，若要锯削薄板材料、空心管子（如自来水管）或锯缝较深的零件，锯削的方法与课题实施有所不同。因此，对于不同材料的锯削，应相应地采用不同的方法。

知识目标	能辨认各种形状的材料，并选择锯削方法；能比较不同型材的锯削特点
技能目标	完成不同型材的装夹，在规定时间内完成锯削任务，做到动作熟练，操作安全
素养目标	遵守纪律，养成文明作业的习惯，严格执行"7S"管理；保持积极乐观的学习态度

任务描述

1）完成各种型材的锯削下料任务，做到锯面平直，尺寸误差控制在±0.5mm以内。

2）锯削姿势正确，锯削速度均匀，无锯条折断等现象发生。

扁钢、条料、薄板的锯削

知识准备

1. 各类型材的锯削方法

（1）锯削钢管［直径可选择 DN15（4 分管）或 DN20（6 分管）］。在台虎钳上夹持钢管，在划线处锯削。在锯条将要锯穿管壁时，将钢管向推锯方向转一定角度，从原锯缝处下锯，然后依次不断转动，直至切断为止（图 6-6）。

（2）锯削薄板料　避免锯齿被薄板钩住而崩齿的方法有两种：一是薄板借用其他材料一起在台虎钳上夹持（图 6-7a），如将薄板料夹在两木块之间，连同木块夹在台虎钳上一起锯削，这样就增加了薄板料锯削时的刚性，防止锯齿被钩住而崩齿或折断；二是水平锯薄板（图 6-7b），以增加同时参加锯削的锯齿数量，防止锯齿被钩住而崩齿或折断。

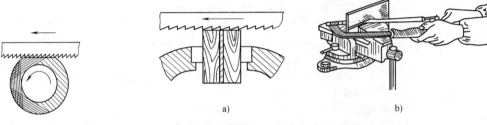

图 6-6　锯削钢管　　　　　　　　　a)　　　　　　　　　b)

　　　　　　　　　　　　　　　　　　图 6-7　锯削薄板料

（3）锯削深缝　锯缝较深时，锯缝高度超过锯弓高度，锯弓就会与工件相碰（图 6-8a）。此时，应重新安装锯条。方法一是把锯条拆出，转 90°重新安装（图 6-8b），使锯弓转到工件的侧面，然后按原锯路继续锯削；方法二是将锯条拆出并转 180°重新安装（图 6-8c），使锯弓转到工件的下面，然后按原锯路继续锯削。

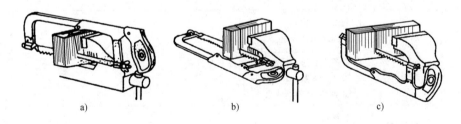

　　　　a)　　　　　　　　　　　b)　　　　　　　　　　　c)

图 6-8　锯削深缝

 注意：

　　锯条转位后，由于两手用力与正常锯削有所不同，因此，尤其要注意锯削动作的规范以及控制锯削力，使锯缝保持平直而不歪斜。

（4）锯削槽（角）钢　槽（角）钢厚度较小，因此不能把槽（角）钢只夹持一次就锯开，这样的锯削效率低。在锯高而狭的中间部分时，锯齿容易折断，锯缝也不平整（图 6-9a）。正确的方法是：分三次装夹槽钢（图 6-9b、c、d）。应尽量从长的锯缝口上起锯，锯穿一个面后再改变夹持位置接着锯。

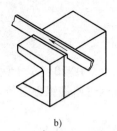
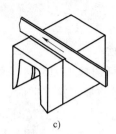
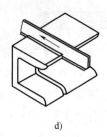

a)   b)   c)   d)

图 6-9　锯削槽钢

2. 锯削质量问题

若出现锯削质量问题，可根据表 6-3 进行锯削质量分析。

表 6-3　锯削问题（质量）分析表

锯削问题(质量)		原因
锯条损坏	折断	1. 锯条安装得过紧或过松 2. 工件装夹不牢固或装夹位置不正确,造成工件抖动或松动 3. 锯缝产生歪斜,靠锯条强行纠正 4. 锯削速度过快,压力太大,锯条容易被卡住 5. 更换锯条后,锯条在旧锯缝中被卡住而折断 6. 工件被锯断时没有减慢锯削速度和减小锯削力,使手锯突然失去平衡而折断
	崩齿	1. 锯条粗细选择不当 2. 起锯角过大,工件钩住锯齿 3. 铸件内有砂眼、杂物等
	磨损过快	1. 锯削速度过快 2. 未加切削液
锯削质量问题	工件尺寸不对	1. 划线不正确 2. 锯削时未留余量
	锯缝歪斜	1. 锯条安装过松或相对于锯弓平面扭曲 2. 工件未夹紧 3. 锯削时,顾前不顾后
	表面锯痕多	1. 起锯角度过小 2. 起锯时锯条未靠住左手拇指定位

✿ 任务实施

完成各类型材的锯削。

操作过程：按要求划线，按线锯削（控制平面度和尺寸），去锐边，检查上交。

✿ 任务评价

1）完成任务后，按作业 6.2 进行检测评分。

2）记录自己对本次任务的思考和问题，写出自己的实践感受。

小技巧

导致锯缝歪斜的主要原因是个体身体动作协调能力不佳，手感觉能力弱，肢体肌肉紧张。解决的办法是，用粗齿锯条，在厚木板（10～20mm）上，按所划直线进行锯削练习。由于木板松软，操作时无须用太大的力进行推锯，重点是感受肢体动作的协调性、手施力的感觉，以及通过锯削力的变化，调整锯削速度和用力，以保证锯缝平直。待熟练地顺直锯下木板，且达到平直的要求后，再练习钢料的锯削。

锯削作为钳工的基本技能之一，虽然劳动强度大，与机械化、自动化生产相比生产效率低，但在许多场合还是有用武之地的，同时锯削这项操作对工人技术要求高。因此，必须通过潜心练习、细心体会，才能学到锯削的基本要领和技巧。

课题 7　孔加工技术

孔加工是钳工重要的操作技能之一。孔加工的方法通常有两类：一类是在实体材料上加工出孔，即用麻花钻、中心钻等进行钻孔加工；另一类是对已有的孔进行再加工，即用扩孔钻、锪钻（可用麻花钻改制）和铰刀等进行扩孔、锪孔和铰孔等，还可以用丝锥加工螺纹孔。

任务 1　钻削加工基础训练

钻削加工是集钻头选择与刃磨、钻头安装与钻床调整、零件定位与夹紧等为一体的综合性技术。因此，在实际钻孔加工之前，需要学习麻花钻的结构，砂轮机、台式钻床的结构、使用要求和注意事项，初步掌握砂轮机和台式钻床的调整方法，为后续任务的完成打下扎实的基础。

知识目标	能说出麻花钻几何角度的作用、基本概念及其对钻孔的影响；对钻床、砂轮机有一个基本的认识
技能目标	能正确使用砂轮机完成麻花钻的修磨；完成台钻的调整并安全使用
素养目标	形成自觉遵守砂轮机、台钻的安全操作规程的习惯，养成爱护公共财物、文明礼貌、团结互助的良好作风

任务描述

1）通过学习能说出麻花钻的构造和各组成的作用。
2）学习砂轮机、台钻的基本知识，能正确对砂轮机和台钻进行调整并安全使用。
3）通过模仿，独立完成钻头的刃磨，完成钻孔加工任务。

知识准备

1. 钻孔

钻孔就是用钻头在实体材料上加工孔的方法。钻孔在生产中是一项重要的工作，主要用来加工精度要求不高的孔或作为孔的粗加工。

钻孔可达到的标准公差等级一般为IT10~IT11，表面粗糙度值一般为$Ra12.5~50\mu m$。钻孔时，钻头绕其轴线旋转（主运动）并同时沿其轴线移动（进给运动）（图7-1）。钻孔常用刀具为麻花钻，一般由高速工具钢制成，也有整体硬质合金等制成。

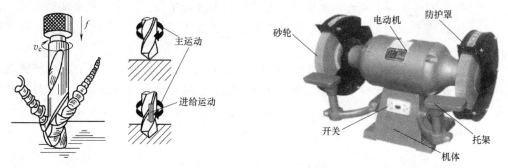

图 7-1　麻花钻钻孔　　　　　图 7-2　砂轮机结构

2. 砂轮机的结构与正确使用方法

砂轮机是钳工工作场地的常用设备，主要用来刃磨錾子、麻花钻和刮刀等刃具或其他工具，也可用来磨除工件或材料的毛刺、锐边等。砂轮机也是较容易发生安全事故的设备，其质脆易碎、转速高、使用频繁，如使用不当，容易发生砂轮碎裂而造成人身事故。因此，使用砂轮机要严格按照操作规程进行工作，以防止出现安全事故。

（1）砂轮机的结构　砂轮机主要由砂轮、电动机、防护罩、机体和托架组成（图7-2）。

砂轮机按外形不同可分为台式砂轮机和立式砂轮机两种，按功能不同分带吸尘器（图7-3c）和不带吸尘器（图7-3a、b）两种。

a)台式　　　　　　b)立式　　　　　　c)带吸尘器

图 7-3　砂轮机

（2）砂轮机的正确使用

1）作业前：合理选择砂轮。刃磨工具、工具钢刀具和清理工件毛刺与飞边时，应使用白色氧化铝砂轮；刃磨硬质合金刀具时应使用绿色碳化硅砂轮。作业前，必须经目测检查和敲击检查有无破裂和损伤。

2）作业中：在使用砂轮机时，必须正确操作，严格按照安全操作规程进行工作，以防止出现砂轮碎裂等安全事故。

使用砂轮机时，开动前应首先认真检查砂轮片与防护罩之间有无杂物，砂轮片是否有撞击痕迹或破损。确认无任何问题时再起动砂轮机，观察砂轮的旋转方向是否正确，砂轮的旋转是否平稳，有无异常现象。待砂轮正常旋转后，再进行磨削。

经常检查托刀架是否完好和牢固，调整托架与砂轮之间的距离，控制在 3mm 之内（图 7-4），并小于被磨工件最小外形尺寸的 1/2，若距离过大则可能造成磨削件轧入砂轮与托架之间而发生事故。

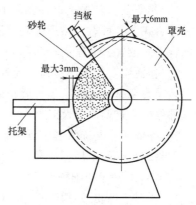

磨削时，操作者的站立位置和姿势必须规范。操作者应站在砂轮侧面或斜侧面位置，以防砂轮碎裂飞出伤人。严禁面对砂轮操作，避免在砂轮侧面进行刃磨。

禁止在砂轮机上磨铝、铜等有色金属和木料。当砂轮磨损超过极限时（砂轮外径大约比心轴直径大 50mm）就应更换新砂轮。

使用时，手切忌碰到砂轮片，以免磨伤手；不能将工件或刀具与砂轮猛撞或施加过大的压力，以防砂轮碎裂。如果发现砂轮表面跳动严重，应及时用砂轮修整器进行修整。

图 7-4　砂轮与托刀架的距离

磨削长度小于 50mm 的工件时，应用手虎钳或其他工具牢固夹住，不得用手直接握持工件，防止脱落在防护罩内卡破砂轮。

砂轮机在使用时，其声音应始终正常，当发生尖叫声、嗡嗡声或其他嘈杂声时，应立即停止使用，关掉开关，切断电源，并通知专业人员检查修理后，方可继续使用。

磨削淬火钢时应及时蘸水冷却，防止烧焦退火；磨削硬质合金时不可蘸水冷却，防止硬质合金碎裂。

3）作业后：使用完毕后，立即切断电源，清理现场，养成良好的工作习惯。

注意：

　　砂轮机砂轮的更换通常由专业人员负责，未经过砂轮装配学习和考核的不能私自更换砂轮，以防装拆不当而引起事故的发生。

　　当手指不小心被砂轮磨伤时，应及时清理伤口止血，必要时去医院救治处理。

3. 台式钻床结构及安全操作要求

（1）台式钻床的结构与原理　台式钻床是一种小型钻床，是装配钳工常用的钻孔设备。台式钻床主要由电动机、立柱、主轴、头架、保险环、锁紧装置、工作台、钻夹头、手柄、电动机及带罩等组成（图 7-5）。台式钻床钻孔直径一般在 13mm 以下，最大不超过 16mm。台式钻床具有结构简单、操作方便、易于维护等特点。

台式钻床的工作原理是：电动机经塔轮与传动带驱动主轴旋转，安装在主轴上的钻夹头夹紧钻头，随着主轴旋转；工件装夹在工作台上；操作者操作手

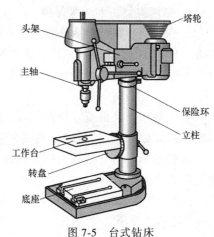

图 7-5　台式钻床

柄，通过齿轮齿条驱使主轴向下进给，从而完成孔的加工。通过钻床上两处手柄的松紧，可调整主轴箱和工作台沿立柱作升降运动；通过工作台下部的调节螺钉，使工作台除可绕立柱回转360°外，还可以左右倾斜45°，以便用来钻斜孔。

（2）台式钻床的操作要求

1）作业前：首先检查各操作手柄、开关、旋钮是否在正确位置，操纵是否灵活，安全装置是否齐全、可靠，然后接通电源。检查转速是否调整到规定的范围，工作台高度是否调整到合适的位置，低速运转3~5min，确认正常后方可开始工作。

2）作业中：严禁超负荷、超性能作业。装卸钻头应停机进行，装钻夹头时，锥面要擦净，装夹要牢靠。工件、工装要正确固定，禁止戴手套操作。若机床运行中出现异常现象，应立即停机，查明原因及时处理。

3）作业后：必须将各操纵手柄置于"停机"位置，切断电源。按规定进行日常维护保养。如果较长时间不用，应在钻床未涂漆的表面涂油保养。

（3）台式钻床的维护保养

1）平时应严格按钻床五定润滑图表（表7-1）加润滑油，操作者每次使用完后应及时清除切屑，切断电源，保持设备各部位清洁。

表7-1　钻床五定润滑图表

序号	设备编号	设备名称及型号	润滑点编号	润滑方式	规定用油		规定代用油		加油标准	加油		换油		实施者
					名称	代号	名称	代号		时间	加油量/kg	周期	数量	
1	01	Z4112	①	手润滑	通用锂基脂2号		极压锂基脂2号		轴承2/3	半年一次（轴承2/3）		每年一次（轴承2/3）		维修工
			②④⑤	手润滑	L-HH 32或40		L-HL 32或40		适量	每天一次		—		操作工
			③	油枪	钙基润滑脂1号		极压锂基脂2号		适量	半年一次		每年一次,适量		操作工

①为电动机轴承；②为主轴外表（钻杆）；③为花键、升降齿轮齿条；④为工作台面；⑤为立柱表面。

2）钻床类设备的一级保养。

① 作业前：擦拭钻床外表面及滑动面；检查各操纵手柄及电器开关，要求位置正确无松动，操作灵活；检查各紧固件无松动；检查各安全装置完整、安全、灵活、准确、可靠；检查外部电器及地线，保证牢固可靠；按润滑图表加油；低速起动运转，声音正常，润滑良好。

② 作业中：严格遵守操作规程；操作中要通过听、看、摸、闻等方法观察设备的运转情况，若发现问题及时处理；遇到故障时施行"停、呼、待"。

③ 作业后：清扫切屑，认真擦拭外表面及各滑动面；操纵手柄、开关放在空位，做好交接班记录。

休息日要全面擦拭机床各部位，保持漆见本色铁见光，检查紧固件无松动。检查、清洗油线及毛毡，润滑各部位。

注意：

　　机械设备五定润滑图表是保证设备正常运转、防止事故发生、减少机器磨损、延长使用寿命、提高设备的生产效率和工作精度的一项有效措施。

　　五定：定润滑部位、定润滑油牌号、定润滑周期、定加油量、定加油人。

3）钻床运行三个月应进行周期性保养，保养时间为1~2h，以操作工为主，维修工人配合进行。首先切断电源，然后进行保养工作，具体保养内容：

①外保养：擦洗机床，做到无油污、无锈蚀；配齐螺钉、螺母、手柄球等。

②传动系统：检查传动系统是否灵活，调整传动带松紧。

③电器：擦拭电动机，检查、紧固接零装置。

④主轴和带轮轴承：定期用黄油润滑（每年清洗一次，需卸下主轴带轮和花键套，将轴承从轴承座中取出，然后添加黄油）。

⑤摩擦部分和轴承：用润滑油润滑主轴轴承及将润滑油注入主轴带轮花键套中。

任务实施

1. 砂轮机的安装与调整

当砂轮磨损超过极限或需要使用不同材质的砂轮时就需要进行更换。更换砂轮时必须严格按照要求仔细安装。

（1）检查砂轮　砂轮在使用前必须目测检查和敲击检查有无破裂和损伤。

1）必须目测检查所有砂轮是否有破损，如有破损禁止使用。

2）用绳将砂轮通过中心孔悬挂，用200~300g的小木锤敲击检查，敲击点在砂轮任一侧面上，距砂轮外圆面20~50mm处。敲打后将砂轮旋转45°再重复进行一次。若砂轮无裂纹，则发出清脆的声音，允许使用；如果发出闷声或哑声，则为有裂纹，禁止使用。

（2）砂轮的安装（图7-6）

1）安装砂轮前必须核对砂轮机主轴的转速，不准超过砂轮允许的最高工作速度。

2）砂轮必须平稳地装到砂轮主轴或砂轮卡盘上，并保持适当的间隙。

3）在更换砂轮时应注意螺母的旋转方向；砂轮机主轴在使用者右侧为右旋螺纹，左侧为左旋螺纹。

4）砂轮与砂轮卡盘压紧面之间必须衬以如纸板、橡胶等柔性材料制的软垫，其厚度为1~2mm，直径比压紧面直径大2mm。

5）砂轮及主轴、衬垫和砂轮卡盘安装时，配合面和压紧面应保持清洁。

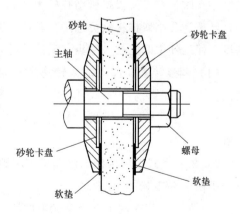

图7-6　砂轮安装结构图

6）安装时应注意压紧螺母或螺钉的松紧程度，压紧到足以带动砂轮并且不产生滑动的程度为宜，防止压力过大造成砂轮破损。有条件时应采用指示式扭力扳手。

7）安装完毕应试转 3min 以上，运转正常，才可使用。砂轮机振动、跳动和偏摇不大方可使用。

注意：

在磨削时，首次接触砂轮要轻，当感觉整个面都接触了，才可以慢慢施加压力。只有这样才能磨出纹路整齐的平面。注意及时蘸水，防止出现焦痕。

（3）更换砂轮　操作前认真观察砂轮机的结构，准备好合适的装配工具，切断电源。具体操作步骤：

1）用螺钉旋具拆下砂轮机外侧的防护罩。

2）松开砂轮机托架后，一只手握紧砂轮，另一只手用扳手旋开主轴上的螺母，注意旋出方向要正确。

3）拆下砂轮卡盘，取出旧砂轮。

4）将合格的新砂轮换上，注意垫好软垫，装上砂轮卡盘。

5）把砂轮和砂轮卡盘装在主轴上，拧上螺母，注意扳螺母的力不可过大，防止压碎砂轮。

6）用手转动砂轮，检查安装质量。

7）安装和调节砂轮机的托刀板与砂轮的距离，装上防护罩，拧紧防护罩螺钉。

8）接通电源，进行空运转试验 3min，确认没有问题后，修整砂轮。

注意：

用砂轮修整器或金刚石笔修整砂轮时，手拿应稳，压力要轻，修至砂轮表面平整、无跳动即可。如果用金刚石笔修整，中途不可蘸水，防止其遇冷碎裂。

2. 台式钻床的调整

钻孔时，首先要根据所钻孔的大小和工件材料的软硬选择合理的转速。孔大或材料硬选用低转速，孔小或材料软可选用高转速。其次根据工件的大小和钻头的长短调整钻床的床身高度，使工件中既能放入钻头，又能使孔一次钻到要求的深度。

（1）调整转速　台式钻床转速调整是通过改变 V 带在两个五级塔轮上的相对位置实现的。

1）变速时必须先停机。松开防护罩固定螺母，取下防护罩，便可看到两个五级塔轮和 V 带。

2）松开台式钻床两侧的电动机固定螺钉，向外侧移动电动机则拉紧 V 带，电动机向内移动则使 V 带变松。

3）改变 V 带在两个五级塔轮上的相对位置，即可使主轴得到五种转速（图 7-7）。调整时一手转动塔轮，另一手捏住两塔轮中间的 V 带，将其向上或向下推向塔轮的小轮端。按"由大轮调到小轮"的原则，当向上调整 V 带时，应先在主轴端塔轮调整，向下则应先调电动机端塔轮。

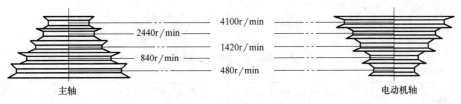

图 7-7 台式钻床转速

注意：

向 V 带送入塔轮时小心夹伤手指，同时注意手不要被防护罩边缘的毛刺划伤。

4）V 带调整到位后，用双手将电动机向外推出，使 V 带收紧。一手推住电动机，另一只手分别锁紧两个 V 带调节螺钉。

安装 V 带时，应按规定的初拉力张紧。台式钻床 V 带调整可凭经验，带的张紧程度以拇指能将带按下 15mm 为宜（图 7-8）。新带使用前，最好预先拉紧一段时间后再使用。严禁用其他工具强行撬入或撬出，以免对 V 带造成不必要的损坏。

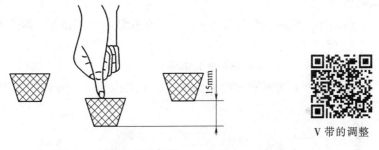

图 7-8 V 带调整示意图

V 带的调整

5）合上防护罩，锁紧防护罩固定螺母。开机检查运转是否正常。

（2）调整床身高度　调整床身时一定要先确定工件和钻头，在装上钻头后调整更直观。台式钻床结构略有不同，本书以图 7-5 所示的台式钻床为例说明。

1）装上钻头后，根据工件高度，确定要调整的距离。

2）松开工作台锁紧手柄、保险环，转动工作台升降手柄，将工作台向上升至极限。

3）确认保险环不会上下移动时，松开床身锁紧手柄。

4）再次用工作台升降手柄将床身及工作台一起向上升高。当到达所需的高度时，锁紧床身锁紧手柄。

5）反向转动工作台升降手柄，将工作台降下。用工件检查距离，并留意刀孔是否对准，如果合适可将工作台锁紧。

6）最后将保险环向上推到床身处锁紧（在松开锁紧手柄前，需确认保险环是否托着床身，否则床身会造成事故）。

任务评价

1）按作业 7.1 进行检测评分。

2）按作业 7.2 进行检测评分。

3）记录自己对本次任务的思考和问题，写出自己的实践感受。

任务 2　钻头刃磨及钻孔技术

知识目标	知道麻花钻的结构和刃磨要求，钻孔安全操作规程，切削液的种类和使用场合
技能目标	会对钻头进行刃磨；提高划线水平；基本能对钻床进行调整，会对钻头及工件正确安装，能完成钻孔的基本技术，会合理选用切削液
素养目标	严格执行"7S"管理，做到安全操作

任务描述

学习掌握钻头的刃磨技术和钻孔操作要领；执行"7S"要求，养成安全操作的习惯。

知识准备

钻头种类繁多，有麻花钻、扁钻、深孔钻、中心钻等，麻花钻是最常见的一种钻头。

1. 麻花钻

（1）工作部分　麻花钻的工作部分分为切削部分和导向部分。

图 7-9a 所示为麻花钻的结构图。它由工作部分、柄部和空刀组成。

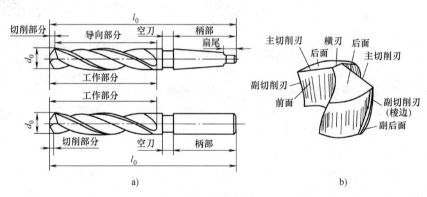

a)　　　　　　　　　　　　　b)

图 7-9　麻花钻

（2）切削部分　麻花钻可看作两把内孔车刀组成的组合体（图 7-9b）。

麻花钻的钻芯直径取为（$0.125 \sim 0.15$）d_0（d_0 为钻头直径）。为了提高钻头的强度和刚度，把钻芯做成正锥体，钻芯从切削部分向尾部逐渐增大，其增大量为每 100mm 增大 $1.4 \sim 2.0mm$。

两条主切削刃在与它们平行的平面上投影的夹角称为顶角 2ϕ（图 7-10）。

若 $2\phi < 118°$，则主切削刃呈凸形（图 7-11a）；若磨出的顶角 $2\phi > 118°$，则主切削刃呈凹形（图 7-11c）；标准麻花钻的顶角 $2\phi = 118°$，此时两条主切削刃呈直线形（图 7-11b）。

（3）导向部分　导向部分在钻孔时起引导作用，也是切削部分的后备部分。

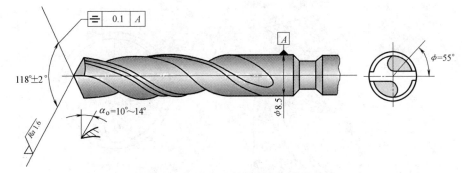

图 7-10　标准麻花钻的顶角和横刃斜角

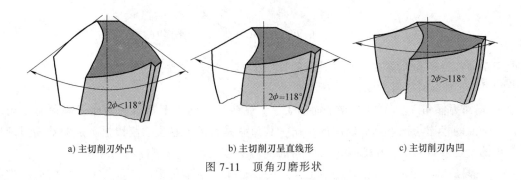

a) 主切削刃外凸　　　　b) 主切削刃呈直线形　　　　c) 主切削刃内凹

图 7-11　顶角刃磨形状

导向部分的两条螺旋槽形成钻头的前面，也是排屑、容屑和切削液流入的空间。螺旋槽的螺旋角 ω 是指螺旋槽最外缘的螺旋线展开成直线后与钻头轴线之间的夹角。越靠近钻头中心螺旋角越小。螺旋角 ω 增大，前角增大，切削轻快，易于排屑，但会削弱切削刃的强度和钻头的刚性。

导向部分的棱边即为钻头的副切削刃，其后面呈狭窄的圆柱面。标准麻花钻导向部分直径向柄部方向逐渐减小，其减小量为每 100mm 长度上减小 0.03~0.12mm，螺旋角 ω 可减小棱边与工件孔壁的摩擦，也形成了副偏角。

（4）柄部　用来装夹钻头和传递转矩。钻头直径 $d_0 < 13$mm 时常制成圆柱柄（直柄）；钻头直径 $d_0 > 13$mm 时制成莫氏圆锥柄，柄部的扁尾能避免钻头在主轴孔或钻头套中打滑，并便于用镶条把钻头从主轴或钻套中打出。

（5）空刀　柄部与工作部分的连接部分，空刀在磨制钻头时供砂轮退刀用。钻头的规格、材料、商标也刻在空刀。小直径钻头无空刀。

2. 麻花钻切削部分的几何角度

1）基面。切削刃上任一点的基面，是通过该点且垂直于该点切削速度方向的平面（图7-12a）。在钻削时，主切削刃上每一点都绕钻头轴线作圆周运动，它的速度方向就是该点所在圆的切线方向，图 7-12b 中所示的 A 点的切削速度 v_A 垂直于 A 点的半径方向。不难看出，切削刃上任一点的基面就是通过该点并包含钻头轴线的平面。由于切削刃上各点的切削速度方向不同，所以切削刃上各点的基面也就不同。

2）切削平面。切削平面是切削刃上任一点的包含该点切削速度方向，而又切于该点加工表面的平面（图7-12a 中为钻头外缘刀尖 A 点的基面和切削平面）。切削刃上各点的切削

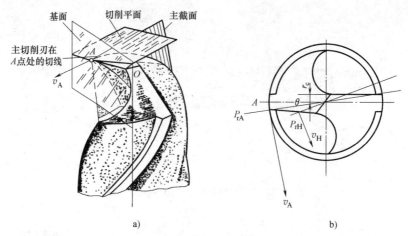

a)

b)

图 7-12　钻头切削刃上各点的基面和切削平面的变化

平面与基面在空间相互垂直，并且其位置是变化的。

3）主切削刃的几何角度。

① 端面刃倾角 λ_{StA} 通常在端平面内表示。钻头主切削刃上某点的端面刃倾角是主切削刃在端平面的投影与该点基面之间的夹角，其值总是负的，且主切削刃上各点的端面刃倾角是变化的，越靠近钻头，中心端面刃倾角的绝对值越大。

② 主偏角 2ϕ 是麻花钻主切削刃上某点的主偏角，主偏角是该点基面上主切削刃的投影与钻头进给方向之间的夹角。由于主切削刃上各点的基面不同，各点的主偏角也随之改变。主切削刃上各点的主偏角是变化的，外缘处大，钻芯处小。

③ 麻花钻的前角 γ_o 是正交平面内前面与基面间的夹角。由于主切削刃上各点的基面不同，所以主切削刃上各点的前角也是变化的（图 7-13）。前角的值从外缘到钻芯附近大约由 $+30°$ 减小到 $-30°$，其切削条件很差。

④ 后角 α_o 是切削刃上任一点的切削平面与后面之间的夹角。钻头后角不在主剖面内度量，而是在假定工作平面（进给剖面）内度量（图 7-13a）。在钻削过程中，实际起作用的是后角，同时也方便测量。

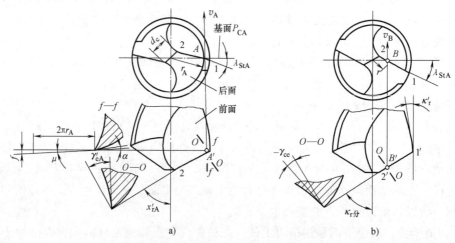

a)

b)

图 7-13　钻头的刃倾角、主偏角、前角和后角

钻头的后角是刃磨得到的，刃磨时要注意使其外缘处磨得小些（8°~10°），靠近钻芯处磨得大些（20°~30°）。这样刃磨的原因首先是可以使后角与主切削刃前角的变化相适应，使各点的楔角大致相等，从而达到其锋利程度、强度、寿命相对平衡。

4）横刃的几何角度（图7-14）。

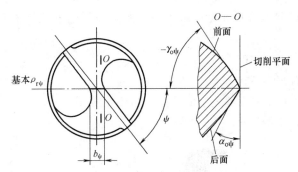

图7-14 横刃的切削角度

① 横刃的基面位于刀具的实体内，故横刃前角 $\gamma_{o\psi}$ 为负值（-60°~-45°），钻削时在横刃处发生严重的挤压而造成很大的轴向力。

② 横刃后角 $\alpha_{o\psi} \approx 90° - |\gamma_{o\psi}|$，为 30°~35°。

③ 横刃主偏角 $\kappa_{\gamma\psi} = 90°$。

④ 横刃刃倾角 $\lambda_{s\psi} = 0°$。

⑤ 横刃斜角 ψ 是在钻头的端面投影中，横刃与主切削刃之间的夹角。它是刃磨钻头时自然形成的，顶角一定时，后角刃磨正确的标准麻花钻横刃斜角 ψ 为 47°~55°，而后角越大则 ψ 越小，横刃的长度越大。

3. 注意事项

1）孔的位置，用样冲孔定位，要将样冲眼打正。

2）用钻夹头钥匙装卸钻头，不准用别的工具代替。

3）夹紧面要平整清洁。

4）钻头用钝后，应及时修磨。

5）钻孔初期，当孔的位置误差较大时，要及时纠正。

6）遵守安全操作规程。

4. 钻孔加工的安全操作规程

1）先读钻床的操作说明书，用机用虎钳夹紧工件（也可用压板）。

2）要戴安全帽，穿紧身工作服，严禁戴手套。

3）勤清理钻削过程中的断屑且严禁直接用手清理。

4）孔快钻穿时要减少进给量。

5）停机后要擦净机床，在指定位置加油润滑。

⬡ **任务实施**

1. 钻头刃磨

钻头刃磨练习（可用小于 $\phi15\text{mm}$ 的废旧麻花钻进行刃磨练习）。

注意：

　　刃磨时砂轮机的正确使用，注意刃磨的姿势和观察钻头的几何形状和角度。刃磨后的钻头可在废旧物料上试钻以确定钻头是否符合要求。

刃磨后的麻花钻经目测或用角度样板检查（图7-15）后的几何角度应达到以下要求：

1）顶角 2ϕ 为 $118°±2°$。

2）孔缘处的后角 α_o 为 $10°\sim14°$。

3）横刃斜角 ψ 为 $50°\sim55°$。

4）两主切削刃长度和钻头轴线组成的两个角要相等。

5）两个主后面要刃磨光滑。

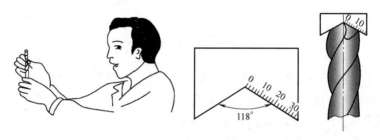

图 7-15　目测或用角度样板检查

　　麻花钻对于机械加工来说，是一种常用的钻孔工具。结构虽然简单，但要把它真正刃磨好，也不是一件容易的事。关键在于掌握好刃磨的方法和技巧，方法掌握了，问题就会迎刃而解，钻头刃磨时与砂轮的相对位置如图7-16所示。

　　麻花钻的手工刃磨在于掌握技巧。刃磨钻头时主要掌握以下技巧：

　　（1）钻刃摆平轮面　"钻刃"是主切削刃，"摆平"是指被刃磨部分的主切削刃处于水平位置。"轮面"是指砂轮的表面。"靠"是慢慢靠拢的意思。此时钻头还不能接触砂轮。

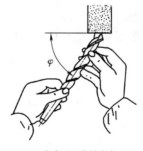
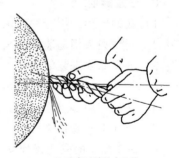

a) 在水平面内的夹角　　　　b) 略高于砂轮中心线

图 7-16　钻头刃磨时与砂轮的相对位置

　　（2）钻轴左斜出顶角　这里是指钻头轴线与砂轮表面之间的位置关系。"锋角"即顶角 $118°±2°$ 的一半，约为 $60°$，此时钻头在位置正确的情况下准备接触砂轮。

　　（3）由刃向背磨后面　这里是指从钻头的刃口开始沿着整个后面缓慢刃磨（图7-17），这样便于散热和刃磨。钻头切入时可轻轻接触砂轮，先进行较少量的刃磨，并注意观察火花的均匀性，及时调整手上压力大小，还要注意钻头的冷却，不能让其磨过火，造成刃口变色，导致刃口退火。发现刃口温度高时，要及时将钻头冷却。当冷却后重新开始刃磨时，要继续摆好技巧（1）、（2）的位置，防止不由自主地改变其正确位置。

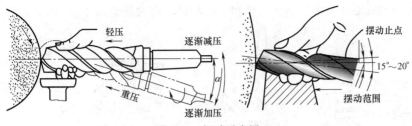

钻头的刃磨

图7-17　摆动示意图

（4）上下摆动尾别翘　这是一个标准的钻头磨削动作，主切削刃在砂轮上要上下摆动（图7-17），也就是握钻头前部的手要均匀地将钻头在砂轮面上下摆动。而握柄部的手却不能摆动，还要防止后柄往上翘，即钻头的尾部不能高翘于砂轮水平中心线以上，否则会使刃口磨钝，无法切削。

（5）保证刃尖对轴线，两边对称慢慢修　一边刃口磨好后，再磨另一边刃口，必须保证刃口在钻头轴线的中间，两边刃口要对称。对着亮光查看钻尖的对称性，慢慢进行修磨。钻头切削刃的后角一般为10°~14°。后角大了，切削刃太薄，钻削时振动厉害，孔口呈三边或五边形，切屑呈针状；后角小了，钻削时轴向力很大，不易切入，切削力增加，温升大，钻头发热严重，甚至无法钻削。后角磨得适合，锋尖对中，两刃对称，钻削时，钻头排屑轻快，无振动，孔径也不会扩大。

（6）横刃修磨　钻头两刃磨好后，两刃锋尖处因钻芯而形成横刃，影响钻头的中心定位，需要对横刃进行修磨，把横刃磨短。这也是影响钻头定心和切削轻快的重要原因。注意在修磨刃尖倒角时，千万不能磨到主切削刃上，这样会使主切削刃的前角偏大，直接影响钻孔。

注意：

（1）和（2）都是指钻头刃磨前的相对位置，两者要统筹兼顾，不要为了摆平钻刃而忽略了摆好斜角，或为了摆放左斜的轴线而忽略了摆平钻刃口。在实际操作中往往会出这些错误。

2. 试钻孔

（1）钻孔一般的操作加工步骤

1）工件来料去毛刺，测量毛坯尺寸，锉外形尺寸。

2）按图样要求划线、检查划线并打样冲眼。划垂直相交两直线，划钻孔圆，划检验圆，划校检圆与校验孔，用于加工时校验，校验圆与钻孔圆同心，钻大孔需画校验圆（图7-18）。

3）调试钻床，并能正确装卸钻头（图7-19）。

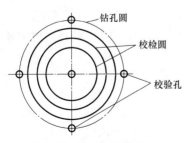

图7-18　校检圆与校验孔

装夹麻花钻

图7-19　用钥匙正确安装钻头

4）正确装夹工件（图7-20），根据钻孔直径和工件材料合理选择切削用量。

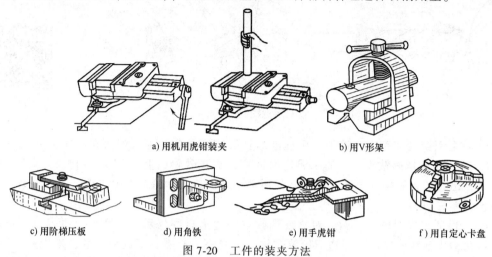

a) 用机用虎钳装夹　　　　　　　　　b) 用V形架

c) 用阶梯压板　　　　　d) 用角铁　　　　　e) 用手虎钳　　　　　f) 用自定心卡盘

图7-20　工件的装夹方法

5）样冲眼处用中心钻定中心，校正孔的位置。中心钻锥角为90°，中心钻可扩大加深样冲头所冲的孔，使钻头尖刚好落入冲孔内。定中心的目的在于用钻头确定孔中心，使钻头钻削时不摆动、不偏斜。定中心时，万一钻头摆动偏斜，要及时进行调整。

6）按图样要求钻孔，锪锥形孔、倒角（图7-21）。

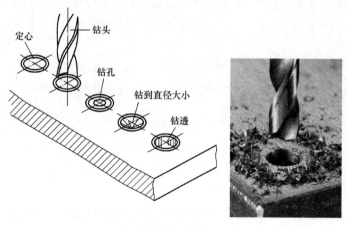

定心　　　钻头

钻孔

钻到直径大小

钻透

图7-21　钻孔

7）正确测量孔径、孔距，去毛刺、打记号。

（2）试钻

1）把工件装夹在机用虎钳上，安装钻头并夹紧，将工作台调整到合适高度。

2）选择转速，其依据是：麻花钻的直径、麻花钻所用材料、工件材料。切削速度由工件材料、钻头材料确定。切削速度的计算公式为

$$v_c = \pi n d / 1000 \tag{7-1}$$

式中　　v_c——切削速度（m/min）；

　　　　d——钻头直径（mm）；

　　　　n——钻床的转速（r/min）。

实习所用的切削速度一般选择≤25m/min，小钻头高转速，大钻头低转速。

3）实际加工阶段的几个步骤。

① 起钻起钻时，先使钻头对准钻孔中心的样冲眼钻出一个小浅坑（图7-22），检查钻孔位置是否正确，并要不断修正，使浅坑与校检圆（校验孔）同轴。

② 手动进给操作当起钻达到钻孔的位置要求时，即可压紧工件完成钻孔工作。手动进给时，用力不能过大，否则易使钻头弯曲（小直径钻头钻孔时），造成钻孔轴线歪斜。钻小孔或深孔时，进给量要小，并经常退钻以排屑，防止切屑阻塞而使钻头折断。当孔将要钻穿时，进给量必须减小，以防造成人身伤害。

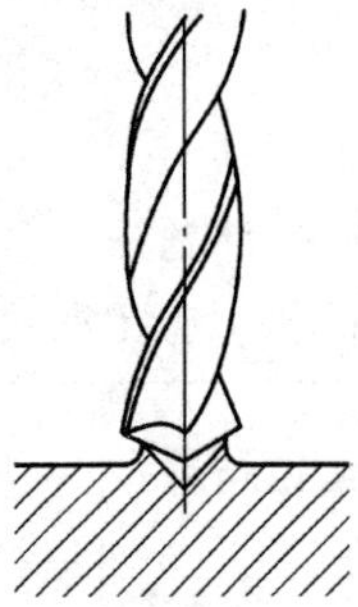

③ 钻孔时的冷却为了使钻头在钻削过程中的温度不致过高，应减小钻头与工件、切屑之间的摩擦阻力，以及清除黏附在钻头和工件表面上的积屑瘤和切屑，进而达到减小切削阻力，延长钻头使用寿命和改善钻孔表面质量的目的。钻孔时，要加注充足的切削液，切削液的选用视材料和加工要求而定，如全损耗系统用油（机油）、煤油、乳化液等（表7-2）。

图 7-22　起钻

表 7-2　钻各种材料用的切削液

工件材料	切削液
各类结构钢	3%～5%乳化液；7%硫化乳化液
不锈钢	3%肥皂加2%亚麻油水溶液；硫化切削液
阴极铜、黄铜、青铜	不用；5%～8%的乳化液
铸铁	不用；5%～8%乳化液；煤油
铝合金	不用；5%～8%乳化液；煤油；煤油与菜籽油的混合油
有机玻璃	5%～8%乳化液；煤油

3. 完成钻模板（图7-23）的钻孔加工

作业流程：备料→划线冲眼→钻孔 5×φ5mm、10×φ7.8mm→去孔口毛刺→检查上交（后续扩孔、锪孔、铰孔至图样要求）。

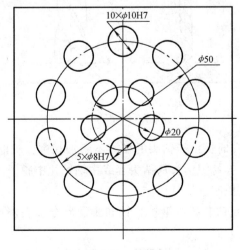

图 7-23　钻模板

1）按作业 7.3 进行检测评分。

2）记录自己对本次任务的思考和问题，写出自己的实践感受。

任务 3　扩孔、锪孔与铰孔技术

本课题是在学习完成钻孔加工的基础上，对孔的进一步加工。通过学习和练习，能够掌握扩孔、锪孔和铰孔的基本操作方法，熟练地完成对中等难度孔的加工。

知识目标	概述扩孔、锪孔、铰孔的基本概念及操作要点
技能目标	巩固提高钻头的刃磨水平；学会合理选择切削用量；在规定时间内，完成扩孔、锪孔、铰孔加工
素养目标	严格执行"7S"管理，做到安全操作

完成图 7-23 所示的扩孔、锪孔和铰孔任务。

1. 基础知识

（1）扩孔用刀具　扩大工件孔径的加工方法称为扩孔（图 7-24）。常用的扩孔方法有用麻花钻扩孔和用扩孔钻扩孔两种方法。

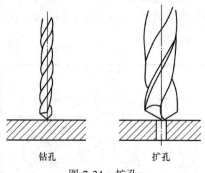

钻孔　　　　扩孔

图 7-24　扩孔

1）用麻花钻扩孔。扩孔时，由于钻头的横刃不参加切削，轴向阻力小，进给力小，但因钻头外缘处的前角较大，容易把钻头从钻头套或主轴锥孔中脱下，所以应把麻花钻外缘处的前角修得小一些，并适当控制进给量。

2）用扩孔钻扩孔。扩孔钻有高速钢扩孔钻和镶硬质合金头扩孔钻两种（图 7-25）。扩孔钻的主要特点有以下几个方面：

① 刀齿较多（一般是 3~4 齿），导向性好，切削平衡。

② 切削刃不是由外缘一直延续到中心，避免了横刃对切削的不良影响。

③ 钻芯较粗，刚性好，故可选择较大的切削用量，从而提高生产效率。

用扩孔钻时，加工质量好，公差等级可达 IT9 ~ IT10，表面粗糙度值可达 $Ra6.3 ~ 12.5\mu m$。因此，扩孔常作为孔的半精加工及铰孔前的预加工。

（2）锪孔 用工具锪削的方法加工平底孔或锥形沉孔的方法，称为锪孔。锪孔时，钻头绕其轴线旋转（主运动）并同时沿其轴线移动（进给运动）（图7-26）。

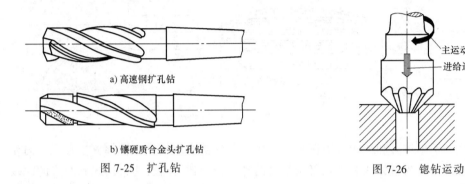

a) 高速钢扩孔钻

b) 镶硬质合金头扩孔钻

图 7-25　扩孔钻

图 7-26　锪钻运动

柱形锪钻（图7-27a），端面切削刃起主要切削作用，外圆柱面上的切削刃起修光孔壁的作用；前端导柱起定心和导向作用；$\gamma_o = \omega = 15°$，$\alpha_o = 8°$。

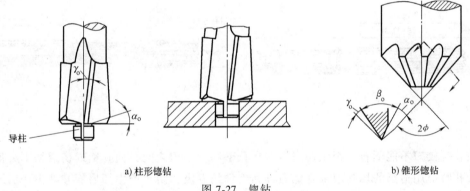

a) 柱形锪钻

b) 锥形锪钻

图 7-27　锪钻

使用锥形锪钻（图7-27b），可以加工出带有锥形面的孔。锥形锪钻的锥角有60°、75°、90°、120°四种。

锪钻的材料——高速钢。

锪钻的尾柄——柱形或莫氏锥度。

切削部分——一刃或多刃。

锪钻的用途——去毛刺、倒角、钻锥形沉头孔。

（3）铰孔 铰孔是用铰刀从工件壁上切除微量金属层，以提高孔的尺寸精度和表面质量的加工方法（图7-28）。铰孔是应用较普遍的孔的精加工方法之一，其加工公差等级可达IT6 ~ IT7，表面粗糙度值 $Ra0.4 ~ 0.8\mu m$。

1）铰刀是多刃切削刀具（图7-29），有6 ~ 12个切削刃和较小顶角。铰孔时导向性好。铰刀刀齿的齿槽很宽，铰刀的横截面大，因此刚性好。铰孔时因为余量很小，每个切削刃上的负荷都小于扩孔钻，且切削刃的前角 $\gamma_0 = 0°$，所以铰削过程实际上是修刮过程。特别是手工铰孔时，切削速度很低，不会受切削热和振动的影响，因此使孔加工的质量较高。

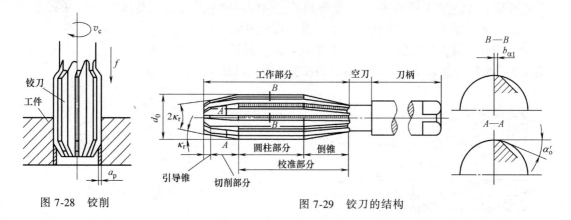

图 7-28　铰削　　　　　　　　　　图 7-29　铰刀的结构

铰刀一般分为手用铰刀和机用铰刀两种。手用铰刀柄部为直柄，工作部分较长，导向作用较好。手用铰刀又分为整体式和外径可调整式两种。机用铰刀可分为带柄式和套式的。铰刀不仅可加工圆形孔，也可用锥度铰刀加工锥孔。铰刀的工作部分由切削部分和修光部分组成（图 7-30）。

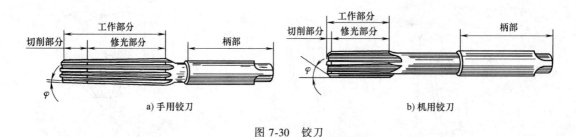

a) 手用铰刀　　　　　　　　　　　b) 机用铰刀

图 7-30　铰刀

铰孔时铰刀不能倒转，否则切屑会卡在孔壁和切削刃之间，使孔壁划伤或切削刃崩裂。

铰孔时常用适当的切削液来降低刀具和工件的温度，防止产生切屑瘤并减少切屑细末黏附在铰刀和孔壁上，从而提高孔的质量。

2）铰孔的工艺特点及应用。铰孔余量对铰孔质量的影响很大。余量太大，铰刀的负荷大，切削刃很快被磨钝，不易获得光洁的加工表面，尺寸公差也不易保证；余量太小，不能去掉上个工序留下的刀痕，自然也就没有改善孔加工质量的作用。一般粗铰余量为 0.15～0.35mm，精铰余量为 0.05～0.15mm。

铰孔通常采用较低的切削速度（精铰时的切削速度通常控制在 2～5m/min），以避免产生积屑瘤。进给量的取值与被加工孔径有关，孔径越大，进给量取值越大。

铰孔时必须选用适当的切削液进行冷却、润滑和清洗，以防止产生积屑瘤并减少切屑在铰刀和孔壁上的黏附。与磨孔和镗孔相比，铰孔生产率高，容易保证孔的精度；但铰孔不能校正孔轴线的位置误差，孔的位置精度应由前工序保证。铰孔不宜加工阶梯孔和不通孔。

铰孔尺寸公差等级一般为 IT7～IT9，表面粗糙度值一般为 $Ra3.2～0.8\mu m$。对于中等尺寸、精度要求较高的孔（例如公差等级为 IT7 的孔），钻→扩→铰工艺是生产中常用的典型加工方案。

2．作业要点

（1）扩孔、锪孔

1）用扩孔钻开始扩孔加工。导柱插入钻孔中，主切削刃与工件接触，调整好尺寸，低速锪孔（图7-31a），测量孔深（图7-31b）。

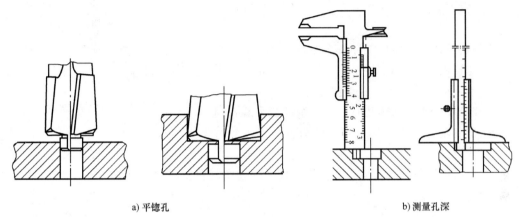

a）平锪孔   b）测量孔深

图7-31　平锪孔与孔深的测量

2）用锪钻锪孔。转速要低，否则加工面会有振痕，必要时可停止转动。通过钻床的惯性来进行锪孔，以提高锪孔的表面粗糙度。

检验——可用沉头螺钉进行锥面深度的测量（图7-32）。

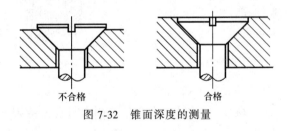

不合格   合格

图7-32　锥面深度的测量

（2）铰孔（图7-33）

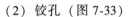

铰孔

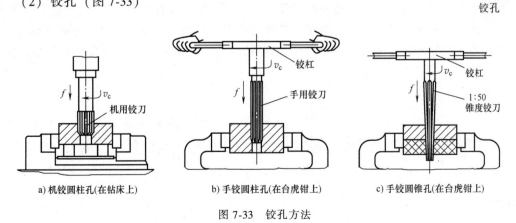

a）机铰圆柱孔（在钻床上）   b）手铰圆柱孔（在台虎钳上）   c）手铰圆锥孔（在台虎钳上）

图7-33　铰孔方法

1）工件要夹正，夹紧力要适当，以防工件变形。

2）在手铰起铰时，右手通过铰孔轴线施加进给压力（图7-34），左手转动铰刀。正常铰削时，两手用力要均匀，平稳地按顺时针方向旋转，避免铰刀摇摆而造成孔口呈喇叭状和孔径扩大。

3）铰刀旋转并双手轻轻加压，铰刀均匀进给，不要在同一方位停顿，防止造成振痕。

4）在退刀时，一手扶住铰刀，一手顺时针旋转并向上拔。

5）使用机铰时，应使工件一次性装夹进行钻、铰工作，以保证铰削中心与钻孔中心一致。铰削完成后，要退出铰刀再停钻床，防止孔壁出现刀痕。

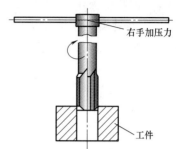

右手加压力

工件

图7-34　铰孔起铰示意图

6）铰尺寸较小的圆锥孔时，可先按锥销小端直径并留精铰余量后钻出底孔，然后用锥铰刀铰削即可。对于尺寸和深度较大的锥孔，应先钻阶梯孔（图7-35），然后再用铰刀铰削。铰削过程中要经常用适当的锥销来检查孔的尺寸，一般锥销插入深度控制在80%（图7-36）。

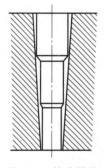

图7-35　钻阶梯孔

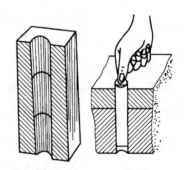

图7-36　控制深度

7）在加工过程中，按工件材质、铰孔精度要求合理选用切削液。

铰孔加工过程中产生的问题，如孔径增大等的原因有可能是铰刀外径尺寸设计值偏大或铰刀刃口有毛刺；切削速度过高；进给量不当或加工余量过大；铰刀主偏角过大；铰刀弯曲；铰刀刃口上黏附着切屑瘤；刃磨时铰刀刃口摆差超差；切削液选择不合适；安装铰刀时锥柄表面油污未擦干净或锥面有磕碰伤；锥柄的扁尾偏位装入机床；主轴后锥柄圆锥干涉；主轴弯曲或主轴轴承过松或损坏；铰刀浮动不灵活；与工件不同轴；手铰孔时两手用力不均匀，致使铰刀左右晃动。

注意：

　　铰刀铰孔或退出铰刀时，铰刀均不能反转，以防刃口磨钝和切屑嵌入铰刀后面与孔壁之间，将已铰的孔壁划伤和崩裂切削刃。

◆ 任务实施

工具、量具准备：锉刀、划线工具、锤子、钻头（φ7.8mm、φ12mm）、φ2mm中心钻、手用铰刀（φ8mm、φ10mm）、铰杠、台钻、机用虎钳、机油等；游标卡尺、钢直尺。

操作步骤：

1）按图样划线并打样冲眼（图 7-23）。

2）扩孔 5×ϕ7.8mm、10×ϕ9.8mm。

3）用 ϕ12mm 钻头锪孔口（倒角 C2）。

4）铰 5×ϕ8H7、10×ϕ10H7。

5）检查孔径和孔距。

任务评价

1）按作业手册表 7.4 进行检测评分。

2）记录自己对本次任务的思考和问题，写出自己的实践感受。

任务4 螺纹孔加工技术

螺纹零件主要用于密封、联接、紧固及传递运动和动力等，在生产和生活中应用非常广泛。通过对本任务的学习与技能训练，能明确攻螺纹前底孔直径与深度（若是不通孔）的计算方法，明确套螺纹前圆杆直径的确定，并能根据图样加工要求，较熟练地运用攻、套螺纹工具，完成攻、套螺纹任务，并达到图样要求。

知识目标	正确描述螺纹种类、螺纹要素，丝锥的种类和攻螺纹要求；会根据不同加工材料进行底孔计算并确定钻头直径
技能目标	会进行攻螺纹底孔直径的计算；巩固钻头刃磨和钻孔加工技术；合理选择工具，在规定时间内完成攻螺纹加工任务
素养目标	严格执行"7S"管理，做到安全操作

任务描述

在钻孔件图 7-21 的零件上，完成 5×ϕ8.5mm 扩孔、孔口倒角 C2mm，攻 5×M10。

知识准备

1. 螺纹种类

螺纹是在圆柱或圆锥表面上，沿着螺旋线所形成的具有特定截面的连续凸起部分。螺纹是零件上常见的一种结构，它的种类很多。按用途不同可分为联接螺纹和传动螺纹；按牙型特征可分为三角形螺纹、矩形螺纹、梯形螺纹、锯齿形螺纹；按牙型的大小可分为粗牙螺纹和细牙螺纹；按形成螺旋线的形状可分为圆柱螺纹和圆锥螺纹；按螺旋线方向可分为左旋螺纹和右旋螺纹；按螺旋线的线数可分为单线螺纹和多线螺纹。

2. 普通螺纹的螺纹代号和标记

螺纹已标准化，牙型角为 60° 的等边三角形螺纹称为普通螺纹，普通螺纹用螺纹的大径、中径、小径、螺距和牙型角 5 个要素表示。普通螺纹的螺纹代号是：螺纹特征代号 公称直径—公差带代号—旋合长度代号—旋向代号。

普通螺纹有粗牙普通螺纹和细牙普通螺纹两种。同一公称直径的普通螺纹，有大小不同的螺距。相关技术参数可查相关手册或资料。

3. 攻螺纹

（1）攻螺纹工具　攻螺纹是用丝锥切削各种中、小尺寸内螺纹的一种加工方法。丝锥是用高速钢制成的一种成形多刃刀具，有手用、机用和管螺纹丝锥之分。常见种类如图7-37。丝锥结构简单，使用方便，既可手工操作，也可以在机床上工作，应用非常广泛。

螺旋槽丝锥　　　　　　　挤压丝锥

刃倾角丝锥　　　　　　　直槽丝锥

图 7-37　丝锥

铰杠是扳转丝锥的工具，铰杠可分为固定式铰杠、可调式铰杠（图7-38）、丁字形铰杠（图7-39），以适应不同场合，夹持各种不同规格的丝锥。

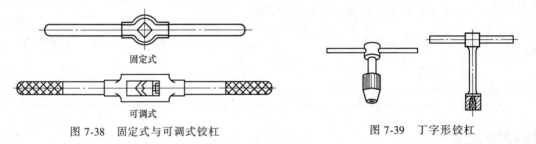

固定式

可调式

图 7-38　固定式与可调式铰杠　　　　图 7-39　丁字形铰杠

（2）攻螺纹前底孔的直径和深度计算

1）攻螺纹前要先钻孔，攻螺纹过程中，丝锥牙齿对材料既有切削作用，还有一定的挤压作用，所以一般钻孔直径 D 略大于螺纹的内径，可查表或根据下列经验公式计算。加工钢料及塑性金属时

$$D = d - P \tag{7-2}$$

加工铸铁及脆性金属时

$$D = d - 1.1P \tag{7-3}$$

式中　d——螺纹外径（mm）；

　　　P——螺距（mm）（可查手册）。

2）若孔为不通孔，由于丝锥不能攻到底，所以钻孔深度要大于螺纹长度，其深度计算公式为

$$H(钻孔的深度) = H_1(所需的螺纹深度) + 0.7d(螺纹大径) \tag{7-4}$$

（3）攻螺纹方法

1）被加工的工件装夹要正，一般情况下应将工件需要攻螺纹的一面置于水平或垂直的位置。这样在攻螺纹时，就能比较容易地判断和保持丝锥垂直于工件螺纹基面的方向。

2）攻螺纹时，两手握住铰杠中部，均匀用力，使铰杠保持水平转动，并在转动过程中对丝锥施加垂直压力，使丝锥切入孔内 1~2 圈（图 7-40）。

3）用直角尺从正面和侧面检查丝锥与工件表面是否垂直（图 7-41）。若不垂直，丝锥要重新切入，直至垂直。一般在攻进 3~4 圈螺纹后，丝锥的方向就基本确定了。

4）攻螺纹时，两手紧握铰杠两端，正转 1~2 圈后再反转 1/4 圈（图 7-42）。在攻螺纹过程中，要经常用毛刷对丝锥加动、植物油作为润滑油（不建议采用机械油）。攻削较深的螺纹时，回转的行程还要大一些，并需往复拧转几次，可折断切屑，利于排屑，减少切削刃粘屑现象，以保持锋利的刃口。在攻不通孔螺纹时，攻螺纹前要在丝锥上做好螺纹深度标记，即将攻完螺纹时，进给要轻，要慢，以防止丝锥前端与工件的螺纹底孔深度产生干涉撞击，损坏丝锥。在攻螺纹过程中，还要经常退出丝锥，清除切屑。

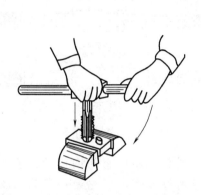

图 7-40　丝锥起攻

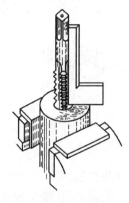

图 7-41　检查丝锥位置

攻螺纹

5）转动铰杠时，操作者的两手用力要平衡，切忌用力过猛或左右晃动，否则容易将螺纹牙型撕裂或导致螺纹孔扩大出现锥度。

6）攻螺纹时，如感到很费力，切不可强行攻螺纹，应将丝锥倒转，使切屑排出（图 7-43），或用二锥攻削几圈，以减轻头锥切削部分的负荷。如果用头锥继续攻螺纹仍然很费力，并断续发出"咯咯"或"叽叽"的声音，则切削不正常或丝锥磨损，应立即停止攻螺纹，查找原因，否则丝锥有折断的可能。

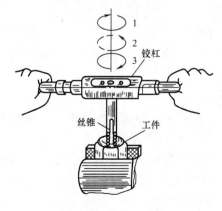

图 7-42　铰杠正反转

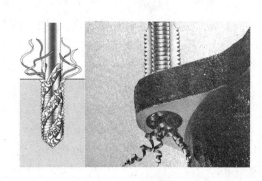

图 7-43　切屑堵塞

注意：

攻螺纹通孔时，应注意丝锥的校准部分不能全露出头，否则在反转退出丝锥时，将会产生乱扣现象。

7）攻好螺纹后，轻轻倒转铰杠，退出丝锥，注意退出丝锥时不能让丝锥掉下。

4. 套螺纹

（1）套螺纹工具　套螺纹是用板牙在圆杆上切削外螺纹的一种加工方法。板牙是一种标准的多刃螺纹加工工具，按外形和用途分为圆板牙、管螺纹圆板牙、六角板牙、方板牙、管形板牙以及硬质合金板牙等，其中以圆板牙应用最广。图 7-44 所示为整体形和开口可调型两种圆板牙。圆板牙可装在板牙架（图 7-45）上用手加工螺纹。

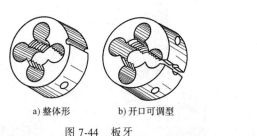

a) 整体形　　b) 开口可调型

图 7-44　板牙

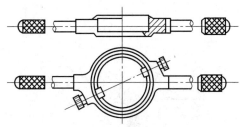

图 7-45　板牙架

（2）套螺纹前的圆杆直径计算　由于板牙牙齿对材料不但有切削作用，还有挤压作用，所以圆杆直径一般应小于螺纹公称尺寸。可通过查相关表格或用下列经验公式来确定。

圆杆直径

$$d_0 = d - 0.13P \tag{7-5}$$

式中　d——螺纹大径（mm）；

P——螺距（mm）。

（3）将套螺纹的圆杆顶端倒角　一般为 15°～20°（图 7-46），以方便板牙套螺纹时切入。

（4）套螺纹方法（图 7-47）

1）将圆杆夹在软钳口内，夹正紧固，并尽量低些。

2）板牙开始套螺纹时，检查校正，应使板牙与圆杆垂直。

3）适当加压力按顺时针方向扳动板牙架，当切入 1～2 牙后就可不加压力旋转，同攻螺纹一样要经常反转，使切屑断碎及时排屑，加注少量润滑油。

4）退出板牙，注意退出板牙时不能让板牙掉下。

（5）从螺孔中取出折断丝锥的方法　在实际生产过程中，加工内螺纹时，经常因操作者经验不足、技能欠佳、方法不当或丝锥质量问题发生丝锥折断的情况。

1）当折断的丝锥折断部分露出孔外时，可用尖嘴钳夹紧后拧出，或用尖錾子轻轻地剔出；也可以在断锥上焊一个六角螺母，然后再用扳手轻轻地扳动六角螺母将断丝锥退出（图 7-48），缺点是：太小的断入物无法焊接，对焊接技巧要求极高，容易烧坏工件，焊接处容易断，能取出断入物的概率很小。

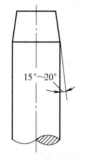

图 7-46 圆杆顶端倒角

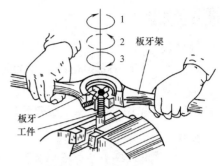

图 7-47 套螺纹的方法

2）当丝锥折断部分在孔内时，可在带方榫的断丝锥上拧 2 个螺母，用钢丝（根数与丝锥槽数相同）插入断丝锥和螺母空槽中，然后用铰杠按退出方向扳动方榫，把断丝锥取出（图 7-49）。

3）丝锥的折断往往是在受力很大的情况下突然发生的，致使断在螺孔中的半截丝锥的切削刃紧紧地楔在金属内，一般很难使丝锥的切削刃与金属脱离，为了使丝锥能够在螺纹孔中松动，可以用振动法。振动时可用一把尖錾，抵在丝锥的容屑槽内，用锤子按螺纹的正反方向反复轻轻敲打，一直到丝锥松动即可（图 7-50）。缺点是：只适宜脆性断入物，将断入物敲碎，然后慢慢剔出；断入物太深、太小都无法取出；容易破坏原孔。

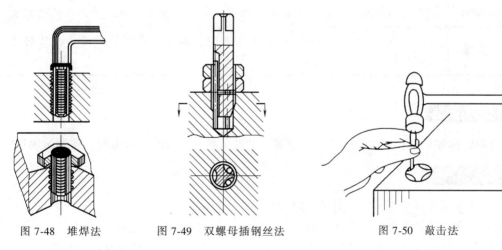

图 7-48 堆焊法   图 7-49 双螺母插钢丝法   图 7-50 敲击法

4）对一些精度要求不高的工件，也可用乙炔火焰或喷灯使丝锥退火，然后用钻头钻，此时钻头直径应比底孔直径小，钻孔也要对准中心，防止将螺纹钻坏，孔钻好后打入一个扁形或方形冲头再用扳手旋出丝锥。缺点是：对锈死的或卡死的断入物无用，对大型工件无用，对太小的断入物无用；耗时、费力。

5）对一些精度要求高且容易变形的工件，则可利用电火花对断丝锥进行电蚀加工。缺点是：大型工件无法放入电火花机床工作台，耗时，太深时容易积炭，打不下去。

6）用合金钻头钻。缺点是：容易破坏原有孔，对硬质断入物无用，合金钻头较脆易断。

任务实施

1. 攻螺纹

具体步骤：扩孔 5×ϕ8.5mm；孔口倒角 C2mm；攻螺纹 5×M10。

2. 套螺纹

完成套螺纹 M10×80（螺纹有效长度为60mm）。

注意：

1）用活扳手单手攻螺纹，切忌用力过猛或左右晃动。

2）在攻螺纹过程中，要经常退出丝锥，清除切屑。

任务评价

1）按作业7.5进行检测评分。

2）记录自己对本次任务的思考和问题，写出自己的实践感受。

任务5　阀体孔系加工

知识目标	应用已学知识分析阀体孔系加工精度要求；制订加工工艺，完成作业准备要求
技能目标	完成孔系划线、钻孔、扩孔、铰孔、攻螺纹加工任务，并正确进行测量
素养目标	形成独立思考的习惯，养成工作细心、系统考虑问题的能力，坚持执行"7S"管理要求，遵守实习纪律

任务描述

分析阀体零件图，完成阀体的孔系划线、钻孔、扩孔、铰孔、攻螺纹、检测等操作。

知识准备

1）孔系划线需注意各尺寸间的关联性，细致认真不出错。

2）十字孔钻孔需注意，先加工大孔后加工小孔，以利于钻头定位。

3）钻深孔时注意排屑，遇钻头长度不够时，可调头钻，但需注意钻孔的位置。

4）注意钻孔、铰孔、攻螺纹时切削液的合理选择。

任务实施

1. 阀体件孔系加工（图7-51）

1）分析图样及技术要求。

2）准备工具、量具和刀具等。

3）按图样找线并打样冲眼。

4）合理调整台式钻床，正确装夹工件。

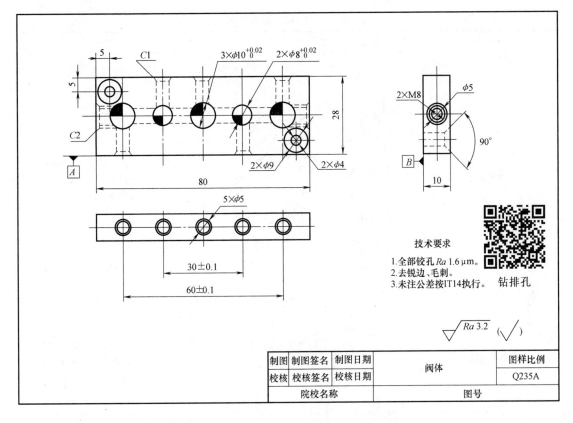

图 7-51   阀体

5）钻、扩、铰、攻螺纹的顺序为先小孔后大孔，先深孔后浅孔，分步完成孔加工。

6）去全部锐边。

7）整理、清扫。

8）自检后转入评价环节。

注意：

1）注意严格执行钻削加工的安全操作规程。

2）严禁戴手套操作机床，调整转速时注意传动带松紧程度的合理性。

3）认真检查刀具的尺寸和角度是否合理。

4）根据要求合理使用切削液。

5）当将要钻穿时，适时减少进给量，减少进给压力，以防扎刀现象产生而损坏刀具或发生意外。

6）操作结束后，严格执行"7S"要求，清扫、整理、保养好设备。

2. 在老师的指导下，根据加工需求，选择性地尝试修磨钻头

根据加工条件修磨钻头。钻头修磨按表 7-3 中刃磨说明（口诀）进行。

麻花钻的修磨

表 7-3　钻头刃磨示意表

序号	内容	图示	说明
1	修磨横刃	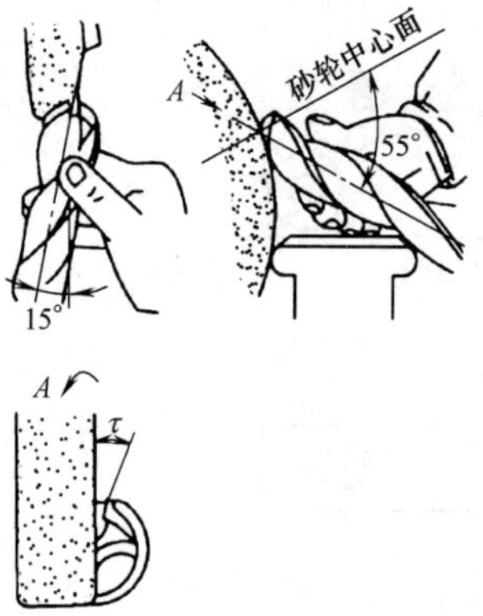	钻轴左斜 15°，尾柄下压约 55°，外刃、轮侧夹"τ"角，钻心缓进别烧煳（"τ"为内刃斜角）
2	磨分屑槽	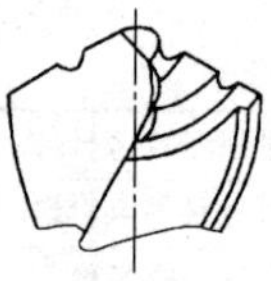	片砂轮或小砂轮，垂直刃口两平分，开槽选在高刃上，槽侧后角要留心
3	磨月牙槽	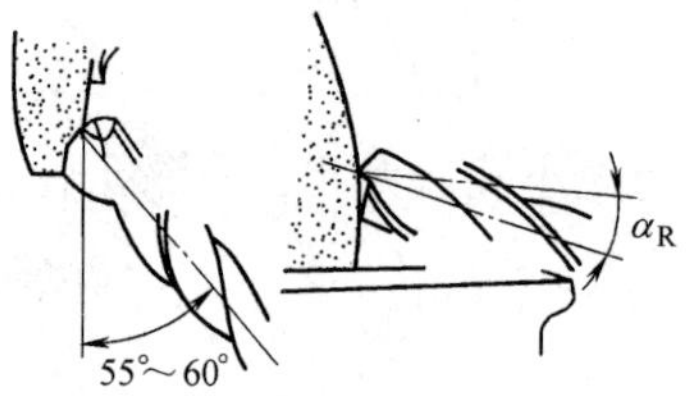	刀对轮角，刃别翘，钻尾压下弧后角，轮侧、钻轴夹 55°，上下勿动平进刀
4	标准群钻	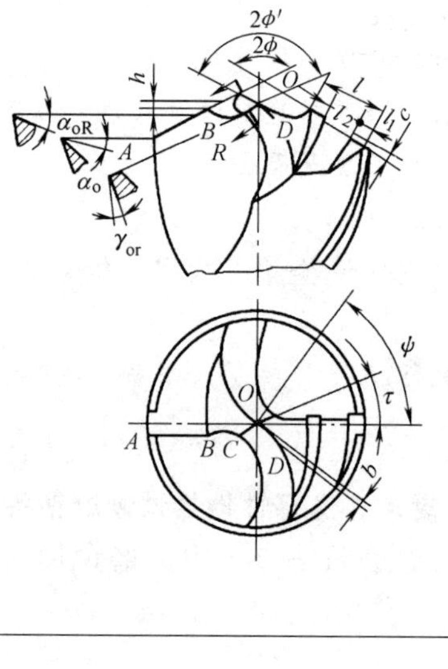	三尖七刃锐当先，月牙弧槽分两边，一侧外刃宽分屑，槽刃磨低窄又尖

（续）

序号	内容	图示	说明
5	磨薄板群钻（又称三尖钻）	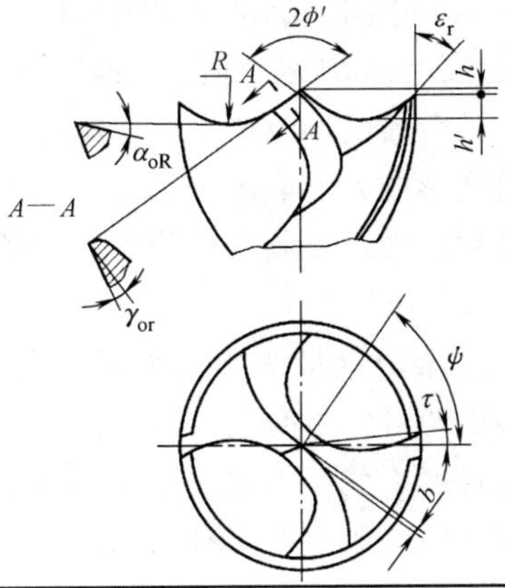	迂回、钳制靠三尖,内定中心外切圆,压力减轻变形小,孔形圆整又安全

任务评价

1）任务完成后，按作业 7.5 检测评分。

2）记录自己对本次任务的思考和问题，写出自己的实践感受。

课题 8 弯形与矫正技术

钳工是一个具有多种操作技能的工种，前面学习了安全操作规范和划线、锉削、锯削、孔加工及錾削技术，接下来学习弯形与矫正技术。虽然弯形与矫正技术在钳工作业中应用较少，但在生产条件不完备和一些修理维护的场合，这一技术仍有不可替代的作用。此技术属于实际生产中应用较少，但操作技术水平要求较高的传统的不可缺少的专项技能。

任务 1 弯形与矫正技术基础训练

知识目标	说出弯形与矫正的基本原理，概述弯形与矫正工具及使用方法
技能目标	学会弯曲件展开长度计算，学会弯曲与矫正工具的正确使用
素养目标	作业中严格执行"7S"标准，养成认真细致的优良品格

任务描述

掌握弯形与矫正的基本概念。

知识准备

1. 弯形

（1）弯形及原理

1）弯形。将原来平直的板材或型材弯成所要求的曲面形状或角度的操作叫弯形。

2）弯形的基本原理。弯形是使材料产生塑性变形，因此只有塑性好的材料才能进行弯形。图 8-1a 所示为弯形前的钢板，图 8-1b 所示为弯形后的情况。它的外层材料伸长（图 8-1b 中 b—b），内层材料缩短（图 8-1b 中 a—a），中间一层材料（图 8-1b 中 o—o）在弯形后长度不变的称为中性层。材料弯形部分虽然发生了拉伸和压缩，但其断面面积保持不变。

经过弯形的工件越靠近材料的表面金属变形越严重，也越容易出现拉裂或压伤现象。

相同材料的弯形，工件外层材料变形的大小取决于工件的弯形半径。弯形半径越小，外层材料变形越大。为了防止弯形件拉裂，必须限制工件的弯形半径，使它大于导致材料开裂的临界弯形半径—最小弯形半径。

最小弯形半径的数值由实验确定。常用钢材的弯形半径应大于 2 倍材料厚度，如果工件的弯形半径比较小，应分两次或多次弯形，中间进行退火，避免因冷作硬化而产生弯裂。

由于工件在弯形后，只有中性层长度不变，因此，在计算弯形工件毛坯长度时，可以按中性层的长度计算。材料弯形后，中性层一般不在材料正中，而是偏向内层材料一边。经实验证明，中性层的实际位置与材料的弯形半径 r 和材料厚度 t 有关。

材料弯形是塑性变形，但是不可避免地有弹性变形存在。工件弯形后，由于弹性变形的恢复，弯形角度和弯形半径发生变化，这种现象被称为回弹。利用胎模、模具成批弯制工件时，要多弯过一些（$\alpha_t > \alpha_0$），以抵消工件的回弹（图 8-2）。

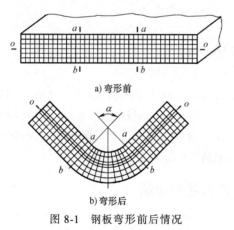

a) 弯形前

b) 弯形后

图 8-1　钢板弯形前后情况

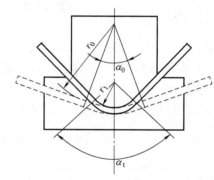

图 8-2　胎模弯形

（2）弯形坯料长度的确定　如果毛坯的展开长度在图样上未注明，则必须以计算的方法求出，然后才能下料和弯形，在计算时，可将图样上工件形状分为几段最简单的几何形状，由于弯形时中性层长度不变，因此，在计算弯形工件毛坯长度时，可按中性层长度来计算。但材料弯形后，中性层一般不在材料正中，而是偏向内层材料一边。

经实验证明，中性层的实际位置与材料的弯形半径 r 和材料厚度 t 有关。弯形的情况不同，中性层的位置也不同。当材料厚度不变时，弯形半径越大，变形越小，中性层越接近材料厚度的中间，如果弯形半径不变，材料厚度越小，变形越小，中性层也越接近材料厚度的中间。常见的几种弯形形式如图 8-3 所示。

圆弧中性层长度可按下式（8-1）计算。

$$l = \pi (r + x_0 t)\frac{\alpha}{180} \tag{8-1}$$

式中 l——圆弧部分中性层长度（mm）；

$\quad\quad r$——内弯形半径（mm）；

$\quad\quad t$——材料厚度（mm）；

$\quad\quad x_0$——中性层位置系数；

$\quad\quad \alpha$——弯形中心角（°）。

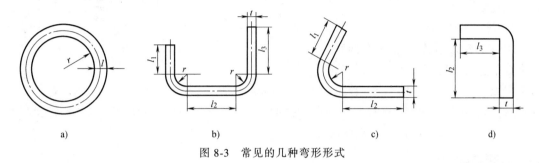

图 8-3 常见的几种弯形形式

2. 矫正

1）矫正：消除金属板材、型材不平、不直或翘曲等缺陷的操作称为矫正。

2）矫正原理：使金属板材、型材产生新的塑性变形来消除原有的不平、不直或翘曲变形。

金属板材或型材不平、不直或翘曲变形主要是在轧制或剪切等外力作用下，内部组织发生变化所产生的残余应力引起的。另外，原材料在运输和存放等过程中处理不当时，也会引起变形缺陷。

3）金属材料变形：变形形式有弹性变形和塑性变形两种；矫正是针对塑性变形而言的。因此，只有塑性好的金属材料才能进行矫正。

4）冷作硬化：矫正过程中，金属板材、型材会产生新的塑性变形，它的内部组织会发生变化。所以矫正后金属材料硬度提高，性质变脆，这种现象叫冷作硬化。冷作硬化后的材料给进一步的矫正或其他冷加工带来困难，必要时可进行退火处理，使材料恢复到原来的力学性能。

5）矫正可分为冷矫正、热矫正两种。冷矫正就是在常温条件下进行的矫正。由于冷矫正时冷作硬化现象的存在，只适用于矫正塑性较好、变形不严重的金属材料。对于变形十分严重或脆性较大以及长期露天存放而生锈的金属板材、型材，要加热到 700～1000℃ 的高温下进行热矫正。

3. 常用工具、弯形与矫正基础

1）弯形常用工具：台虎钳、木锤、方（圆）头金属锤、锉刀、划针、钢直尺、直角尺、夹具（心轴、硬木垫块、钢制方形块）以及弯管工具（图 8-4）等。

2）手工矫正常用工具。

① 平板和铁砧是矫正板材、型材或工件的基座。

② 矫正一般材料，通常使用钳工锤成方头锤。矫正已加工过的表面、薄铜件或有色金属制件，应使用铜锤、木锤、橡胶锤等软锤子。

③ 抽条和拍板抽条是采用条状薄板料弯成的简易工具，用于抽打较大面积的板料。拍

板是用质地较硬的檀木制成的专用工具，用于敲打板料。

④ 螺旋压力工具适用于矫正较大的轴类零件或棒料。

⑤ 检验工具包括平板、直角尺、直尺和百分表等。

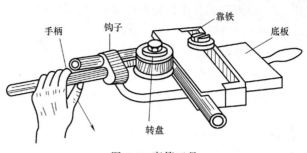

图 8-4　弯管工具

4. 弯形基础

工件的弯形有冷弯和热弯两种。在常温下进行的弯形称为冷弯，常由钳工完成。当工件较厚时（一般超过 5mm），需要在加热情况下进行弯形，称为热弯。

冷弯既可以利用机床和模具进行大规模冲压弯形，也可以利用简单的工具进行手工弯形。手工弯形主要有锤击法、延展法等。

任务实施

1. 弯型作业前需进行锤子训练

1）根据图样加工要求选择锤子。

2）根据课题中锤子的握持要点检查锤子的正确握持知识。

3）调整作业时的身体位置。

4）在被锤击面作上明显的标记。

5）注意锤击安全技术规程。

学习在何条件下进行弯曲作业及操作特点，指出方头锤和圆头锤锤击所形成的不同痕迹（大小不同），重点指出必须学会调整锤击的力度，发挥准确性；在一块划直线并排有点位的板料上进行锤击训练，由用力锤击过渡到均匀减弱锤击，时间控制在约 10min 休息一次（总时间约 30min）。也可以用一张 A4 纸，沾少许油后平贴在平板上，用锤子在纸上均匀地进行敲击，控制敲击力，使纸不被锤头敲破为度。

2. 弯形基础训练

表 8-1 介绍了几种简单的手工弯形方法，通过这些方法，进行弯形基础训练。

表 8-1　几种简单的手工弯形方法

形式	示意图	方法
在厚度方向上弯形	板料较长	被夹持的板料，如果弯形线以上部分较长，为了避免锤击时板料发生弹跳，可用左手压住板料上部，用木锤在靠近弯形部位的全长上轻轻敲打

（续）

形　式	示意图	方　　法
在厚度方向上弯形	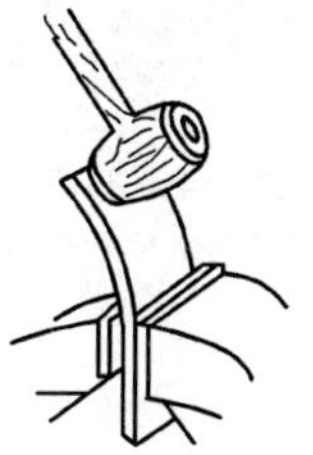 板料较长	如果敲打板料上端,由于板料的回跳,不但使平面不平,而且角度也不易弯好
	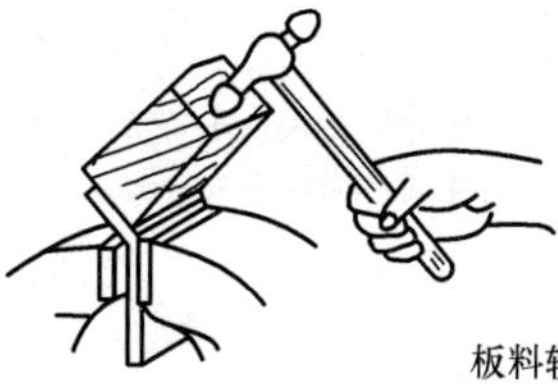 板料较短	加硬木垫块后锤击
板料在宽度方向上的弯形	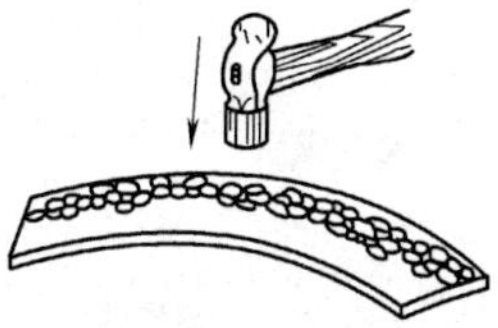	锤击牵伸变形
	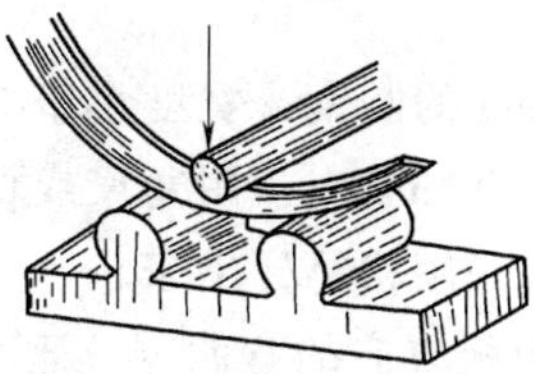	在特制的弯模上弯形
	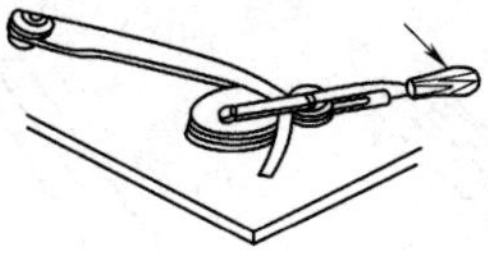	在弯形工具上弯形
较大板材	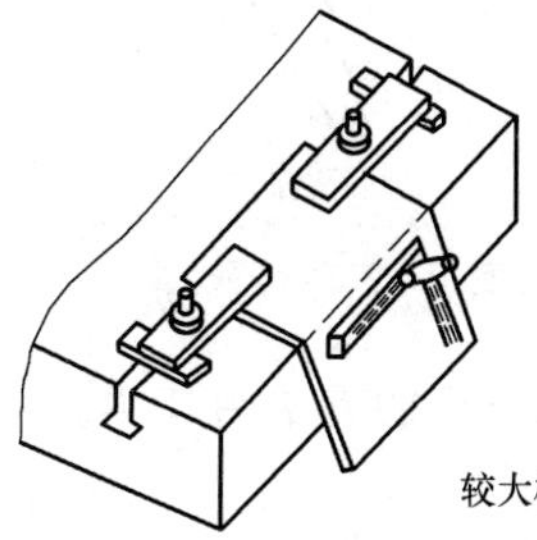 较大板料	使用夹具和垫块

（续）

形式	示意图	方 法
弯形训练		依划线夹入角铁衬里，线应与衬铁对齐，夹持两边与钳口垂直。用木锤敲打弯成 α 角
		将方衬垫放入 α 角里。对准划线夹入角铁衬垫。用木锤敲打弯成 β 角
		检查成品

3. 矫正基础

矫直训练用毛坯：建议选用直径 $\phi10 \sim \phi15mm$ 的圆钢，宽度小于 20mm 的扁钢，毛坯长度约 500mm。要求：矫直后的直线度在 0.5mm/500mm 内，用塞尺或百分表在平板上检测。用眼睛观察毛坯是否弯曲以及弯曲的部位，并用粉笔标出来。

（1）型钢的矫正　槽钢矫正。槽钢通常有腹板方向的弯曲（立弯）、翼板上的弯曲（旁弯）和扭曲（扭弯）三种基本变形（图 8-5）。

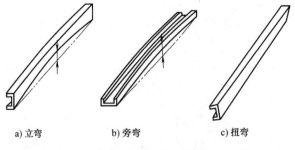

a) 立弯　　　　b) 旁弯　　　　c) 扭弯

图 8-5　槽钢的变形

槽钢变形的矫正方法见表 8-2，学习掌握槽钢矫正的方法与技术。

（2）典型件弯形训练

1）板料件的弯形。板料件弯形训练可以通过表 8-3 中的提示来完成。

表 8-2 槽钢变形的矫正方法

变形形式	示　意　图	备　注
弯曲 （立弯、旁弯）	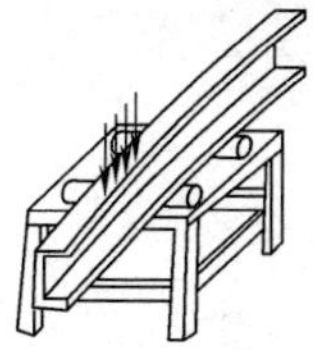	立弯矫正
	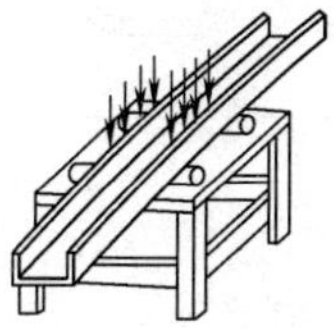	旁弯矫正
翼板变形	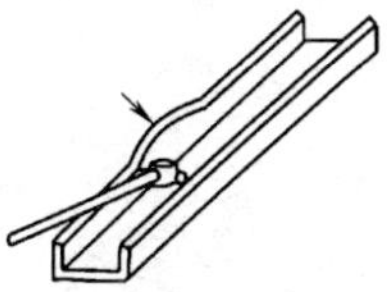	局部凸起矫正(一)
	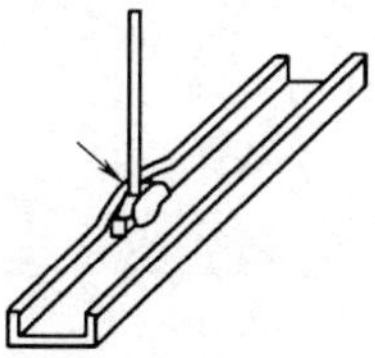	局部凸起矫正(二)
	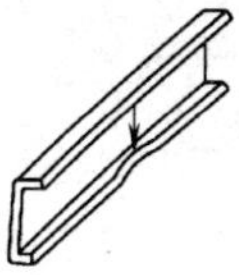	局部凹陷矫正
扭曲	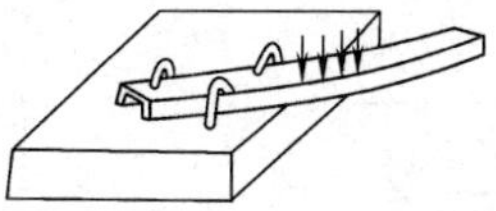	扭曲的矫正

表 8-3 典型弯形件工艺表

名称	顺序	示　意　图	备　注
半圆形压板	1	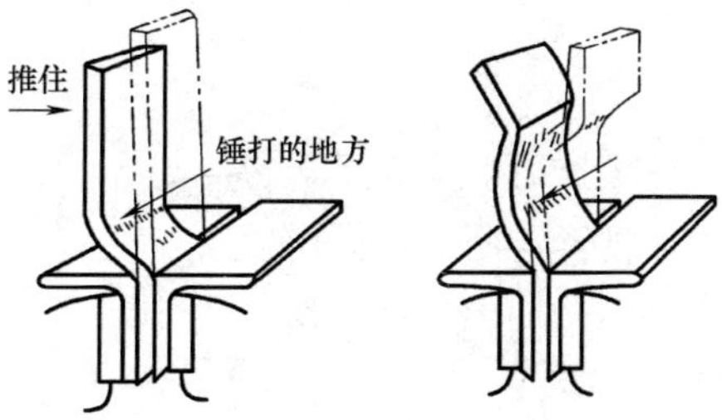	敲打示意图

（续）

名称	顺序	示　意　图	备　　注
半圆形压板	2	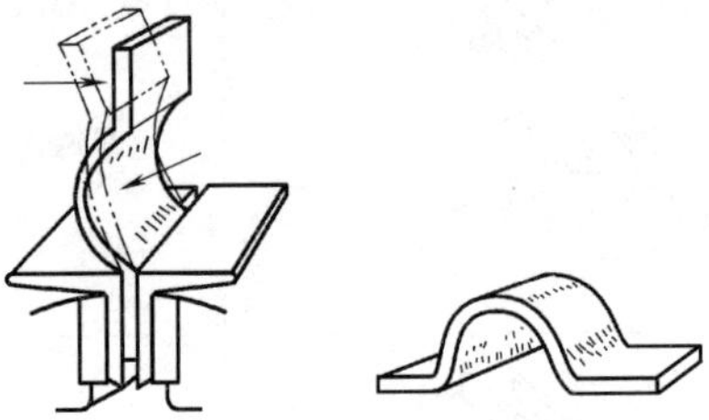	成品
圆形抱箍	1	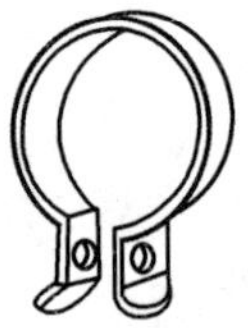	展开件划弯形线（可以根据现场备料大小来设计抱箍的尺寸）
	2	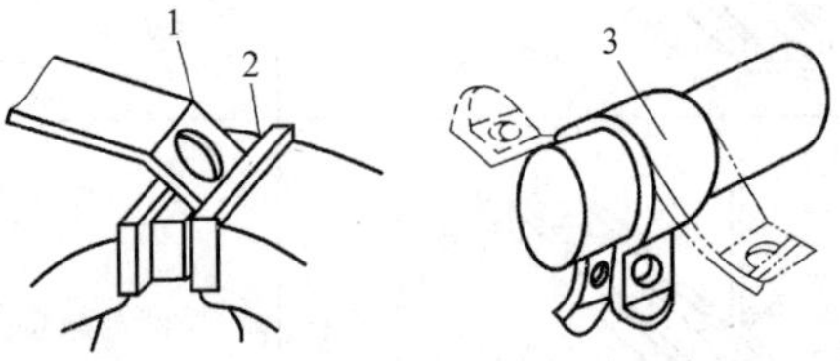	弯 1、2 处 弯圆弧 3 处
槽形抱箍	1	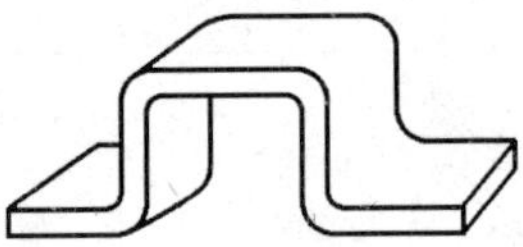	板料 100mm×30mm×1mm、08钢；准备钢尺、划针、锤子，20mm×60mm×80mm 和 20mm×20mm×80mm 硬木衬垫各一块，角铁衬一副，按图划线
	2	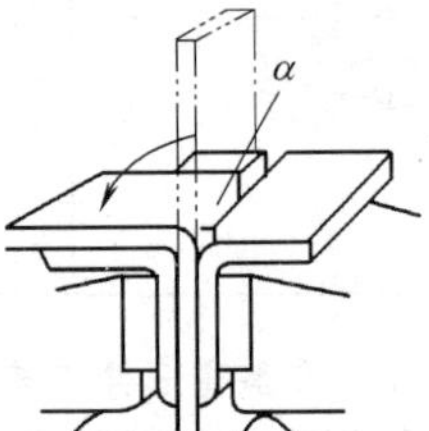	依划线夹入角铁衬里，线应与衬铁对齐，夹持两边与钳口垂直。用木锤敲打将工件弯成 α 角
	3	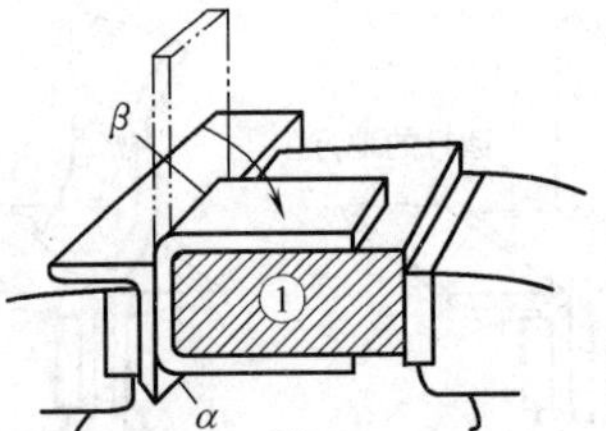	用衬垫将工序 1 后的工件弯成 β 角

（续）

名　称	顺序	示　意　图	备　注
槽形抱箍	4	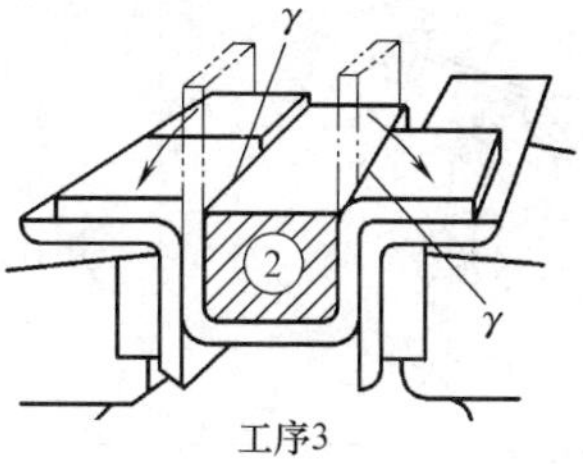 工序3	用衬垫将工序 2 后的工件弯成 γ 角
	5	图略	检查

2）管子的弯形方法。钳工在装配和修理过程中，常常会遇到气管、油管的弯形制作或修复，因此需要了解管子的弯形技术和方法。表 8-4 是管子常用的弯形方法。

表 8-4　管子常用弯形方法

名　称	示意图	方　法
弯管子	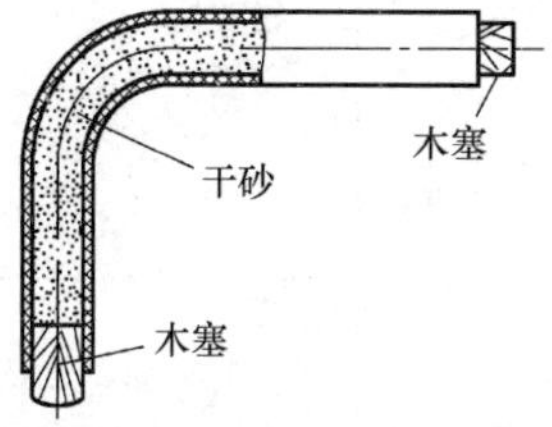	小于 φ12mm 可以冷弯，大于 φ12mm 需采用加热后弯形，通常要在管子内填实干砂，两端加上木塞
靠模法	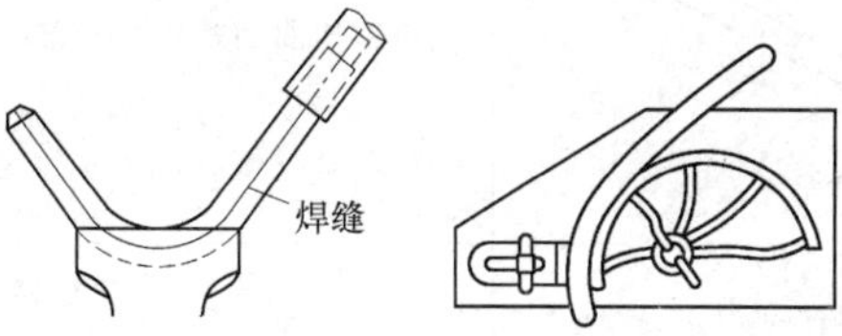	管子的焊缝放在中性层位置

注：热弯中的管子内部，不可以加入潮湿的砂子，以防加热后管内气体膨胀出现意外。

（3）典型件矫正训练　钳工通常采用弯形法矫正。用弯形法来矫正各种变形的棒料（轴类）零件，或在宽度方向上变形的条料零件。棒类和轴类零件的变形主要是弯形，一般用弯形的方法矫直。常用的矫正方法有：扭转法、延展法、锤击法、压力法、利用机械设备矫正法等。条料和轴类通常会因存放不当或受力产生扭折、叠曲等变形，通常用表 8-5 的矫正方法来消除变形。

表 8-5　条料和轴类变形常用矫正方法

名　称	矫正示意图	方　法
条料变形	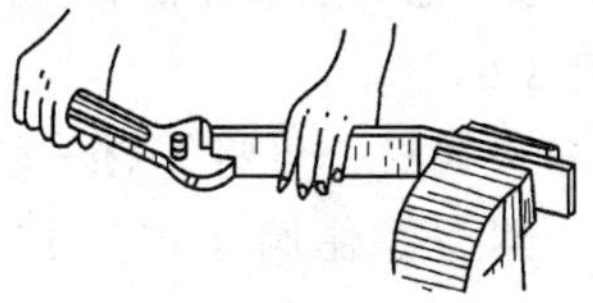	扭转法用扳手扳动矫正

（续）

名称	矫正示意图	方　法
条料变形		挤压延展法 用台虎钳夹矫正
		锤击法 用锤子锤击矫正
板状材料的扭曲变形	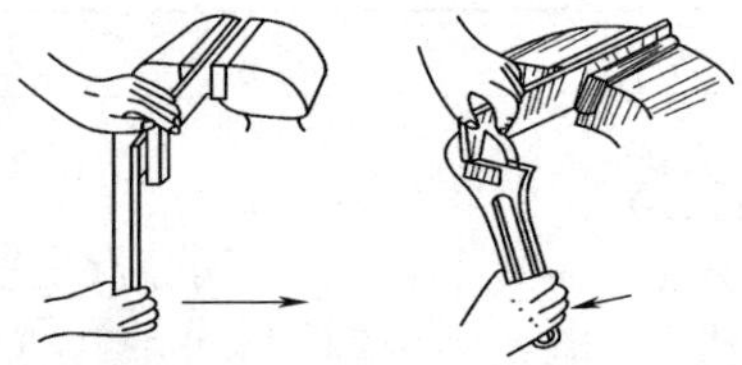	扭转法 用扳手矫正
	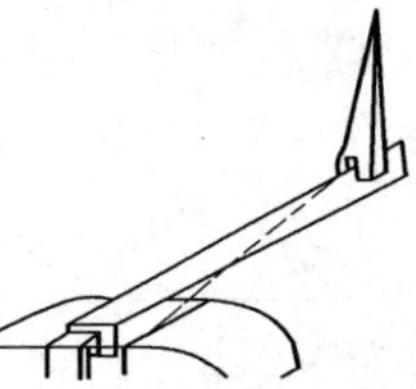	扭转法 角钢扭曲的矫正
轴及较大棒料	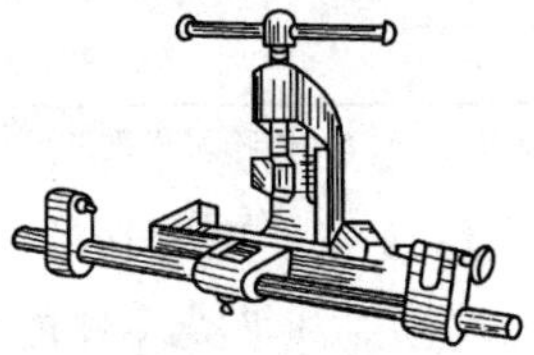	机械矫正 矫直直径较大的棒类、轴类零件时，先把轴装在顶尖上，找出弯形部位，然后放在 V 形铁上，用螺旋压力机矫直。压时可适当压过一些，以便消除因弹性变形所产生的回弹，然后用百分表检查轴的弯形情况。边矫直，边检查，直到符合要求为止
	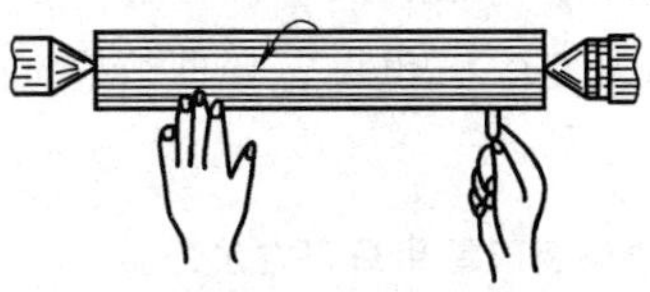	校直过程中的检验 矫直前，应先检查零件的弯形程度和弯形部位，并用粉笔做好记号。然后使凸部向上，用锤子连续锤击凸处，这样棒料上层金属受压力缩短，下层金属受拉力伸长，使凸起部位逐渐消除

对于薄板类变形，可以采用延展法进行矫正，延展法矫正通常是用锤子敲击材料适当部位，使其延展伸长，达到矫正的目的，详见表 8-6。

（4）伸长法矫正细长线材　对于弯形的细长线材，可将线材一端夹在台虎钳上，从钳口处的一端开始，把弯形的线在圆木上绕一圈，握住圆木向后拉，使线材伸长而矫直（图 8-6）。

表 8-6　延展法矫正说明

变形名称	弯形示意图	方　　法
中间凸起	凸起	薄板中间凸起，是变形后中间材料变薄引起的。矫正时可锤击板料边缘，使边缘材料延展变薄，厚度与凸起部位的厚度越趋近则越平整。图中箭头所示方向，即锤击位置。锤击时，由里向外逐渐由轻到重，由稀到密。如果直接敲击凸起部位，则会使凸起的部位变得更薄，这样不但达不到矫平的目的，反而使凸起更为严重
边缘波浪形		如果薄板四周呈波纹状，这说明板料四边变薄而伸长了。锤击点应从中间向四周，按图中箭头所示方向，密度逐渐变稀，力量逐渐减小，经反复多次锤打，使板料达到平整
对角翘起		薄板发生翘曲等不规则变形。当对角翘曲时，应沿另外没有翘曲的对角线锤击使其延展而矫平
微小扭曲		如果薄板有微小扭曲，可用抽条按从左到右的顺序抽打平面，因抽条与板料接触面积较大，受力均匀，容易达到平整
箔片矫正		如果板料是铜箔、铝箔等薄而软的材料，可使用平整的木块，在平板上推压材料的表面，使其达到平整
木锤矫正		也可使用木锤或橡胶锤锤击

注：如果薄板表面有相邻几处凸起，应先在凸起的交界处轻轻锤击，使几处凸起合并成一处，然后再敲击四周而矫平。

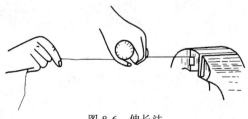

图 8-6　伸长法

注意：

　　向后拉动时，手不要握紧线材，防止线材将手划伤，必要时应戴上布手套进行操作。

矫正典型不足表现：锤击用力不均匀，锤击点不准确，在矫直的材料上留下了痕迹，不能准确地锤击，相反把需要校直的毛坯误差加大了。

任务评价

1）矫正弯曲完成作业后，按作业 8.1 进行检测评分。

2）记录自己对本次任务的思考和问题，写出自己的实践感受。

任务 2　B30 型管子卡箍制作

知识目标	通过讲解、视频、实物、现场演示等，认识錾削工作的内容、錾子的结构与工作场所；认识锤子，学习锤击安全技术
技能目标	通过训练，达到锤击准确、动作协调；能正确选择和使用工具（錾子与锤子），对工件进行正确的錾削；锤击做到稳、准、快
素养目标	作业中严格执行"7S"标准，养成吃苦耐劳的优良品格

任务描述

完成 B30 型管子卡箍（图 8-7）的制作，达到图样技术要求。做到正确穿戴安全防护用品，工件长度计算正确，取料长度合理，操作规范，合理选用工、量具，动作准确协调，做到安全文明生产。

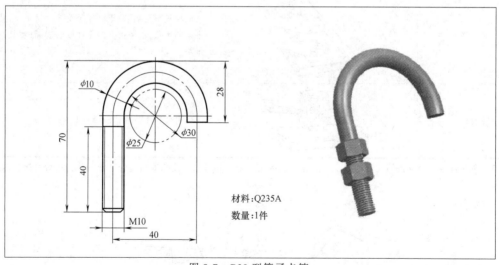

图 8-7　B30 型管子卡箍

知识准备

1. 回弹现象

常温下的塑性弯曲和其他塑性变形一样，在外力作用下产生的总变形由塑性变形和弹性变形两部分组成。当弯曲结束，外力去除后，塑性变形留存下来，而弹性变形则完全消失。

弯曲变形区外侧因弹性恢复而缩短，内侧因弹性恢复而伸长，产生了弯曲件的弯曲角度和弯曲半径与模具相应尺寸不一致的现象。这种现象称为弯曲件的弹性回跳（简称回弹）。

回弹是弯曲成形时常见的现象，但也是弯曲件生产中不易解决的一个棘手问题。考虑到弯曲后回弹现象的产生，本任务选择的圆弧弯曲靠模直径应为多少？请同学们查阅相关标准确定。

2. 圆弧中性层长度计算

可按式（8-1）进行计算。

3. 安全操作规程

1）正确佩戴好防护用具（防护镜、工作服、安全鞋等）。

2）合理选择工具，严禁不合理的敲打。

3）工具手柄应保持干燥，严禁沾有油等润滑剂。

4）严禁用大锤打击小锤。

任务实施

1）按零件图计算展开长度。

2）下料、准备工夹量具等作业物品。

3）操作实施。

任务评价

1）完成作业后，按作业 8.2 进行检测评分。

2）记录自己对本次任务的思考和问题，写出自己的实践感受。

课题 9　刮削技术

刮削是用刮刀在半精加工过的工件表面刮去微量金属，以提高表面形状精度、尺寸精度并改善配合面之间接触精度的钳工作业，是机械制造和修理中一种精密加工方法。

刮削具有切削量小、切削力小、产生热量小、加工方便和装夹变形小的特点。经过刮削的工件表面，不仅能获得很高的几何精度、尺寸精度、接触精度、传动精度，还能形成比较均匀的微浅凹坑，创造良好的存油条件。加工过程中的刮刀对工件表面的多次反复推挤和压光，使得工件表面组织紧密，从而得到较小的表面粗糙度值。

任务 1　刮削及平面刮刀的刃磨

知识目标	能概括刮削的基本概念，掌握刮刀的刃磨方法
技能目标	完成平面刮刀的刃磨
素养目标	严格执行"7S"管理，养成严谨的工作作风，培养吃苦耐劳的精神和团队合作能力

任务描述

认识刮削工作及刮刀的种类和刃磨要求，完成刮刀的刃磨。

知识准备

手刮法由钳工手持刮刀对工件平面或曲面进行操作加工，本书只介绍平面刮削的方法。

1. 刮刀的材料及处理

刮刀一般由碳素工具钢 T10、T12A 或轴承钢 GCr15 经锻打成形，后端装有木柄，切削刃部分经淬硬后硬度为 60HRC 左右，刃口需经过研磨。

2. 刮削前零件表面的处理

刮削前工件表面先经切削加工，刮削余量为 0.05 ~ 0.4mm，具体数值根据工件刮削面积和误差大小而定。

3. 平面刮削方法及刮刀种类

平面刮削的操作方法分为手刮法和挺刮法两种，刮刀也有手刮刀和挺刮刀（图 9-1），长度一般在 350 ~ 600mm，以操作方便为度选择刮刀长度。刀头部分切削角度 β 如图 9-2 所示。刮刀尚无统一的标准，常常以适用为度，图示仅供参考。

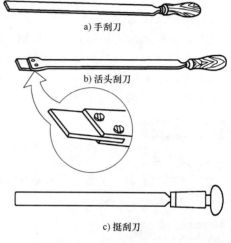

a) 手刮刀

b) 活头刮刀

c) 挺刮刀

图 9-1　手刮刀和挺刮刀

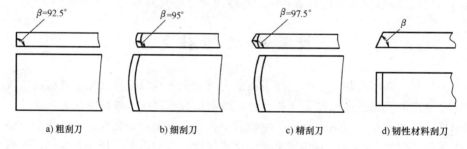

a) 粗刮刀　　　　b) 细刮刀　　　　c) 精刮刀　　　　d) 韧性材料刮刀

图 9-2　刮刀切削部分的几何形状和角度

任务实施

刃磨刮刀：刮刀在砂轮上粗刃磨（图 9-3），然后在磨石上精磨。

精磨操作时，先在磨石上加适量机油，磨两平面（图 9-4a），按图中所示往复移动刮刀，直至两平面磨平整为止，然后精磨端面（图 9-4b）。刃磨时左手扶住靠近手柄的刀身，右手紧握刀身，使刮刀直立在磨石上，略带前倾（前倾角度根据刮刀切削角的不同而定）地向前推移，拉回时刀身略微提起，以免损伤刃口，如此反复，直到切削部分的形状和角度符合要求，且刃口锋利为止。一半面磨好后再磨另一半面。

初学时还可将刮刀上部靠在肩上，两手握刀身，向后拉动

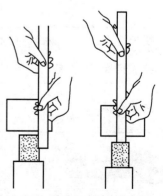

图 9-3　粗磨平面刮刀示意图

来磨锐刃口，而向前则将刮刀提起（图 9-4c）。注意刃磨时刮刀要在磨石上均匀移动，防止磨石因磨损产生凹陷而影响刀头的几何形状。

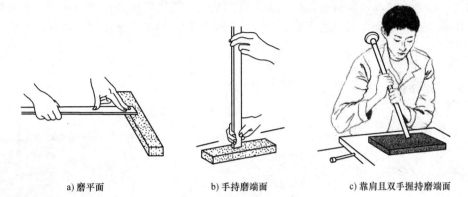

| a) 磨平面 | b) 手持磨端面 | c) 靠肩且双手握持磨端面 |

图 9-4　刮刀在磨石上精磨

任务评价

1）完成刮刀刃磨后，按作业 9.1 进行检测评分。

2）记录自己对本次任务的思考和问题，写出自己的实践感受。

任务 2　平面及原始平板的刮削

知识目标	了解平面刮削的基本步骤与方法；了解原始平板刮削的工艺和要点
技能目标	初步掌握正确的刮削姿势及操作要领，能够判断、确定刀迹形状，掌握手工刃磨刮刀的方法；初步学会刮削表面精度的判定，掌握粗、细、精刮的方法和要领，并达到刮削平面 25mm×25mm 范围内接触点数不少于 16 点，表面粗糙度 $Ra0.8\mu m$
素养目标	严格执行"7S"管理，养成严谨的工作作风，培养吃苦耐劳的精神和团队合作能力

任务描述

　　通过学习基本掌握正确的刮削姿势及操作要领，能用原始平板刮削工艺完成 3 级平板的刮削。

知识准备

1. 平面刮削的操作方法

平面刮削有挺刮法、手刮法和电动刮削等。

（1）挺刮法操作方法　将刮刀柄顶在小腹右下侧，双手握住刀身，距切削刃约 80mm，左手正握在前，右手反握在后

平板的刮削
与检验

电动刮削

（图 9-5a）。刮削时，切削刃对准研点，左手下压，落刀要轻，利用腿部、臀部和腰部的力量使刮刀向前推挤，并利用双手引导刮刀前进。在推挤进行到所需距离后的瞬间，用双手迅速将刮刀提起，即完成一次挺刮动作。由于挺刮法用下腹肌肉施力，容易掌握，每刀切削量大，工作效率高，适合大余量的刮削，因此应用最广泛。但工作时需要弯曲身体操作，故腰部易产生疲劳。

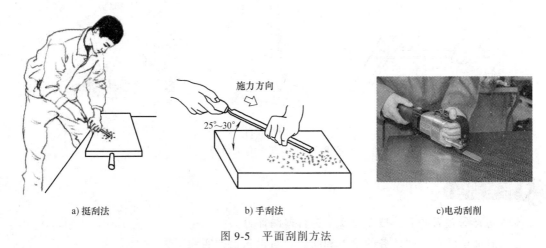

a) 挺刮法　　　　　　　　b) 手刮法　　　　　　　c) 电动刮削

图 9-5　平面刮削方法

（2）手刮法操作方法　右手握刀柄，左手握刀杆距切削刃约 50mm 处，刮刀与被刮削表面成 25°~30°角（图 9-5b）。同时，左脚前跨一步，上身随着向前倾斜，这样便于用力，而且容易看清刮刀前面的研点情况。右臂利用上身摆动使刮刀向前推，同时，左手向下压，并引导刮刀的运动方向，当推进到所需距离后，左手迅速抬起，刮刀即完成一次手刮动作。手刮动作灵活，适应性强，但每刀切削量较小，而且手易疲劳，因此不适合加工余量较大的场合。

（3）电动刮削　目前，国外 BIAX（巴可斯）公司研制独创出一种电（气）动铲刀，铲刀通过涡轮机、变速器和泵带动夹铲刀工作。配上适合楔形榫头以及和特殊的菱形刀片，可以进行重型、标准和精细的刮削（图 9-5c）。电动刮削大大减轻了技工的体力消耗，减小了劳动强度，提高了工作效率和刮削精度。

2. 刮削过程

根据零件精度的不同，可分别采用粗刮、细刮和精刮。对一些不重要的固定连接面，中间工序的基准面，可只进行粗刮；一般导轨面的刮削，则需要细刮；对于精密工具（如精密平板、精密平尺等）、精密导轨表面，应进行精刮；刮花通常是为了美化刮削表面。

（1）粗刮　工件经过机械加工或时效后，有显著的加工痕迹，锈斑。首先用刮刀采用连续推铲的方法，又称长刮法（图 9-6a），除去加工痕迹和锈斑后，通过涂色显示确定刮削的部位和刮削量。对刮削量较大的部位要多刮些或重刮数遍，但刀纹要交错进行，不允许重复在一点处刮削，以免局部刮出深凹坑。这样反复数遍，直到在 25mm×25mm 面积上有 3~4 个点，粗刮就算完成。粗刮时每刀刮削量要大，刀迹宽而长。

（2）细刮　粗刮后的工作表面，显点已比较均匀地分布于整个平面，但数量很少。细刮可使加工表面质量得到进一步提高。细刮时，应刮削黑亮的显点，俗称破点（短刀法），使显点更趋均匀，数量更多（图9-6b）。对黑亮的高点，要刮重些，对暗淡的研点，刮轻些。每刮一遍，显点一次，显点逐渐由稀到密，由大到小，直到每25mm×25mm面积上有12~15个点，细刮即完成。为了得到较好的表面粗糙度，每刮一遍要变换一下刮削方向，使其形成交叉的网纹，以避免形成同一方向的顿纹。每刀刮削量要小，刀花宽度及长度也较小。

a) 粗刮　　　　　　　　　　　　b) 细刮

图9-6　粗、细刮削图示

（3）精刮　精刮是在细刮的基础上进一步增加刮削表面的显点数量，使工件达到预期的精度要求。要求显点分布均匀，在25mm×25mm面积上有20~25个点。刮削部位和刮削方法要根据显点情况进行，黑亮的高点全部刮去（又称点刮法）。中等点在顶部刮去一小片，小点留着不刮。这样大点分为几个小点，中等点分为两个小点，小点会变大，原来没有点的地方也会出现点。因此，接触点将迅速增加。刮削到最后三遍时，交叉刀迹大小一致，排列整齐，以使刮削面美观。

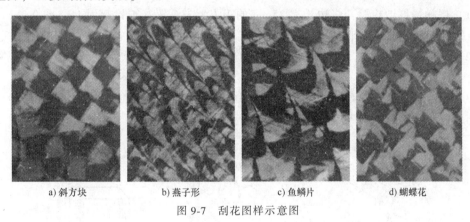

a) 斜方块　　　　b) 燕子形　　　　c) 鱼鳞片　　　　d) 蝴蝶花

图9-7　刮花图样示意图

（4）刮花　刮花是在刮削表面或机器外露的表面上利用刮刀刮出装饰性花纹，以增加刮削面的美观度，保证良好的润滑性，同时可根据花纹的消失情况来判断平面的磨损程度。常见的有斜方块、燕子形、鱼鳞片、蝴蝶花等（图9-7），以及月牙形（鱼鳞片）（图9-8）、燕子花等。

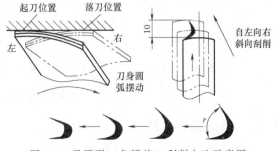

图9-8　月牙形（鱼鳞片）刮削方法示意图

注意：

　　1）正确刃磨粗、细、精刮刀。

　　2）从粗刮到精刮，显示剂涂层应逐步减薄且均匀，推研方法要正确。

　　3）采用挺刮法进行刮削时。粗刮要有力，用连续推刮方式，细刮和精刮必须采用挑点的方法，纹路要交叉。

　　4）显点研刮时，工件不可超出标准平板太多，以免掉下而损坏工件。

　　5）刮刀柄要安装可靠，防止木柄破裂，使刮刀柄端穿过木柄伤人。

　　6）刮削工件边缘时，不可用力过猛，以免失控，发生事故。

　　7）使用刮刀时注意安全，不可嬉戏。

3. 刮削研点

　　刮削中的研点是提高刮削精度和效率的关键，要注意推研的方法和研点的准确判断。研点所用显示剂通常有以下两类。

　　（1）红丹粉　红丹粉分为铅丹（显橘红色，原料为氧化铝）和铁丹（呈褐色，原料为氧化铁）两种。颗粒较细，使用时用机油调和，常用于钢和铸铁件的显点。

　　（2）蓝油　蓝油是用普鲁士蓝和蓖麻油及适量机油调和而成的，常用于精密工件、有色金属及合金工件上的刮削。

　　显示剂均匀地涂在工件表面后，将研具与被刮削件表面贴合，用一定的轨迹如8字、仿8字、螺旋形进行运动。通过两个表面间的对研，其精度误差可通过研点进行判断。

4. 刮削的检验

　　（1）接触精度的检验　将边长为25mm的正方形方框罩在被检查面上（图9-9a）。通过方框内的研点数目的多少来检查刮削表面的接触精度。

　　（2）平面度和直线度（形状精度）的检验　大型零件用框式水平仪检验，小型零件可用百分表检查（图9-9b）。

　　（3）配合面之间的间隙（尺寸精度）　用塞尺检验或用标准圆柱利用透光法检查垂直度（图9-9c）。

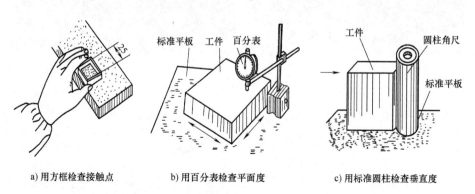

a) 用方框检查接触点　　　b) 用百分表检查平面度　　　c) 用标准圆柱检查垂直度

图 9-9　刮削精度的检查方法

5. 刮削质量缺陷分析

　　刮削质量缺陷分析详见表9-1。

表 9-1 刮削质量缺陷分析表

序号	名称	特 征	产 生 原 因
1	深凹坑	刮削面研点局部稀少或刀迹与显示研点高低相差太多	粗刮时用力不均,局部落刀太重或多次刀迹重叠;刮刀切削部分圆弧过小
2	撕痕	刮削面上有粗糙的条状刮痕,较正常刀迹深	切削刃有缺口和裂纹;切削刃不光滑、不锋利
3	振痕	刮削表面上出现有规则的波纹	多次同向刮削,刀迹没有交叉
4	划痕	刮削面上划出深浅不一和较长的直线	研点时夹有沙粒、铁屑等杂质,或显示剂不清洁
5	精度不准确	显点情况无规律	推磨研点时压力不均,研具伸出工件太多,按出现的假点刮削;研具本身不准确
6	废品	刮去的余量过多,使得成品尺寸变小产生废品	采用合理的刮削方法,及时检测

任务实施

完成原始平板的刮削。

原始平板的刮削一般采用渐进法刮削,以三块(或三块以上)平板,通过五道工序,依次循环互研互刮,直至达到要求。推研时,先直研(纵、横面)以消除纵横起伏产生的平面度误差,通过几次循环,达到各平板显点一致。然后采用对角刮研,消除平面的扭曲误差(图 9-10)。原始平板刮削工艺说明见表 9-2。

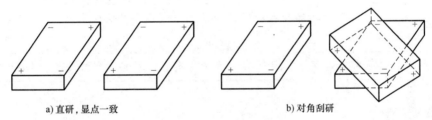

a) 直研,显点一致　　　　　　b) 对角刮研

图 9-10 对角研点方法

表 9-2 原始平板刮削工艺说明

1	A B	工序一:A 和 B 的对研。两者研到之处进行平均刮削,完成后可以认为是平面,但极端时有可能成为如图所示的关系
2	A C	工序二:先把 B 搁置,以 A 为基准和 C 进行对研,C 和 B 就成了一样的状态
3	B C → B C	工序三:把 B 和 C 进行对研,相碰到的地方再刮削掉,双方都成了平面
4	B A → B C	工序四:把已经成为平面的 B 作为基准和 A 进行对研。A 的凸出部分被刮削掉了。A 和 C 一样成了平面
5	C A	工序五:把已经成为平面的 C 和 A 进行对研来看它们的平面度。如果它们成为完全可以的平面,这时 A、B、C 这三个工件就都是正确的平面

（续）

6	标准	进行精刮直至用各种研点方法得到相同的清晰点，且每块平板上任意 25mm×25mm 内平均达到 20 点以上，表面粗糙度值不超过 Ra0.8μm，刀迹排列整齐美观，刮削即完成

任务评价

1）完成原始平板刮削任务后，按作业 9.2 进行检测评分。

2）记录自己对本次任务的思考和问题，写出自己的实践感受。

课题 10 研 磨 技 术

在工件表面，用研磨工具（研具）和研磨剂磨掉一层极薄的金属，使工件表面获得精确的尺寸、形状和极小的表面粗糙度值的加工方法，称为研磨。

任务 1 研磨技术基础训练

知识目标	概括研磨、研具、磨料和研磨剂的概念和作用，说明平面研磨和圆柱面研磨的基本方法
技能目标	制订工艺、选择合理的研具和磨料，模拟学习研磨操作方法，掌握研磨基础技能
素养目标	养成规范着装、保持工作环境清洁有序、严格执行安全操作规程的习惯

任务描述

认识研磨、研具、磨料和研磨剂的概念和作用。掌握平面研磨和圆柱面研磨的基本方法；会进行研磨质量的检测。

知识准备

研磨可以获得其他方法难以达到的高尺寸精度和高形状精度，并且容易获得极小的表面粗糙度值，其加工方法简单，不需要复杂设备，但加工效率低。研磨后的零件能提高表面的耐磨性、耐蚀性及疲劳强度，从而延长零件的使用寿命。

1. 研具

研具是保证被研磨工件几何精度的重要因素，因此对研具材料、精度和表面粗糙度都有较高的要求。研具材料的硬度应比被研磨工件低，组织细致均匀，具有较高的耐磨性和稳定性，有较好的嵌存磨料的性能等。常用研具材料有灰铸铁、球墨铸铁、软钢、铜等。

2. 磨料

磨料在研磨中起切削作用，研磨效率、研磨精度都和磨料有密切的关系。磨料的系列及用途见表 10-1。

磨料的粗细用粒度表示，按颗粒尺寸分为 41 个粒度号，有两种表示方法。其中磨粉类有 F4，F5 等，粒度号越大，磨粒越细；微粉类有 W63，W50，…，W0.5 等，号数越大，磨粒越粗。

3. 研磨液

研磨液在加工过程中起调和磨料、冷却和润滑的作用，防止磨料过早失效和减少工件（或研具）的发热变形。常用的研磨液有煤油、汽油、10（20）号机械油等。

研磨剂是由磨料和研磨液调和而成的混合剂，研磨剂不宜涂得太厚，否则会影响研磨质量，也浪费研磨剂。

表 10-1 磨料的系列和用途

系列	磨料名称	代号	特 性	适 用 范 围
氧化铝系	棕刚玉	A	棕褐色，硬度高，韧性大，价格便宜	粗、精研磨钢、铸铁和黄铜
	白刚玉	WA	白色，硬度比棕刚玉高，韧性比棕刚玉差	精研磨淬火钢、高速钢、高碳钢及薄壁零件
	铬刚玉	PA	玫瑰红或紫红色，韧性比白刚玉高，磨削表面粗糙度值小	研磨量具、仪表零件等
	单晶刚玉	SA	淡黄色或白色，硬度和韧性比白钢玉高	研磨不锈钢、高钒高速钢等强度高、韧性大的材料
碳化物系	黑碳化硅	C	黑色有光泽，硬度比白刚玉高，脆而锋利，导热性和导电性良好	研磨铸铁、黄铜、铝、耐火材料及非金属材料
	绿碳化硅	CC	绿色，硬度和脆性比黑碳化硅高，具有良好的导热性和导电性	研磨硬质合金、宝石、陶瓷、玻璃等材料
	碳化硼	BC	灰黑色，硬度仅次于金刚石，耐磨性好	精研磨和抛光硬质合金、人造宝石等硬质材料
金刚石系	人造金刚石		无色透明或淡黄色、黄绿色、黑色，硬度高。比天然金刚石略脆，表面粗糙	粗、精研磨硬质合金、人造宝石、半导体等高硬度脆性材料
	天然金刚石		硬度最高，价格昂贵	
其他	氧化铁		红色至暗红色	精研磨或抛光钢、玻璃等材料
	氧化铬		深绿色	

任务实施

根据研磨要点，进行基本动作的学习和训练，掌握研磨的基本动作，做到规范准确。

研磨分手工研磨和机械研磨两种。手工研磨应注意选择合理的运动轨迹，这对提高研磨效率、工件表面质量和研具的寿命有直接的影响。

1. 平面的研磨

平面的研磨方法（图 10-1）。工件沿平板全部表面，用 8 字形或仿 8 字形、螺旋形或螺旋形和直线形运动轨迹相结合的方法进行研磨。

（1）直线往复形 常用于研磨有台阶的狭长平面，如平面样板、直角尺的测量面等，能获得较高的几何精度（图 10-1a）。

（2）直线摆动形 用于研磨某些圆弧面，如双斜面直尺的圆弧测量面（图 10-1b）。

（3）螺旋形 用于研磨圆片或圆柱形工件的端面，能获得较好的表面粗糙度和平面度

（图 10-1c）。

（4）8 字形或仿 8 字形式　常用于研磨小平面工件（图 10-1d）。

（5）狭窄平面研磨方法（图 10-2）　应采用直线研磨的运动轨迹。为防止研磨平面产生倾斜和圆角，研磨时可用金属块作为"导靠"。研磨工件的数量较多时，可采用 C 形夹，将几个工件夹在一起研磨，既防止了工件加工面的倾斜，又提高了效率。

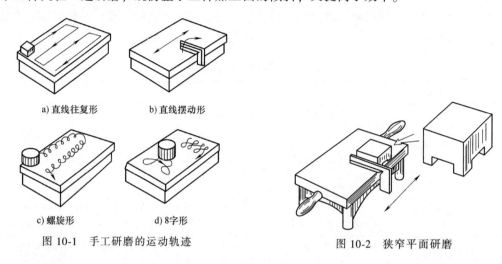

a) 直线往复形　　　b) 直线摆动形

c) 螺旋形　　　d) 8字形

图 10-1　手工研磨的运动轨迹

图 10-2　狭窄平面研磨

2. 圆柱面研磨

圆柱面研磨一般是手工与机器配合进行研磨，分外圆柱面和内圆柱面研磨。

研磨小型内（外）圆柱面一般是钻床或车床（图 10-3）对工件进行研磨。工件由机床带动，其上均匀涂布研磨剂，用手推动研磨环，通过工件的旋转和研磨环在工件上沿轴线方向做往复运动进行研磨。一般工件的转速在直径小于 $\phi80$mm 时为 100r/min，直径大于 $\phi100$mm 时为 50r/min 。

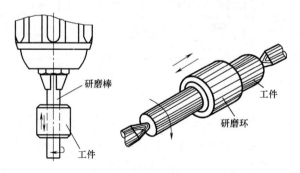

研磨棒

工件

研磨环

工件

图 10-3　研磨外（内）圆柱面

研磨环的往复移动速度，可根据工件在研磨时出现的网纹来控制。当出现 45°交叉网纹时，说明研磨环的移动速度适宜（图 10-4）。

3. 研磨压力和速度

1）研磨时，压力和速度对研磨效率和研磨质量有很大影响。压力太大，研磨切削量虽大，但表面粗糙度差，且容易把磨料压碎使表面划

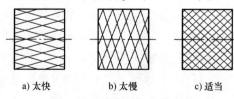

a) 太快　　b) 太慢　　c) 适当

图 10-4　研磨环的移动速度

出深痕。一般情况，粗磨时压力可大些，精磨时压力应小些。

2）速度要适宜，速度过快会引起工件发热变形。尤其是研磨薄形工件时更应注意。一般情况下，粗研磨速度为 40~60 次/min，精研磨速度为 20~40 次/min。

4. 质量检验

采用光隙判别法（图 10-5）观察时，以光隙的颜色来判断其直线度误差，如没有灯箱也可用自然光源。当光隙颜色为亮白色或白光时，其直线度误差小于 0.02mm；当光隙颜色为白光或红光时，其直线度误差大于 0.01mm；光隙颜色为紫光或蓝光时，其直线度误差大于 0.005mm；光隙颜色为蓝光或不透光时，其直线度误差小于 0.005mm。

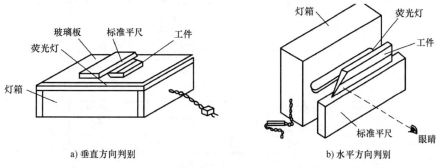

a) 垂直方向判别 b) 水平方向判别

图 10-5 光隙判别法

注意：

研磨中必须重视清洁工作，若忽视，轻则工件表面拉毛，重则会拉出深痕而产生废品；另外，研磨后应及时将工件清洗干净并采取防锈措施。

任务评价

1）完成研磨任务后，按作业 10.1 进行检测评分。

2）记录自己对本次任务的思考和问题，写出自己的实践感受。

任务 2 刀口形直角尺的研磨

知识目标	熟悉研磨、研具、磨料和研磨剂的概念和作用，掌握平面研磨和圆柱面研磨的基本方法
技能目标	在规定时间内完成刀口形直角尺的研磨，达到表面粗糙度值 $Ra0.8\mu m$、平面度 0.04mm、垂直度 0.02mm、直线度 0.01mm、平行度 0.02mm 的要求
素养目标	养成规范着装、保持工作环境清洁有序、严格执行安全操作规程的习惯

任务描述

完成图 10-6 所示刀口形直角尺的粗、精研磨，达到平面度 ≤ 0.02mm、垂直度 ≤ 0.02mm、平行度 ≤ 0.02mm、内外角 = 90°±3′、刀口直线度 ≤ 0.01mm，表面粗糙度值 $Ra0.8\mu m$（可以拿用过多年的旧刀口形直角尺进行研磨，恢复刀口形直角尺的精度）。

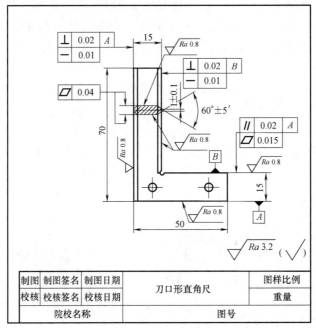

图 10-6　刀口形直角尺

知识准备

1）刀口形直角尺由课题 5 任务 2 锉削加工完成。

2）准备研磨平板、研磨粉、煤油、汽油、方铁导靠块、刀口形直角尺。

3）回顾并巩固研磨的基础知识和研磨要点。

任务实施

1）完成刀口形直角尺两大平面的研磨，用 8 字形或仿 8 字形、螺旋形或螺旋形和直线形运动轨迹相结合的方法进行研磨，达到图样平面度、平行度、表面粗糙度要求。

2）完成刀口形直角尺外框基准面和内框基准面的研磨。

粗（精）研磨用被汽油浸湿的棉花蘸上 W20～W10 的研磨粉，均匀涂在平板的研磨面上。

① 用靠山完成外框基准面的研磨，达到与大平面垂直度 ≤0.01mm。

② 用靠山完成内框基准面的研磨，达到与外框基准平行度 ≤0.01mm。

③ 内外刀口形直角尺面的研磨达直线度 ≤0.01mm、垂直度 ≤0.01mm、表面粗糙度 $Ra0.8\mu m$。

3）操作手法。握持刀口形直角尺，动作步骤与方法如图 10-7 所示，刀口采用沿其纵向移动与以刀口面为轴线而向左右做 30°角摆动相结合的运动形式。研磨内直角时要用护套进行保护，以免碰伤。

4）磨削的运动形式。精研磨时的运动形式与粗研磨大致相同。采用压砂平板，选用 W5 或 W7 的研磨粉，利用工件自重进行精研磨，使其表面粗糙度值达到 $Ra0.025\mu m$。

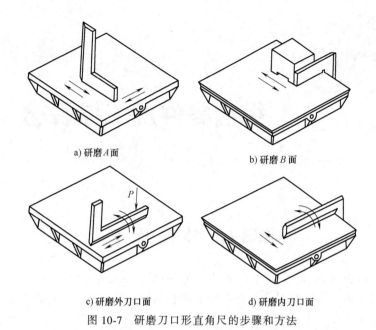

a) 研磨A面

b) 研磨B面

c) 研磨外刀口面

d) 研磨内刀口面

图10-7 研磨刀口形直角尺的步骤和方法

5）采用光隙判别法检验研磨质量。观察光隙的颜色，判断其直线度误差。

注意：

1）刀口形直角尺在研磨时，如果不需磨出刀口处圆弧，则要保持平稳，可用一"靠山"（图10-7b）来支撑，防止不稳。

2）研磨时要经常调头研磨工件，改变工件在研具上的研磨位置，防止研具局部磨损。

3）粗研与精研时不可使用同一块研磨平板。若用同一块研磨平板，必须用汽油将粗研磨料清洗干净。

任务评价

1）完成研磨任务后，按作业10.2进行检测评分。

2）记录自己对本次任务的思考和问题，写出自己的实践感受。

注意：

本课题是手工作业，由于精度高，研磨过程枯燥，如果注意力不集中，作业不规范，不保持清洁，很难达到研磨的技术要求。因此，需认真了解研磨作业的工作要求和作业规范，研磨作业中做到认真规范，耐心细致，发扬不怕苦，勇于探索的精神，完成手工刀口形直角尺的研磨。

模块 **3**

综合零件加工与装配

课题 11　锉 配 技 术

本课题是对前面知识与技能的总结提高，加深已学知识和加强较复杂零件的加工技能。通过锉配训练应达到：掌握有对称度要求的工件的划线、锉削及检测技能，学会锉配件间隙的控制，熟悉锉配工艺方法。

任务 1　锉配技术基础训练

知识目标	应用已学知识，对锉配精度和锉配种类进行分析归类，掌握锉配的原则与方法
技能目标	会进行锉配精度分配，完成不同类型的锉配工艺编制，在规定时间内完成加工与精度检测
素养目标	系统考虑问题，提升分析问题和解决问题的能力；严格执行安全技术和操作规程，做到"7S"管理要求；塑造职业素养

任务描述

1）能根据不同的锉配件零件或装配图，对锉削加工精度进行分析。
2）根据锉配形状类型和特点分析并制订工艺，填写工具、量具准备清单。

知识准备

1. 锉配件的常见技术要求

锉配件的技术要求通常有尺寸（含间隙）精度、几何精度、表面粗糙度。

（1）尺寸精度（含间隙）　通常可以在锉削过程中，用通用量具进行检测。

1）平面类尺寸可以用游标卡尺、千分尺、百分表、塞尺等进行检测。

2）角度尺寸可以用直角尺、游标万能角度尺、正弦规等进行检测。

3）圆弧类尺寸可以用半径规、测量心轴等进行检测。

4）配合间隙可以用塞尺或透光法来判定。

（2）几何精度

1）平面类的平面度误差可以用刀口形直尺、百分表等检测，垂直度误差可以用直角尺检测，平行度误差可以用千分尺（计算法）、百分表检测。

2）角度类的平面度误差可以用刀口形直尺检测，垂直度误差可以用直角尺检测。

3）圆弧类的轮廓度误差可以用半径样规或心轴检测，垂直度误差可以用直角尺检测。

4）对称度误差可以用百分表检测或间接测量。

（3）表面粗糙度　可以通过经验法目测或用粗糙度仪进行测量。

（4）清角　沉割槽或工艺孔、锉刀等。

2. 锉配件的类型

锉配件的配合表面通常有平面配合、角度面配合、圆弧面配合。而锉配件的基本类型有以下几种：

（1）开式半封闭配合　对于此类配合件的加工，由于是开式半封闭配合，从形状上看，通常是一件（通常是凸件）作为基准进行加工，另一件（凹件）作为配合件进行修配式加工，以达到图样的技术要求（图11-1）。

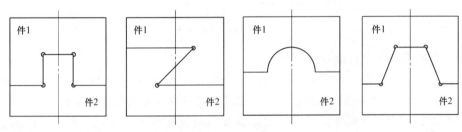

图 11-1　典型开式半封闭配合件示意图

（2）闭式配合件　此类零件的加工，由于是闭式的，通常以内配件（凸件）为基准加工，外件凹件内腔通过修配的方式来与凸件进行配合加工。通常要求凸件进行翻转位置配合测量（图11-2）。

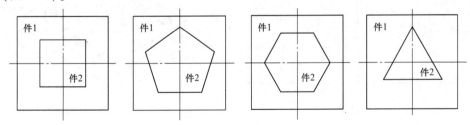

图 11-2　典型闭式配合件示意图

（3）不见面配合（又称盲配）　此类加工的特点是，两配合件在完成前各自按图加工，无法进行面对面试配加工，通常在检测前，分离两件后，由检测人员进行配合检测。对检测加工都有一定的难度，对尺寸公差、几何公差的要求较高，关键尺寸公差常常通过工艺尺寸链计算获得并进行加工控制，也可以通过量块、百分表进行计算加工控制（图11-3）。

（4）多件配合　此类配合通常指配合零件有三件以上（含量三件）的配合（图11-4）。这类加工的特点是，零件多，辅助基准多，加工时虽以基准件为主，但也需综合考虑。常常

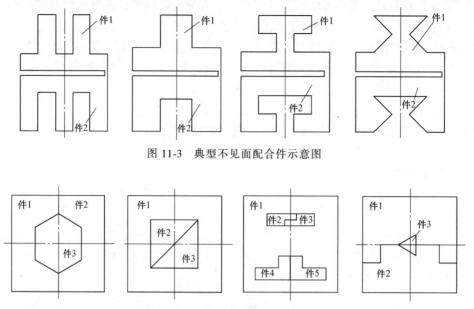

图 11-3　典型不见面配合件示意图

图 11-4　多件配合示意图

要求零件在不同的位置进行配合。

（5）旋转配　此类零件通常配合后对于基准件有旋转多个角度进行配合的要求（图 11-5），故通常对角度和位置公差的要求较高，对对称或分度精度要求高。

（6）装配式配合　此类加工的特点是，锉配后有装配要求，通常零件数量较多，对孔系加工、螺纹孔和铰孔加工的精度要求较高，对定位销配合有要求，调整技术要求较高四方定位组合（图 11-6 即属于此类）。

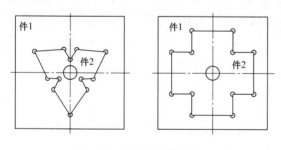

图 11-5　常见旋转配合件

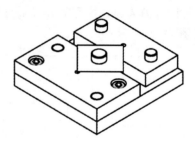

图 11-6　四方定位组合

3. 零件锉配的原则与方法

（1）锉配作业的原则

1）先加工凸件，后加工凹件并修配。

2）遇有对称性零件或尺寸，需先行加工。

3）按中间公差加工。

4）执行最小误差。

5）不方便测量的尺寸，优先制作辅助检具或采用间接测量。

6）综合兼顾、勤测慎修，逐步达到配合要求。

7）粗精锉分步。

（2）锉配技能提高的方法

1）勤学苦练、循序渐进、不急于求成。

2）掌握基础、精益求精、不粗制滥造。

3）把握要求、综合分析、不盲目锉削。

4）综合分析、善于总结、不苛求完美。

4. 锉配精度（表11-1）

表11-1　锉配精度汇总表

序号	精度	要求	初级	中级	高级
1	尺寸	≤	IT8	IT7	IT6
2	⊥	≤	IT8	IT7	IT6
3	//	≤	IT8	IT7	IT6
4	▱	≤	IT9	IT8	IT7
5	间隙	≤	0.05~0.06mm	0.03~0.04mm	0.01~0.02mm
6	Ra	≤	3.2μm	1.6μm	0.8μm

对于锉配技术：在掌握平面锉削技术的基础上，对加工对象要认真进行分析；准备好合适的工具和量具，需对部分工具进行修磨；加工中对相关尺寸要求进行计算或换算，对于低精度的配合，采用试配法进行锉配，对于高精度的零件，采用测量控制尺寸法进行锉配。钳工锉配技术需要理论知识的获取，操作技术通过长时间的磨炼，产品加工经验的获得才能满足生产的需要。

任务实施

1）分析上述六种锉配方法的相同点与不同点。

2）归纳出各锉配技术的加工要点和注意事项。

任务评价

1）按作业11.1进行检测评分。

2）记录自己对本次任务的思考和问题，写出自己的实践感受。

任务2　锉　　配

锉配是在已掌握单一零件锉削等加工技术后进行的两件以及上零件的配合件加工。要求会编制锉配加工件的锉削工艺，根据锉配件的形状和技术要求，分析解决加工中的难点，运用已学知识与技能，在规定时间内完成加工任务，达到图样技术要求。

子任务1　凹凸镶配件的加工

知识目标	应用已学知识，编制锉配工艺，分析锉配时的注意事项，理解对称度计算方法，分析锉镶配间隙的控制方法

（续）

技能目标	完成对称度工件的划线，合理安排设计加工步骤，设计测量方法以及熟练使用相关量具进行测量。会对锉配精度误差进行检验和修正
素养目标	正确执行安全技术操作规程，执行"7S"管理要求；培养团队合作精神，塑造职业素养

任务描述

1）完成材料准备：材料 Q235A，规格为（67±0.10）mm×（80.5±0.10）mm×12mm（磨两平面）。

2）完成对图样要求的分析，写出加工所用工具、量具及设备清单。

3）在规定的 240min 时间内，完成凹凸镶配件（图 11-7）的加工，达到图样技术要求。

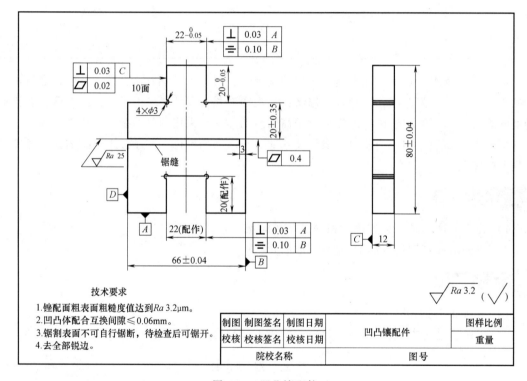

图 11-7 凹凸镶配件

知识准备

对称度相关概念与控制计算方法见表 11-2。

注意：

对凸台形零件的加工，不能同时锯削两边，应先锯削一面并将其锉至要求，呈"台阶"型，再加工另一面，这样便于测量与检查。

表 11-2　对称度相关概念与控制计算方法

工序	名称	工序示意图	具体内容
1	对称度误差	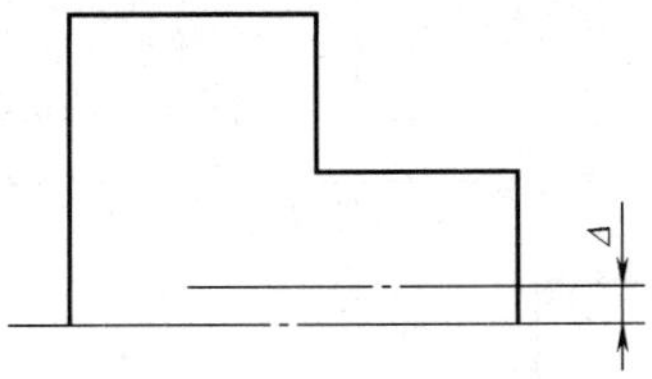	被测表面的中间平面与基准表面的中间平面间的最大偏移距离 Δ
2	对称度公差带	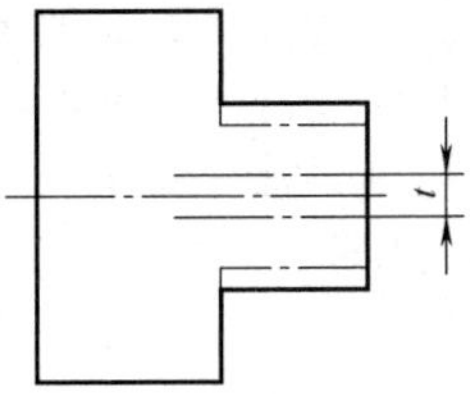	距离为公差值 t，且对基准中间平面对称配置的两平行平面之间的区域
3	对称度测量方法	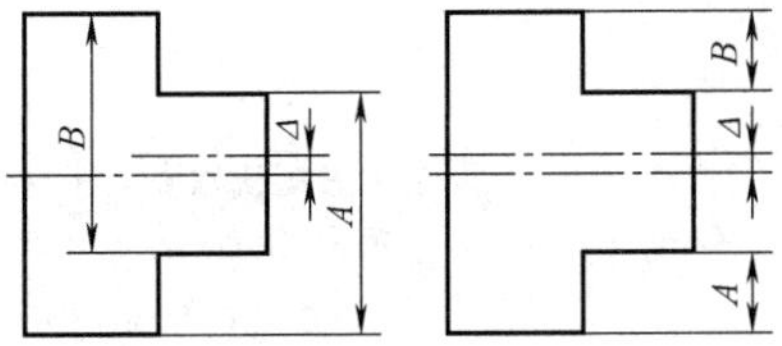	测量被测表面与基准表面的尺寸 A 和 B，其差值即为对称度的误差值
4	对称度的计算与加工	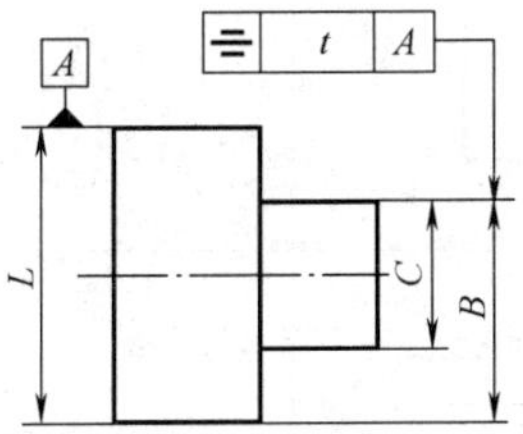	划线后粗、细锉垂直面，根据 L 处的实际尺寸，通过控制尺寸 B 的误差值（即控制在 $L/2$ 处的实际尺寸加尺寸 $C_{-\text{对称度的公差}/2}^{+\text{尺寸}C\text{的公差}/2}$）
5			用上述方法控制并锉加工准尺寸 C 至要求（可直接测量锉加工到位）
6		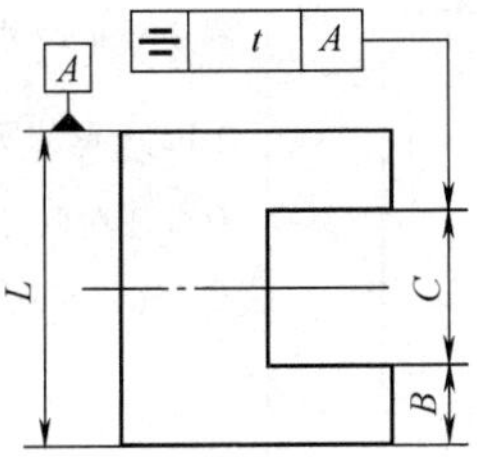	如果加工要求对象为凹件对称度，则控制尺寸 B 的误差值，即：$L/2$ 处的实际尺寸减尺寸 $C_{-\text{对称度的公差}/2}^{+\text{尺寸}C\text{的公差}/2}$

◆ 任务实施

1. 课前准备

1) 检查毛坯是否与图样相符合，准备所需的工具、量具、夹具，检查台式钻床。

2) 分析图样技术要求。

3) 准备材料：Q235，规格 81mm×67mm×12mm（平磨两面），1 件。

2. 操作加工

加工凹凸镶配件，按表 11-3 中步骤和要求进行。

表 11-3 凹凸镶配件加工工艺

工序	名称	工序示意图	具体内容
1	加工外形面	略	按图样要求锉削加工外形尺寸，达到尺寸（80±0.04）mm、（66±0.04）mm 和垂直度、平面度要求
2	划线并钻工艺孔	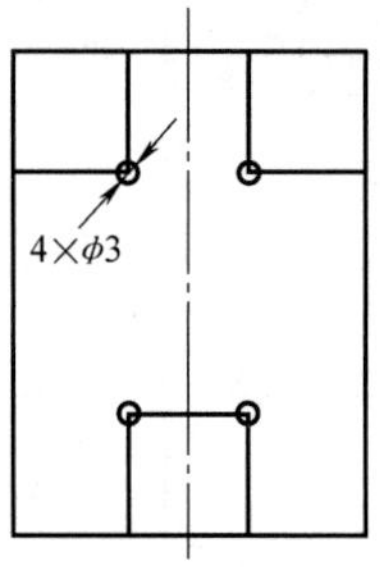 4×ϕ3	按图样要求划凹凸镶配件的加工线，并钻 4×ϕ3mm 的工艺孔
3	加工凸形面	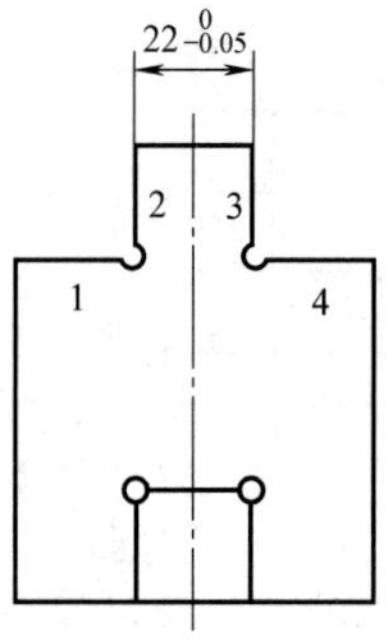 $22_{-0.05}^{0}$ 2 3 1 4	按划线锯去工件左角，粗精锉两垂直面 1 和 2。根据 80mm 的实际尺寸，控制 60mm 尺寸误差值（应控制在 80mm 的实际尺寸减去 $20_{-0.05}^{0}$ mm 的范围内），从而保证达到 $20_{-0.05}^{0}$ mm 尺寸要求
		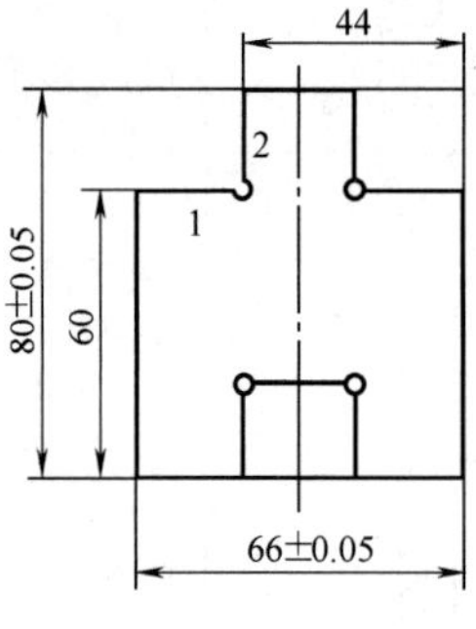 44 80 ± 0.05 60 2 1 66 ± 0.05	同样根据（66±0.05）mm 处的实际尺寸，通过控制 44mm 尺寸误差值 [本处应控制在 $\frac{1}{2}$ ×（66±0.05）mm 的实际尺寸加 $11_{-0.05}^{+0.025}$ mm 的范围内]，从而保证在取得尺寸 $22_{-0.05}^{0}$ mm 的同时，其对称度误差在 0.10mm 内
		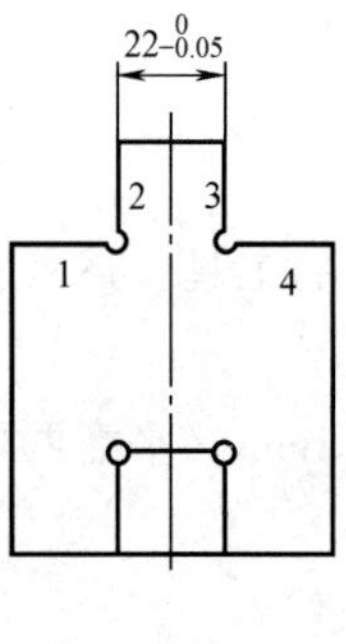 $22_{-0.05}^{0}$ 2 3 1 4	按划线锯去工件右角，用上述方法锉削面 3，并将尺寸控制在 $22_{-0.05}^{0}$ mm。锉削面 4，将尺寸控制在 $20_{-0.05}^{0}$ mm

（续）

工序	名称	工序示意图	具体内容
4	加工凹形面		首先钻出排孔，并锯、錾去除凹形面的多余部分，粗锉至接近线条。然后细锉凹形面顶端面5。根据(80±0.05)mm的实际尺寸，通过控制60mm的尺寸误差值(本处与凸形面的两个垂直面一样控制尺寸)，保证与凸形件端面的配合精度要求。最后，细锉两侧垂直面，同样根据外形66mm和凸面22mm实际尺寸，通过控制22mm尺寸误差值，从而保证达到与凸形22mm尺寸的配合精度要求，同时保证其对称度误差小于0.10mm
5	锯削		锯削时，要求尺寸为(20±0.35)mm，锯削面平面度公差为0.4mm，留3mm不锯，修去锯口毛刺
6	检查、去锐边倒角	略	修正、去锐边倒角、检查

任务评价

1）完成作业任务后，按作业11.2进行检测评分。

2）记录自己对本次任务的思考和问题，写出自己的实践感受。

子任务2 燕尾镶配件的加工

燕尾板镶配是钳工锉削角度镶配类工件中的一种典型零件加工，其操作涉及角度的计算、对称度的控制、尺寸的换算等。

知识目标	应用已学知识编制开式锉配（燕尾配）的锉配工艺，概括角度锉配时的注意事项，理解对称度的控制方法，分析锉配间隙的控制
技能目标	完成对燕尾对称度工件的划线，合理安排加工步骤、设计测量方法以及熟练使用相关量具进行测量。掌握锉配精度的误差检验和修正方法
素养目标	正确执行安全技术操作规程。做到场地清洁，工件、工具、量具等摆放整齐。增强分析能力和成就感，培养团队合作精神，塑造职业素养

任务描述

1）完成材料准备：材料Q235A，规格为88mm×71mm×8mm（磨两平面），1件。

2）完成对图样要求的分析，写出加工所用工具、量具及设备清单。

3）在规定的240min时间内，完成燕尾镶配件（图11-8）的加工，达到技术要求。

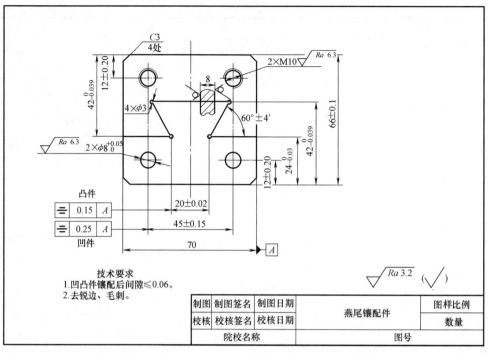

技术要求
1. 凹凸件镶配后间隙≤0.06。
2. 去锐边、毛刺。

制图	制图签名	制图日期	燕尾镶配件	图样比例
校核	校核签名	校核日期		数量
院校名称			图号	

图 11-8　燕尾镶配件

⚙ 知识准备

燕尾配合概念及计算方法见表 11-4。

表 11-4　燕尾配合概念及计算方法

工序	名称	工序示意图	具体内容
1	自制 60°角样板	⎯ 0.008　60°±2'　20　2　25	按图划线、锉削加工
2	燕尾槽对称度的控制方法	$M=58.66\pm0.1$　α　d　$24_{-0.033}^{0}$　$B=45$　A　$M=B+\dfrac{d}{2}\cot\dfrac{\alpha}{2}+\dfrac{d}{2}$	利用圆柱测量棒间接测量法，控制边角尺寸 M

（续）

工序	名称	工序示意图	具体内容
3	L尺寸的计算	（见图） $L=47.32\pm0.2$，$H=18$，$60°$，$d/2$，X，$b=20$，$24^{\ 0}_{-0.033}$，$42^{\ 0}_{-0.039}$ $L=b+d+d\cot\dfrac{\alpha}{2}=20\text{mm}+10\text{mm}+10\text{mm}\times\cot30°=47.32\text{mm}$	圆柱测量棒直径 $d=\phi10\text{mm}$，$\alpha=60°$，$b=20\text{mm}$
4	内燕尾槽A尺寸的计算	（见图） $A=13.47$，$H=18$，$42^{\ 0}_{-0.039}$，70 $A=b+\dfrac{2H}{\tan\alpha}-\left(1+\dfrac{1}{\tan\dfrac{1}{2}\alpha}\right)d=20\text{mm}+\dfrac{36}{\sqrt{3}}\text{mm}-\left(1+\dfrac{1}{\tan30°}\right)\times10\text{mm}=13.47\text{mm}$	$H=18\text{mm}$，$b=20\text{mm}$，$\alpha=60°$

✪ 任务实施

1. 课前准备

1）检查毛坯，准备所需的工具、量具、夹具，检查设备（如台式钻床）。

2）分析图样技术要求。

3）准备材料。Q235A，规格 88mm×71mm×8mm（平磨两面），1件。

2. 注意事项

1）凸件加工中只能先去掉一端60°角料，待加工达到要求后才能去掉另一端60°角料，便于加工时测量，控制燕尾对称度。

2）采用间接测量来达到尺寸要求，必须正确换算和测量。

3）由于加工面较狭窄，一定要锉平并与大端面垂直，才能达到配合精度。

4）凹凸件锉配时，一般不再加工凸形面，否则失去精度基准难以进行修配。

3. 具体操作步骤

1）加工凸燕尾，按表11-5中步骤和要求进行。

2）加工凹燕尾件，按表11-6中步骤和要求进行。

表 11-5 凸燕尾加工工艺

工序	名 称	工序示意图	具 体 内 容
1	划线并锯削燕尾件	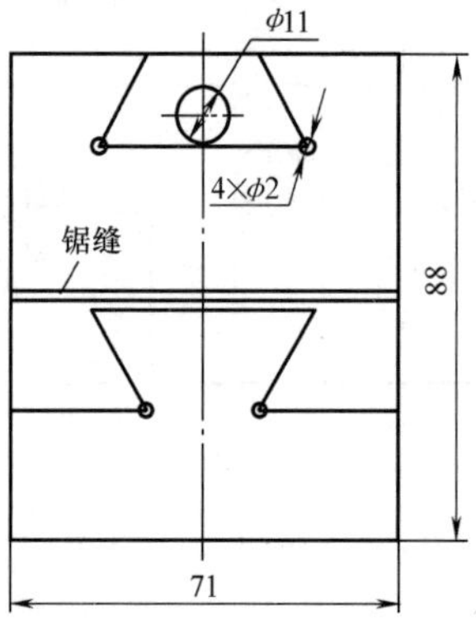	检查毛坯尺寸,按图样要求划燕尾凹凸件加工线。钻 4×φ2mm 工艺孔,燕尾凹槽用 φ11mm 钻头钻孔,再锯削凹凸燕尾件
2	加工燕尾凸件	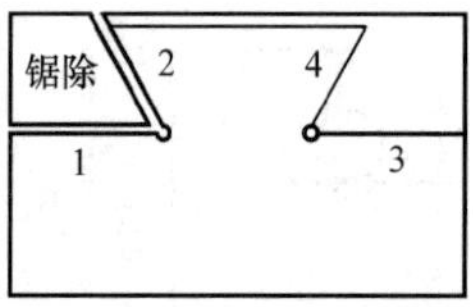	按划线锯削材料,留有加工余量 0.8~1.2mm
3	锉削燕尾槽的一角	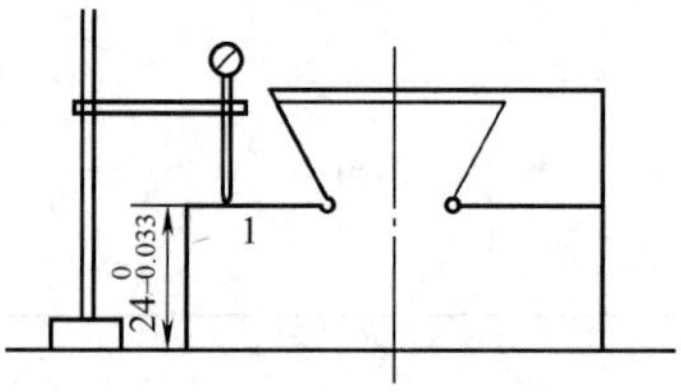	完成 $60°±4'$ 及 $24_{-0.033}^{0}$mm 尺寸,达到表面粗糙度 $Ra3.2\mu m$ 的要求。用图示的方法和指示表测量控制加工面 1 与底面平行度,并用千分尺控制尺寸 $24_{-0.033}^{0}$mm,利用间接测量法控制尺寸 M
4	控制 60°角	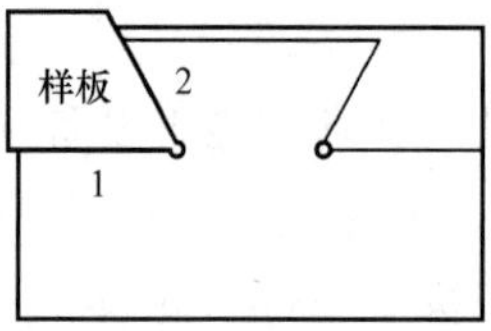	用自制样板控制 60°角,按划线锯削另一侧面 60°角,留加工余量 0.8~1.2mm
5	锉削加工另一侧面 60°	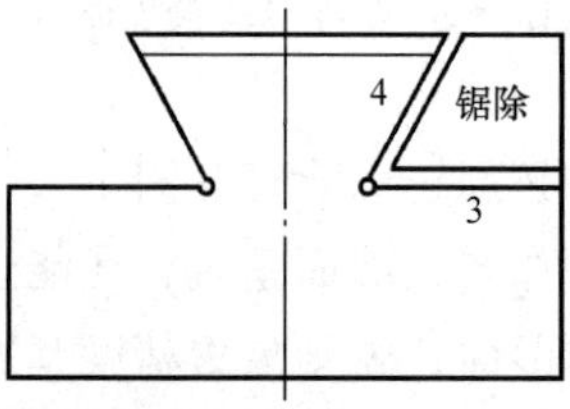	锉削加工另一侧面 60°面 3 与面 4,完成 $60°±4'$ 及 $24_{-0.033}^{0}$mm 尺寸,方法同上
6	加工外形尺寸	图略	锉削加工面 5,达到 $42_{-0.039}^{0}$mm 外形尺寸
7	检查	图略	检查各部分尺寸,去锐边毛刺

表 11-6　凹燕尾件加工工艺

工序	名称	工序示意图	具 体 内 容
1	锯削凹件燕尾槽	锯路	锯除燕尾凹槽余料，各面留有加工余量 0.8~1.2mm 按划线粗锉面 6、面 7、面 8，并留 0.1~0.2mm 修配余量，用凸件与凹件试配作，并达到图样要求和换位要求
2	测量平行度误差	7 8 6	用百分表测量控制面 6 与底面平行
3	自制样板检测	样板	用自制 60° 小样板测量控制内 60° 角 用 ϕ10mm 圆柱测量棒控制尺寸 A
4	加工凹燕尾外形	见装配图样	达到 $42_{-0.039}^{0}$ mm 尺寸及锉削加工 4 处 C3 斜面
5	钻孔与攻螺纹	见装配图样	按划线钻 2×ϕ8mm 孔并达孔距要求，再钻 2×ϕ8.5mm 的孔，并用 M10 手用丝锥进行攻螺纹，达图样要求
6	检查	见装配图样	复检各尺寸，去锐边、毛刺

任务评价

1）完成任务后按作业 11.3 进行检测评分。

2）记录自己对本次任务的思考和问题，写出自己的实践感受。

子任务 3　四方体锉配

四方体锉配是学习了钳工基本理论知识和操作技能以后，进行的一个中等难度的配合件加工。其主要目标是：通过对四方体的锉配加工，进一步巩固已学的钳工基本知识和技能，较熟练地使用工、量具和机械设备对四方体进行划线、锉、锯、钻、测量、修配等加工，特别是学习掌握封闭零件的锉配工艺，以达到提高锉削加工技能水平的目的。

知识目标	应用已学知识编制闭式锉配（四方体）加工工艺，概括内直角锉配时的注意事项，分析锉配间隙的控制方法
技能目标	完成锉配四方体精度的误差检验和修正方法，较熟练地使用量具进行准确测量。掌握对锉配精度的误差检验和修正方法
素养目标	正确执行安全技术操作规程，做到场地清洁，工件、工具、量具等摆放整齐。增强分析能力和成就感，培养团队合作精神，塑造职业素养

任务描述

1）完成材料准备：材料 Q235A，规格 81mm×61mm×10mm、26mm×26mm×10mm，各1件。

2）完成对图样要求的分析，写出加工所用工具、量具及设备清单。

3）在规定的 270min 时间内，完成四方体（图 11-9）的锉配加工，达到图样技术要求。

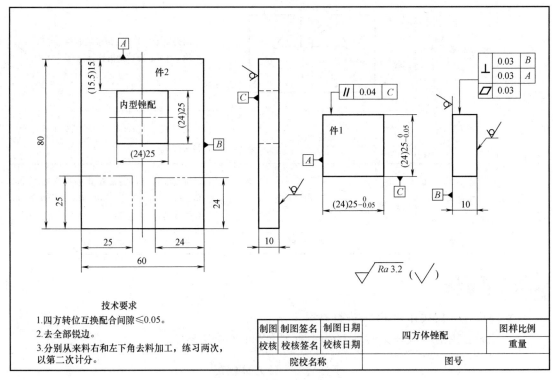

技术要求
1. 四方转位互换配合间隙≤0.05。
2. 去全部锐边。
3. 分别从来料右和左下角去料加工，练习两次，以第二次计分。

制图	制图签名	制图日期	四方体锉配		图样比例
校核	校核签名	校核日期			重量
院校名称			图号		

图 11-9 四方体锉配

知识准备

四方体锉配中应注意尺寸和几何公差的控制，测量时对平面度、垂直度和尺寸同时测量，全面综合地分析，需要学会控制尺寸时考虑到几何误差的修正。四方体锉配时各内平面应与基准大平面垂直，以防止配合后产生喇叭口；试配时，必须认真修配以达到配合精度要求；试配时不可以用锤子敲打，防止锉配面"咬毛"或将工件"敲伤"。

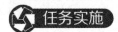　**任务实施**

1. 课前准备

1）检查毛坯是否与图样相符合，准备所需的工具、量具、夹具，设备检查（如台式钻床）。

2）分析图样技术要求，自制小内90°量角样板。

3）准备材料：Q235A，规格81mm×61mm×10mm、26mm×26mm×10mm，各1件。

2. 注意事项

1）划线时注意尺寸界线的偏移量，即外四方不小于25mm，内四方不大于25mm。

2）平板锉和方锉均要有一个侧面进行过修磨，并保证与锉刀面≤90°。

3）注意及时进行测量，保证尺寸准确和对称度的准确性。

4）配锉前应做好清洁工作；试配时不可用锤子敲击，防止锉配面"咬伤"或将工件表面敲坏。

3. 具体操作步骤

本锉配件分两次进行。第一次为初次模仿加工（锉配），按图括号内尺寸（凸件尺寸24mm）加工。学习掌握锉配的基本要点。第二次按凸件尺寸25mm加工并检测评分。

（1）加工四方凸件　按表11-7中步骤和要求进行。

表 11-7　四方凸件加工工艺

工序	名称	工序示意图	具体内容
1	四方凸件加工（件1）	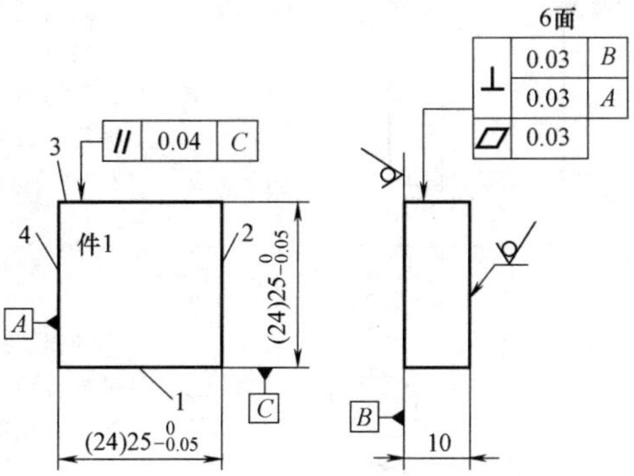	略

（2）加工四方凹件　按表11-8中步骤和要求进行。

　注意：

当四方体塞入后采用透光和涂色结合的方法检查接触部位，然后使其达到配合要求。最后作转位互换的修整，达到转位互换的要求，用手将四方体推出和推进应无阻滞，并可用塞尺检查间隙。

表 11-8　四方凹件加工工艺

工序	名称	工序示意图	具体内容
1	外形加工及划线	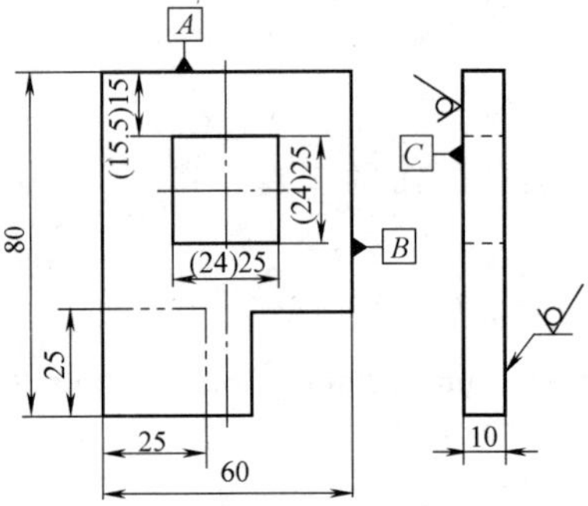	修锉外形基准面 A、B，使其互相垂直并与大平面 C 垂直。以 A、B 两平面为基准，按图划线，打样冲眼
2	钻排孔，去余料	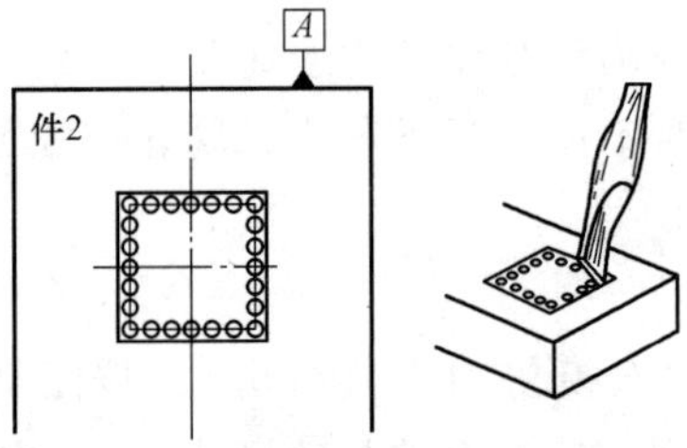	钻排孔，用小扁錾沿排孔錾去除多余的料，然后用方锉、粗锉成形，每边留 0.1～0.2mm 余量作为精修余量
3	内四方锉配	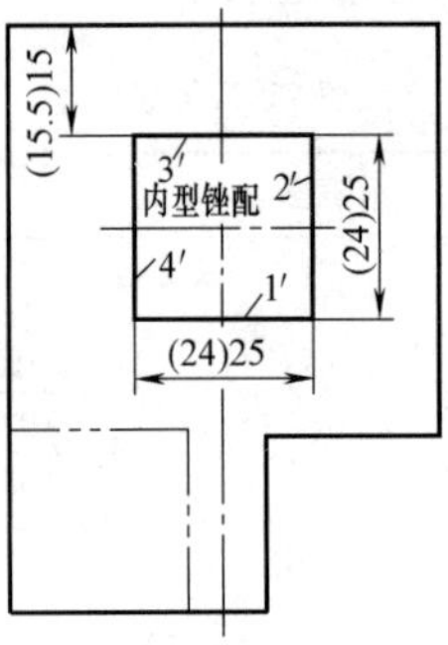	1）细锉第一面 $1'$，锉削至接触划线线条，达到平面度要求，并与大平面 A 平行及与大平面 C 垂直，控制尺寸在 20mm 2）细锉第二面 $3'$，并与 $1'$ 平行，接近 25mm 尺寸时，可用四方体的一角进行试配，应使其较紧地塞入，留有修整余量 3）细锉第三面 $2'$，锉削至接触划线线条，达到平面度要求，并与大平面 C 垂直及与 B 面平行。最后用小样板进行检查修整，达到 $2'\perp 1'\perp 3'$
4	试配	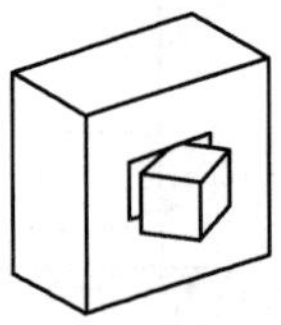	细锉第四面 $4'$，使之与 $2'$ 面平行，作四方体试配，使其较紧地塞入，并注意观察其相邻面的垂直度情况，作适当修整
5	精修整个面	图略	用四方体凸件配锉，用透光法检查接触部位，并进行修整

任务评价

1）完成四方体锉配任务，按作业 11.4 进行检测评分。

2）记录自己对本次任务的思考和问题，写出自己的实践感受。

任务3 鉴定要点及工艺分析

知识目标	分析鉴定的基本要求，概括工艺分析的基本方法
技能目标	能绘制工艺（序）图样，较短时间内编制出正确的加工工艺
素养目标	培养认真、严谨的工作作风；熟知安全知识，做到"三不伤害"；遵守作业规章制度，严格地执行"7S"管理

任务描述

学会基本考试件的图样分析，编写出零件的加工工艺及加工要点，编制作业物品清单。

知识准备

技能鉴定是衡量和检验是否符合钳工工种作业岗位基本要求的一个重要环节。考生需要对考试范围内的作业进行基本的分析和断定，从而帮助自己做好考前准备，顺利地通过鉴定。

1. 鉴定考试的基本要点

钳工实际操作技能可划分为六个部分：单一基本操作、组合基本操作、装配操作、组合复合操作、故障诊断与维修、现场考核。通常从钳工职业活动中筛选出一些具有基础性、代表性的活动内容列入考核项目，基本涵盖了钳工工种的职业活动。

钳工职业操作技能按现行的五个级别要求划分，技能操作由基本操作到综合性技能操作，由简单件加工到复杂件加工，技术水平由低到高，知识领域由局部到全面的原则划分。各级别整体考核结构框架见表11-9。

表11-9 钳工整体考核结构框架

级别 考核模块	操作技能						综合性工作能力	
	单一基本操作	组合基本操作	装配操作	组合复合操作	故障诊断与维修	现场考核	培训指导	综合考评
五级(初级)	★	★				★		
四级(中级)	★	★	★			★		
三级(高级)	★	★	★			★		
二级(技师)			★	★	★	★	★	★
一级(高级技师)			★	★	★	★	★	★

2. 考核项目的基本结构

考核项目主要由以下内容构成：

（1）划线精度 工件上的划线的合理性，基准选择的合理性。

（2）尺寸和几何公差等级 被加工工件的加工尺寸精度和几何精度。

（3）表面粗糙度 被加工工件的表面粗糙度。

（4）技术要求 加工精度及工艺编制。合理的工艺编制具有指导作用。

3. 考试时间及分配

（1）查阅总时间 一般情况下，基本操作部分在120~360min以内，装配操作部分不超过 480min。

（2）分析图样确定加工量　确定加工面的数量：其中包括平面（含配合面）、角度面、非配合表面的数量。

（3）确定孔加工量　钻孔、铰孔、攻螺纹的孔数。

（4）审题及划线　根据以上数据，进行合理分配。通常审题和划线控制在 15～20min；钻孔、铰孔、攻螺纹控制在 20～30min 内；其余时间除以总的锉削面数，计算出锉削每一个面的平均时间，再按锉削面的大小和重要性进行酌情加减。

4. 评分标准的分析

查算出尺寸、孔加工、配合间隙、几何公差、安全文明生产的分数，按权重进行加工控制。

5. 操作加工要点分析

以凹凸配件为例分析。

1）此类零件加工通常以凸件为基准加工，凹件配作。

2）通过间接控制尺寸来获得对称度达标。

3）需要控制凸件外形尺寸公差。

4）多余的材料采用粗加工留余量的方法保证配合的间隙。

任务实施

1）完成图 11-10 所示等边三角镶配考前准备。材料 Q235A，规格为（55±0.10）mm×

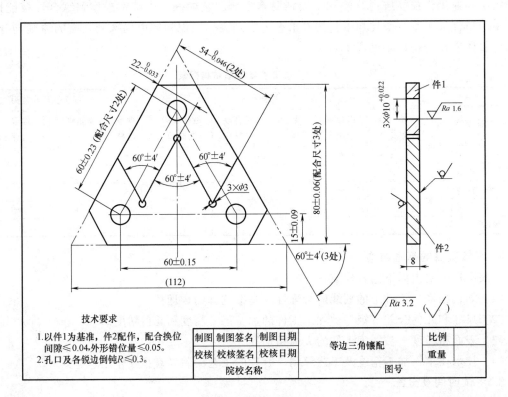

图 11-10　等边三角镶配

（95±0.10）mm×8mm（磨两平面）、（62±0.10）mm×（65±0.10）mm×8mm（磨两平面），各一件。

2）进行工艺分析并制订加工工艺。

3）准备工、量具和辅具等。

4）按图样完成加工任务。

等边三角形镶
配制作工艺

任务评价

1）完成作业任务后，按作业11.5进行检测评分。

2）记录自己对本次任务的思考和问题，写出自己的实践感受。

任务4　典型零件锉配加工

知识目标	能比较不同类型锉配件结构和技术要求，选择合理的加工方案；能根据零件不同的要求，合理选择工具、量具和辅具等
技能目标	会制订加工工艺，能解决加工中遇到的技术难题，对零件能正确使用量具进行准确测量，能在规定时间内完成零件的锉配加工
素养目标	养成遵守行为和操作规范的习惯，尊重老师和同学，礼貌待人

子任务1　圆弧燕尾镶配件的加工

任务描述

1）材料准备：材料Q235A，规格为（51±0.10）mm×（110±0.10）mm×7mm（磨两平面）。

2）完成对图样要求的分析，写出加工所用工具、量具及设备清单。

3）在规定的300min时间内，完成（图11-11）圆弧燕尾镶配件的加工。

知识准备

1）分析零件尺寸，设计正确划线方案。

2）燕尾配合及对称度控制要点。

3）圆弧锉配要点。

任务实施

1）填写工具、量具等准备清单。

2）编写加工工艺。

3）写出作业注意事项。

4）按图样要求完成加工任务。

在规定时间内，完成圆弧燕尾镶配件的制作（参考加工步骤）。

1）分析图样和技术要求；编制加工工艺；准备工具、量具等。

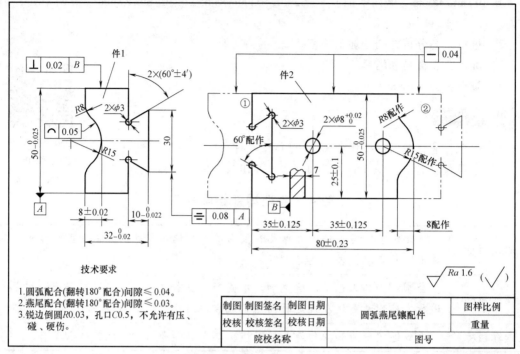

技术要求

1. 圆弧配合(翻转180°配合)间隙≤0.04。
2. 燕尾配合(翻转180°配合)间隙≤0.03。
3. 锐边倒圆R0.03，孔口C0.5，不允许有压、碰、硬伤。

制图	制图签名	制图日期	圆弧燕尾镶配件	图样比例
校核	校核签名	校核日期		重量
院校名称			图号	

图 11-11　圆弧燕尾镶配件

2）备料与修正基准。

3）划线（注意合理编排，以防材料不够）。图 11-12 为圆弧燕尾镶配件划线参考图。

圆弧燕尾镶配
件制作工艺

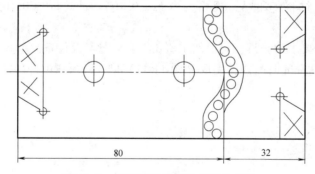

图 11-12　圆弧燕尾镶配件划线参考图

4）钻排孔。

5）錾削或锯削，分离工件。

6）粗、细、精锉，完成凸燕尾件加工。

7）配作凹燕尾，达到图样要求。

8）粗、精、细锉凸圆弧面，控制尺寸。

9）配作凹圆弧面达到图样要求。

10）钻、铰孔达到图样要求。

11）检查、修正、上交。

任务评价

1）完成作业任务后，按作业 11.6 进行评分检测。

2）记录自己对本次任务的思考和问题，写出自己的实践感受。

子任务 2　压模的加工

任务描述

1）备料准备：材料 Q235A，规格 105mm×75mm×15mm、70mm×50mm×15mm，各 1 件。

2）完成对图样要求的分析，写出加工所用工具、量具及设备清单。

3）在规定的 360min 内完成压模（图 11-13）的制作，达到图样要求。几何公差：锉配 IT7、攻螺纹 7H。表面粗糙度：锉配 $Ra1.6\mu m$，攻螺纹 $Ra6.3\mu m$。其他方面：配合间隙≤0.03mm。

技术要求：以凸件为基准，凹件配作，配合换位间隙≤0.06mm。

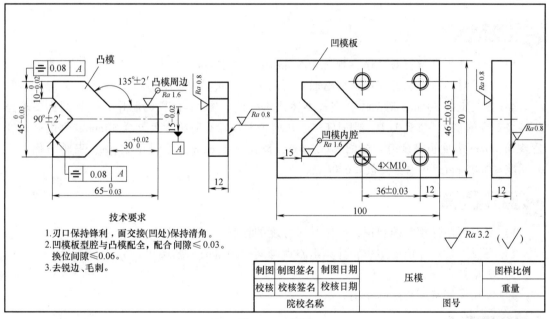

图 11-13　压模

知识准备

1）复习封闭式锉配要点。

2）分析内腔去余料时采用小排孔和钻大孔配合锯两种方法的优缺点。

3）做好清角的准备。

压模制作工艺

任务实施

在规定时间内，完成压模的制作。

1）分析图样和技术要求；编制加工工艺；准备工具、量具等。

2）备料与修正基准。

3）凹、凸件分别划线。

4）粗（去余料）、细、精锉，完成凸件加工。注意尺寸、角度和对称度的控制。

5）凹件钻孔，去余量；钻螺纹孔底孔、孔口倒角。

6）粗、细锉内型腔，留余量 0.15~0.20mm。

7）型腔配作。

8）攻螺纹。

9）检查、修正、上交。

任务评价

1）完成作业任务后，按作业 11.7 进行检测评分。

2）记录自己对本次任务的思考和问题，写出自己的实践感受。

子任务 3　整体式镶配件的加工

任务描述

1）备料准备：材料 Q235A，规格 105mm×65mm×10mm，1 件。

2）完成对图样要求的分析，写出加工所用工具、量具及设备清单。

3）在规定的 300min 时间内，完成整体式镶配件（图 11-14）的制作，达到图样要求公差等级：锉配 IT8，铰孔 IT7，锯削 IT14。几何公差：铰孔对称度公差 0.30mm、锯削平行度公差 0.30mm 表面粗糙度值：锉配 $Ra3.2\mu m$，铰孔 $Ra1.6\mu m$，锯削 $Ra25\mu m$。其他方面：互换间隙≤0.05mm，两侧错位量≤0.06mm。

知识准备

1）复习凹凸件相配的知识，特别是对称度的控制。

2）复习工艺尺寸链的知识，计算出本课题间接测量的工艺尺寸。

3）清角技术。

4）铰孔及高精度孔距的钻削方法。

任务实施

在规定时间内，完成压模的制作。

1）分析图样技术要求；编制加工工艺；准备工具、量具等。

2）备料与修正基准。

3）划线。

4）钻排孔。

5）锯、錾削去余量。

6）按凹凸件镶配件对称度控制方法进行粗、细、精锉凸形达图样要求。

7）按盲配方法，通过尺寸链换算或直接测量的方法控制凹件尺寸。

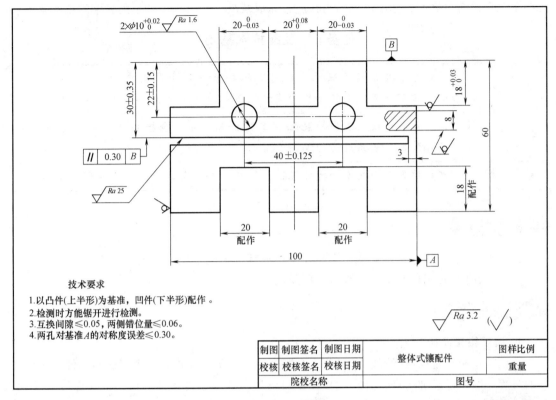

技术要求
1. 以凸件(上半形)为基准，凹件(下半形)配作。
2. 检测时方能锯开进行检测。
3. 互换间隙≤0.05，两侧错位量≤0.06。
4. 两孔对基准A的对称度误差≤0.30。

制图	制图签名	制图日期	整体式镶配件	图样比例
校核	校核签名	校核日期		重量
院校名称			图号	

图 11-14　整体式镶配件

8）检查并修正。

9）按图锯削，去锐边、毛刺，上交工件。

整体式镶配
件制作工艺

任务评价

1）完成作业任务，按作业 11.8 进行评分检测。

2）记录自己对本次任务的思考和问题，写出自己的实践感受。

课题 12　装配技能训练

当前，机械加工等方面实现了高度的机械化、自动化和智能化，大量新材料、新设备、新工艺、新技术的应用，大大节省了人力和费用。零件加工的目的是装配机器，而机器的质量最终是通过装配质量来保证的。机器装配在整个机械制造中所占的比重日益加大，装配是一项非常重要而细致的工作，也是钳工应该重点掌握的一项操作技能之一。

当前，装配工人的技能水平和劳动生产率必须大幅度提高，才能适应整个机械工业的快速发展，达到质量好、效率高、成本低的要求，为国民经济各部门提供大量先进的成套技术装备。

作为一名钳工应能够根据装配技术要求，编制中等复杂程度部件的装配工艺规程，解装配尺寸链；确定常用的装配方法、装配工作的组织形式及装配单元的装配顺序；做好装配前的准备工作；通过修刮、选配、调整与检验，完成装配工艺过程，并达到装配的技术要求。

任务 1　装配技术基础

知识目标	能概括装配工艺规程的基本内容和要求；会计算装配（工艺）尺寸链；能概述零部件装配和传动机构装配的基本内容和要点
技能目标	会解 4 个组成环以内的装配（工艺）尺寸链；会根据技术文件完成通用零部件装配工艺系统图的编制
素养目标	严格执行安全技术和操作规程，做到"7S"管理要求，培养职业素养

❖ 任务描述

1）能概括装配工艺基本概念，会解 4 个组成环以内的装配尺寸链。

2）完成低速轴组件装配单元系统图的绘制。

❖ 知识准备

1. 装配钳工基础

装配是按照规定的技术要求，将若干个零件组装成部件或将若干个零件和部件组装成产品的过程。即将已经加工好，并经检验合格的单个零件，通过各种形式，依次连接在一起，使之成为部件或产品的过程。

（1）装配作业及基本要求

1）装配的分类。装配分为组件装配、部件装配、总装配。整个装配过程按装配作业规程进行。

2）装配方法。装配方法有互换装配法、分组装配法、调速装配法、修配装配法。

3）装配过程的三要素。装配过程关键的要素有定位、支撑、夹紧。

（2）装配工作的基本要求

1）明确装配图在装配中的作用。

① 帮助观察图形。装配图能表达零件之间的装配关系、相互位置关系和工作原理。

② 帮助分析尺寸。分析零件之间的配合尺寸、位置尺寸及安装尺寸等。

③ 帮助了解技术条件。了解装配、调整、检验等有关技术要求。

④ 了解标题栏中的内容和零件明细表。

2）装配时，应检查零件与装配有关的形状和尺寸精度是否合格，检查有无变形、损坏等，并应注意零件上各种标记，防止错装。

3）固定连接的零部件，不允许有间隙；活动的零件，能在正常的间隙下灵活均匀地按规定方向运动，不应有跳动。

4）各运动部件（或零件）的接触表面，必须有足够的润滑，并保证油路畅通。

5）各种管道和密封部位，装配后不得有渗漏现象。

6）试运行前，应检查各个部件连接的可靠性和运动的灵活性，各操纵手柄是否灵活、手柄位置是否合适；试运行前，从低速（压）到高速（压）逐步进行。

（3）产品装配的工艺过程

1）制订装配工艺过程的步骤（准备工作）。

① 研究和熟悉产品装配图及有关的技术资料，了解产品的结构、各零件的作用、相互关系及连接方法。

② 确定装配方法。

③ 划分装配单元，确定装配顺序。

④ 选择并准备装配时所需的工具、量具和辅具等。

⑤ 制订装配工艺卡片。

2）装配过程。装配遵循的原则：先下后上，先内后外，先难后易，先精密后一般。

① 部件装配：把零件装配成部件的过程叫部件装配。

② 总装装配：把零件和部件装配成最终产品的过程叫总装装配。

3）调整、精度检验。

① 调整工作就是调节零件或机构部件的相互位置、配合间隙、结合松紧等，目的是使机构或机器工作协调（性能）。

② 精度检验就是用检测工具，对产品的工作精度、几何精度进行检测，直至达到技术要求为止。

4）涂装、防护、扫尾、装箱等。

① 涂装是为了防止不加工面锈蚀和使产品外表美观。

② 涂油是使产品工作表面和零件的已加工表面不生锈。

③ 扫尾是前期工作的检查确认，使之最终完整，符合要求。

④ 装箱是产品的保管，待发运。

（4）装配前零件的清理　在装配过程中，必须保证没有杂质留在零件或部件中，否则，就会迅速磨损机器的摩擦表面，严重的会使机器在很短的时间内损坏。由此可见，零件在装配前的清理和清洗工作对提高产品质量，延长其使用寿命有着重要的意义。特别是对于轴承精密配合件、液压元件、密封件以及有特殊清洗要求的零件等。

装配时，对零件的清理和清洗内容：

1）装配前，清除零件上的残存物，如型砂、铁锈、切屑、油污及其他污物。

2）装配后，清除在装配时产生的金属切屑，如配钻孔、铰孔、攻螺纹等加工的残存切屑。

3）部件或机器试运行后，洗去由摩擦、运行等产生的金属微粒及其他污物。

（5）拆卸工作的要求

1）机器拆卸工作，应按其结构的不同，预先考虑拆卸顺序，以免先后倒置，或贪图省事猛拆猛敲，造成零件损伤或变形。

2）拆卸的顺序应与装配的顺序相反。

3）拆卸时，使用的工具必须保证对合格零件不会发生损伤，严禁用锤子直接在零件的工作表面上敲击。

4）拆卸时，零件的旋松方向必须辨别清楚。

5）拆下的零部件必须有次序、有规则地放好，并按原来结构套在一起，配合件上做记号，以免搞乱。对丝杠、长轴类零件必须正确放置，防止变形。

2. 装配钳工作业要求

装配钳工作业时，基本要求是：零件摆放整齐；通常零件不允许敲击；正确使用螺钉旋具或扳手拧紧螺钉；工艺规定有转矩的地方要经常用扭力扳手检查；保证设备工装工具处于齐全完好的工作状态；装配钳工应有保证整机装配质量的全局观念；合作的工位一定要互相配合好；要认真装好每一个零部件，凡是装配中损坏的零件要及时更换，发现漏装错装的零件要及时排除；装配过程中不允许超工位作业。

（1）装配作业具体要求

1）作业前：检查工具是否完好，品种规格及数量是否正确；操作设备的人员应让设备先空运行 3~5min，观察运转情况；检查待装配零件和部件是否完整，发现缺件及时通知调度；检查本工位所操作的前后工位，查看其零件是否装完整，以防交接班中出现漏装现象等。

2）作业中：上班工作应集中精力，不得无故擅自离开工作岗位，若要离开应有流动工顶替；保证工位上整齐清洁，零件、料头不许乱扔；对于易变形的零件或长轴，摆放的时候要考虑数量及摆放位置，防止造成零件变形。螺钉、螺栓和螺母紧固时严禁敲击或使用不合适的螺钉旋具与扳手，紧固后螺钉槽、螺母、螺钉及螺栓头部不得损伤。装配过程中零件不得磕碰、划伤和锈蚀，除有特殊要求，其余所有零件都必须把零件的夹角和锐边倒钝。油漆未干的零件不得装配。严格按工艺执行，认真装完每一个零部件；若有问题应先电话通知调度方可停线；若有工具损坏，应及时按规定办法更换；不应赶时间超工位，应在零件存放附近操作，避免远距离、往返操作影响其他工位。

3）作业后：凡装配操作的产品，在下班前必须按工艺规定装完整，不允许漏装、错装、漏加油等；有交接班记录的工位必须认真填写交接班记录；打扫工位附近地面，清扫垃圾杂物，把零件摆放整齐；吊具放在妥善位置，不允许将重物吊在空中；下班时应关闭所有操作设备的电源开关。以上工作做完后，方能离开车间。

（2）对装配工的一般技术要求

1）应知企业所生产产品的一般结构及主要零部件总成的名称、构造和工作原理。

2）应懂得装配的一般常识和螺纹联接的基本知识。

3）应熟悉本工位零件总成的名称和编号，掌握标准件的名称、代号规格及拧紧力矩。

4）应知常用装配工具的名称、规格、使用及维护方法并会正确使用。

5）懂得本工位所用设备的构造、原理和操作规程，掌握正确的使用方法，了解设备的保养方法，会正确操作本工位的设备。

6）掌握本工位的装配工艺及技术要求。

7）能鉴别本工位的装配质量，会选用合格的装配零件。

8）能按工艺要求在节拍内高质量地完成本工位的操作内容。

（3）通用机械（器）装配技术要求　装配质量的高低，直接关系到整个机械（器）的质量。因此，在机械（器）装配的过程中，必须达到下列技术要求：

1）装配的完整性。必须按工艺规定，将所有零部件、总成装上，不得有漏装、少装现象，不要忽视小零件（如螺钉、平垫圈、弹簧垫圈、开口销）的装配。

2）装配的统一性。按生产计划，对照各基本型号，按工艺要求装配，不得误装、错装和漏装，装配方法必须按工艺要求，装配方法要统一。

3）装配的紧固性。用螺钉和螺母将两件以上的零件连接起来，必须保证具有一定的拧紧力矩。凡是螺栓、螺母、螺钉等件，必须达到规定的力矩要求。应交叉紧固的必须交叉紧固，否则会造成螺母松动现象，带来安全隐患。螺纹联接严禁过紧，过紧会造成螺纹变形、螺母卸不下来。关键部位的连接，其转矩在工艺卡上做了专门的规定，在这些地方拧紧螺钉、螺母时，必须经常自检。

4）装配的润滑性。按工艺要求，凡润滑部位必须加注定量的润滑油和润滑脂，加油量必须按工艺要求加。

5）装配的密封性。装油封时，将零件擦拭干净，涂好机油，轻轻装入，油封不到刃口，否则会产生漏油。确保油封装配密封性。空气管路装配密封性，要求空气管路里连接处必须均匀涂上一层密封胶，锥管接头要涂在螺纹上，管路连接胶管要涂在管箍接触面上，管路不得变形或歪斜。检查方式是在各连接部位涂上肥皂水，检查是否漏气，如有气泡说明该处漏气。一般情况下用扳手把连接头拧紧一下，漏气现象可能消除；如果仍有漏气，则需拆卸重新装配。

3. 装配工艺规程

装配工艺规程是指规定装配全部部件和整个产品的工艺过程，以及所使用的设备和工具、量具、夹具等的技术文件。它规定部件及产品的装配顺序、装配方法、装配技术要求、检验方法，以及装配所需设备、工具、夹具及时间定额等，是提高产品质量和劳动生产率的必要措施，也是组织装配生产的重要依据。

（1）装配工艺过程 产品的装配工艺过程一般由以下四个部分组成。

1）装配前的准备工作。熟悉产品的装配图及技术条件，了解产品结构、零件作用及相互连接方式。确定装配方法、顺序，准备所需要的工、夹具。零件进行清理和清洗，并检查零件加工质量。对有特殊要求的零部件还需进行平衡以及密封零件的压力试验等。

2）装配工作。对比较复杂的产品，其装配工作常分为部件装配和总装配。凡是将两个以上零件组合在一起或将零件与几个组件结合在一起，成为一个装配单元的装配工作，称为部件装配。将零件和部件组合成一台完整产品的装配工作，称为总装配。

3）调整、精度检验和试运行。调整是调节零件或机构的相互位置、配合间隙、结合松紧等，使机器工作协调。精度检验是检验机构或机器的几何精度和工作精度。试运行是检验试验机构或机器运转的灵活性、振动情况、工作温升、噪声和功率等性能参数是否达到要求。

4）涂装、涂油、装箱。涂装是为了防止加工面锈蚀并使机器外表更加美观，涂油是为了防止工作表面及零件已加工表面锈蚀，装箱是为了便于运输。

（2）装配工作的组织形式 生产类型及产品复杂程度的不同，装配工作的组织形式一般有单件生产、成批生产和大量生产三类。

（3）装配生产作业的基本程序 严格按照生产部下达的生产任务单合理安排各项生产任务事宜。装配工必须无条件服从主管的生产安排和生产调动。

1）装配工上岗前应进行培训，熟悉装配作业的技能、技巧，熟悉各零部件良与不良的正确区分。

2）装配工严格按照工艺规程、操作规程的规定进行装配作业。装配时若发现零部件不良，要及时向生产部和质检员反映，否则出现批量质量事故将追究经济责任。

3）各项产品装配过程中所需原材料、人员、工装设备、监控测量装置等，必须妥善安排，以避免停工待料。

4）装配过程中，各工序产量、存量、进度、物料、人力等均应适当控制。

5）各种工装设备及工具应定期检查、保养，确保遵守使用规定。

6）非生产人员未经允许，不得进入生产场地。

7）下班时必须做到切断电源、水源和火源。

 注意：

在进入车间工作之前，每个人都应该了解以下防火方法：油布要放到适当的金属容器中；确保采取正确的步骤点燃炉火（如果有需要）；知道车间内每个灭火器存放的位置；知道周围离你最近报警器的位置及使用方法；使用焊枪时，要确保火星远离易燃物品。

4. 装配尺寸链的基本概念及解法

（1）尺寸链概念　在零件加工或机器装配过程中，由相互连接的尺寸所形成的封闭尺寸组，称为尺寸链。全部组成尺寸为不同零件设计尺寸所形成的尺寸链称为装配尺寸链。

（2）装配尺寸链的组成　组成装配尺寸链的各个尺寸简称为环，在每个尺寸链中至少有三个环。

1）封闭环。在装配尺寸链中，当其他尺寸确定后，最后形成（间接获得）的尺寸，称为封闭环。一个尺寸链只有一个封闭环，是产品的最终装配精度要求。

2）组成环。尺寸链中除封闭环外的其余尺寸，称为组成环。它分为增环和减环两种。在其他组成环不变的条件下，当某一组成环的尺寸增大时，封闭环也随之增大，则该组成环称为增环。减环是在其他组成环不变的条件下，当某一组成环的尺寸增大时，封闭环随之减小，则该组成环称为减环。

（3）装配尺寸链的解法　在长期的装配实践中有许多巧妙的装配工艺方法，常用的有完全互换装配法、选择装配法、修配法和调整法等。

解装配尺寸链是根据装配精度（封闭环公差）对有关装配尺寸链进行分析，并合理分配各组成环公差的过程。它是保证装配精度、降低产品成本、正确选择装配方法的重要依据。

1）完全互换法解尺寸链。装配时每个零件不需挑选、修配和调整，装配后就能达到规定的装配技术要求，称为完全互换装配法。按完全互换装配法的要求解有关的装配尺寸链，称为完全互换法解尺寸链。

2）分组选择装配法解尺寸链。将配合副中各零件按照精度制造，然后分组选择"合适"的零件进行装配，以保证规定的装配精度要求，称为分组选择装配法。解尺寸链是将尺寸链中各组成环的公差放大到经济可行的程度，然后分组选择合适的零件进行装配，以保证规定的装配技术要求（封闭环精度）。

3）修配装配法和调整装配法。修配装配法是在装配时，用手工方法去除某一零件（修配环）上少量的预留修配量，来达到精度要求的装配方法。调整装配法是在装配时，根据装配的实际需要，改变部件中可调整零件（调整环）的相对位置或选用合适的调整件，以达到装配技术要求的装配方法。

5. 装配单元系统图

装配单元系统图：用来表明产品零部件相互装配关系及装配先后顺序的示意图，称为装配单元系统图。

机器或机器中的部件装配，必须按一定的顺序进行。正确确定某一部件的装配顺序，要先研究该部件的结构及其在机器中与其他部件的相互关系，以及装配方面的工艺问题，以便将部件划分为若干装配单元。

❈ 任务实施

1. 参观大中型企业

了解产品装配流程，学习装配现场作业规范，写观后感。

2. 完成台阶形工件的工艺尺寸链求解

钳工锉削的台阶形工件如图 12-1a 所示，因条件所限，现仅有外径千分尺供测量使用，求 A、B 间距离应控制在什么尺寸范围内才能满足加工要求？

在钳工实习训练中，常常会遇到一些与台阶形工件类似零件的加工与测量，因为缺乏量具，无法测量某些图样要求的尺寸。由于仅有外径千分尺供测量使用，因此，尺寸（25 ± 0.06）mm 只能根据"间接测量法"求解，通过测量 $45_{-0.08}^{0}$ mm 实际尺寸，解台阶形工件尺寸链，来控制 A、B 间的尺寸范围，从而满足图样所规定的台阶形工件加工要求。

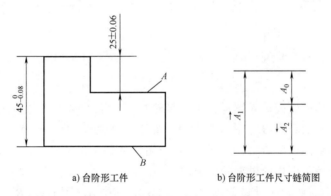

a) 台阶形工件　　　　　　b) 台阶形工件尺寸链简图

图 12-1　台阶形工件加工要求

1）根据要求绘出尺寸链简图（图 12-1b）。

2）确定封闭环、增环和减环。（25 ± 0.06）mm 为间接得到的尺寸，即封闭环；A_1 和 A_2 为直接测得的尺寸，其中 A_1（$45_{-0.08}^{0}$ mm）为增环，A_2 为减环。

3）列出尺寸链方程式并计算 A_2 的公称尺寸。

$$A_2 = A_1 - A_0 = 45mm - 25mm = 20mm$$

4）确定 A_2 极限尺寸。

由 $A_{0min} = A_{1min} - A_{2max}$，得

$$A_{2max} = A_{1min} - A_{0min} = 44.92mm - 24.94mm = 19.98mm$$

又由 $A_{0max} = A_{1max} - A_{2min}$，得

$$A_{2min} = A_{1max} - A_{0max} = 45mm - 25.06mm = 19.94mm$$

所以

$$A_2 = 20^{-0.02}_{-0.06}\text{mm}$$

因此,当 A、B 间距离用外径千分尺测量,控制在 $20^{-0.02}_{-0.06}\text{mm}$ 尺寸范围内就能满足台阶形工件的加工要求。

3. 完成齿轮装配单元的尺寸链计算

齿轮装配单元如图 12-2a 所示。为了使齿轮能正常工作,要求装配后齿轮端面和箱体内壁凸台端面之间具有 $0.10 \sim 0.30\text{mm}$ 的轴向间隙。已知 $B_1 = 90\text{mm}$,$B_2 = 70\text{mm}$,$B_3 = 20\text{mm}$,试用完全互换法解此尺寸链。

在装配过程中,为了解决产品装配的某一精度问题,通常会涉及各零件的尺寸精度和制造精度及相互位置的正确关系。装配中采取合适的工艺措施,经过仔细的修配和调整,就能够使产品达到规定的技术要求。

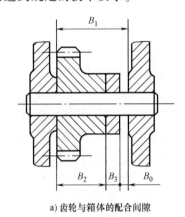 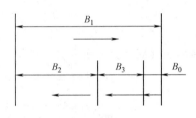

a) 齿轮与箱体的配合间隙   b) 齿轮与箱体的配合尺寸链简图

图 12-2 齿轮与箱体的配合

分析齿轮与箱体的装配单元图样,可知齿轮端面和箱体内壁凸台端面配合间隙 B_0 的大小与箱体两内壁之间的距离 B_1、齿轮宽度 B_2 及垫圈厚度 B_3 的大小有关,根据加工难易程度,确定协调环为垫圈厚度 B_3。通过解齿轮与箱体的装配尺寸链,对协调环垫圈厚度进行修配和调整,就能满足图样的轴向间隙要求。

1)根据装配图,绘出尺寸链简图(图 12-2b)。其中 B_1 为增环,B_2、B_3 为减环,B_0 为封闭环。

2)列出尺寸链方程式求封闭环公称尺寸。

$$B_0 = B_1 - (B_2 + B_3) = 90\text{mm} - (70 + 20)\text{mm} = 0\text{mm}$$

说明各组成环公称尺寸正确。

3)计算封闭环公差。

$$T_0 = 0.30\text{mm} - 0.10\text{mm} = 0.20\text{mm}$$

根据等公差原则,公差为 0.20mm 均分给增环和减环各 0.10mm,考虑各组成环尺寸加工难易程度,比较合理地分配各组成环公差,即

$$T_1 = 0.10\text{mm},\ T_2 = 0.06\text{mm},\ T_3 = 0.04\text{mm}$$

再按入体原则分配偏差,增环偏差取正值,减环偏差取负值,故取极限尺寸

$$B_1 = 90^{+0.10}_{0}\text{mm},\ B_2 = 70^{0}_{-0.06}\text{mm}$$

4)确定协调环。选便于制造及可用通用量具测量的尺寸 B_3,确定 B_3 极限尺寸。

由 $B_{0min} = B_{1min} - (B_{2max} + B_{3max})$，得

$$B_{3max} = B_{1min} - B_{2max} - B_{0min} = 90mm - 70mm - 0.10mm = 19.90mm$$

又由 $B_{0max} = B_{1max} - (B_{2min} + B_{3min})$，得

$$B_{3min} = B_{1max} - B_{2min} - B_{0max} = 90.10mm - 69.94mm - 0.30mm = 19.86mm$$

所以

$$B_3 = 20^{-0.10}_{-0.14}mm$$

4. 绘制某减速器低速轴组件装配单元系统图

装配单元系统图能简明直观地反映出机器的装配顺序，从而确定常用的装配方法及装配工作的组织形式，完成装配工艺过程并达到装配技术要求。图 12-3 是某减速器低速轴组件的结构图，根据装配要求，以低速轴为基准零件，其余各零件按一定的顺序装配，装配工作的过程可用装配单元系统图来表示。

低速轴组件装配单元系统图绘制步骤如下：

1）先画一条竖线（或横线）。

2）竖线上端画一个小长方格，代表基准零件。在长方格中注明装配单元名称、编号和数量。

① 竖线的下端画一个小长方格，代表装配的成品。

② 竖线由上至下表示装配的顺序。直接进行装配的零件画在竖线右边，组件画在竖线左边。

由装配单元系统图可以清楚地看出成品的装配顺序以及装配所需零件的名称、编号和数量（图 12-4）。因此，装配单元系统图可起到指导组织装配工艺的作用。

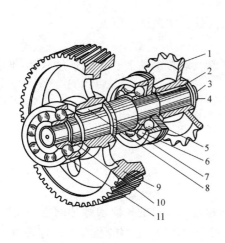

图 12-3　某减速器低速轴组件

1—链轮　2、8—平键　3—轴端挡圈　4—螺栓
5—可通盖组件　6、11—滚珠轴承　7—低速轴组件
9—齿轮　10—套筒

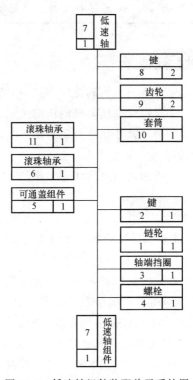

图 12-4　低速轴组件装配单元系统图

任务评价

1）企业装配生产现场参观观后感，要求字数不少于 800 字，条理清晰、字迹端正、杜绝抄袭。

2）能正确分析并解尺寸链，要求步骤清晰、字迹端正、分析合理、结果正确。

3）画出典型装配组件装配单元系统图，做到字迹清晰、线条规范、装配顺序正确。

任务 2　零部件装配

常用零件的装配形式主要有：螺纹联接装配、轴承装配、过盈连接装配、密封件装配、键联接装配。各种零部件由于结构和连接形式不同，技术要求不同，所采用的装配方法和手段有一定的差别。在学习和工作过程中，首先需掌握常用典型零部件的装配技术，经过训练后，才能在企业岗位上胜任装配工作。

子任务 1　螺纹联接件的装配

螺纹联接是一种可拆的固定连接，它具有结构简单、连接可靠、拆装方便等优点，因而在机械中应用极为普遍。

知识目标	列举常见螺纹联接的种类，举例说明装配注意事项；辨别装配工具及结构，比较使用要求
技能目标	正确选择和使用装配工具，完成螺纹联接的装配
素养目标	做到爱护工具，严格执行作业规范，遵守安全纪律

任务描述

1）通过学习，明确螺纹预紧力对螺纹联接的重要性，掌握操作要点。

2）了解螺纹联接防松机构的适用场合。

3）正确选择并熟练使用装配工具，完成对各种螺纹联接的装配，达到螺纹联接的装配技术要求。

4）分析螺纹联接的注意事项。

知识准备

1. 螺纹联接装配的技术与工艺

（1）螺纹联接的装配技术要求

1）保证一定的拧紧力矩。为达到螺纹联接可靠和紧固的目的，要求螺牙间有一定摩擦力矩，所以螺纹联接装配时应有一定的拧紧力矩，使螺牙间产生足够的预紧力。拧紧力矩或预紧力的大小是根据使用要求确定的。一般紧固螺纹联接，不要求预紧力十分准确，而规定预紧力的螺纹联接，则必须用专门方法来保证准确的预紧力。

2）有可靠的防松装置。螺纹联接一般都具有自锁性，在静载荷下，不会自行松脱，但在冲击、震动或交变载荷下，会使螺牙之间正压力突然减小，以致摩擦力矩减小，使螺纹联接松动。因此，螺纹联接应有可靠的防松装置，以防止摩擦力矩减小使螺母回转。

3）保证螺纹联接的配合精度。螺纹配合精度由螺纹公差带和旋合长度两个因素确定，分为精密、中等和粗糙三种。

（2）螺纹联接的装配工艺　机械装配中螺纹联接的预紧与防松关系到产品能否安全持续地作业。因此，在学习和作业时要认真理解预紧和防松的原理和作用，认真进行装配作业。

1）螺纹联接的预紧。一般的螺纹联接用普通扳手或电动、气动扳手拧紧即可，而有一定预紧力的螺纹联接，则常用控制转矩法、控制扭角法和控制螺栓伸长法等来保证准确的预紧力。预紧力的控制是通过扭力扳手控制扳手力矩大小来控制的。

螺栓预紧力就是在拧紧力矩作用下的螺栓与被联接件之间产生的沿螺栓轴线方向的预紧力。

预紧的目的是可以提高螺栓联接的可靠性、防松能力和疲劳强度，增强联接的紧密性，增加联接刚度。

一般螺纹联接使用一般扳手时，靠装配工施加在扳手手把上的最大扳力和正常扳力来限制螺纹不超负荷（人工最大扳力为400~600N，正常扳力约300N）。没有规定拧紧力矩的紧固件，如果采用手动标准扳手紧固，对低碳钢的螺栓其拧紧力矩及操作要领见表12-1。

表12-1　螺栓拧紧力矩及操作要领

螺栓规格	施加在扳手手把上的拧紧力矩/N·m	操作要领
M6	3.5	只加腕力
M8	8.3	加腕和肘力
M10	16.4	加全手臂力（从臂膀起）
M12	28.5	加上半身力
M16	71	加全身力
M20	137	压上全身重量
M24	235	压上全身重量

对有规定拧紧力矩的需用扭力扳手，螺栓拧紧力矩大小可查阅相关手册或参照作业指导书执行。

注意：

大量的试验和使用经验证明：较高的预紧力对螺纹联接的可靠性和被联接件的寿命都是有益的，特别对有密封要求的螺纹联接更为必要。过高的预紧力，若控制不当或者偶然过载，也会导致螺纹联接失效。因此，准确确定螺栓的预紧力是非常重要的。

2）螺纹联接的防松。常用螺纹防松装置的类型和应用见表12-2。

3）扳手的使用方法及注意事项。

扳手为旋转螺钉、螺栓或螺母的工具。扳手扳转时应该使用拉力，推转扳手极易发生危险。

扭力扳手可用于松紧螺栓，螺栓旋紧前应先将螺栓清洁并上润滑油；使用扭力扳手旋紧螺栓时应均匀使力，不得利用冲击力。

扭力扳手的
使用

表 12-2 常用螺纹防松装置的类型及应用

类型		结构形式	特点及应用
附加摩擦力防松	双螺母防松	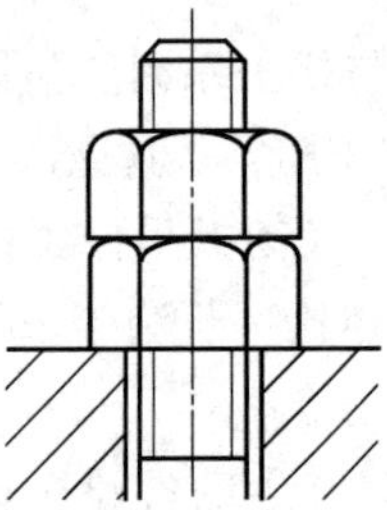	利用主、副两个螺母,先将主螺母拧紧至预定位置,然后再拧紧副螺母。这种防松装置由于要用两只螺母,增加了结构尺寸和重量,一般用于低速重载或较平稳的场合 安装时,薄螺母在下,厚螺母在上,先紧固薄螺母,达到规定要求后,固定薄螺母不动,再紧固厚螺母
	弹簧垫圈	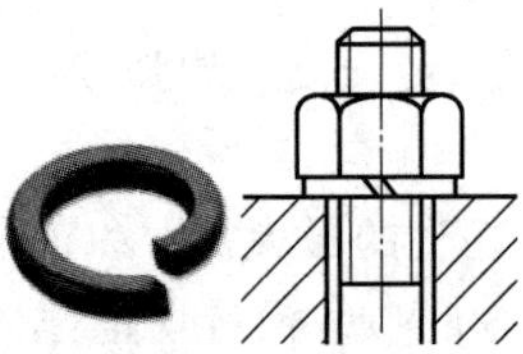	这种防松装置容易刮伤螺母和被联接件表面,同时,因弹力分布不均,螺母容易偏斜。因其结构简单,一般用于工作较平稳,不经常装拆的场合 弹簧垫圈防松紧固时,以弹簧垫圈压平为准,弹簧垫圈不能断裂或产生其他的变形
机械防松	开口销与带槽螺母	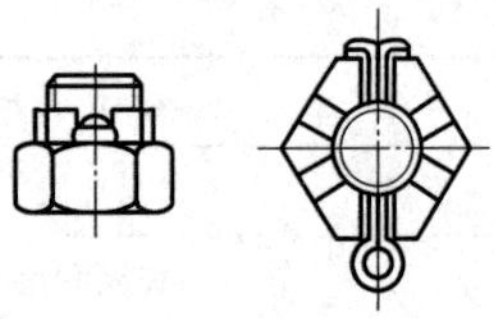	用开口销把螺母直接锁在螺栓上,它防松可靠,但螺杆上销孔位置不易与螺母最佳锁紧位置的槽口吻合。多用于变载和振动场合 开口销带螺母装配时,先将螺母按固定力矩拧紧,装上开口销,将开口销尾部开 60°~90°
	圆螺母与止动垫圈	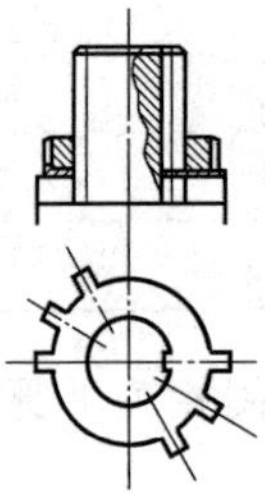	装配时,先把垫圈的内翅插入螺杆槽中,然后拧紧螺母,再把外翅弯入螺母的外缺口内。用于受力不大的螺母防松
	六角螺母与止动垫圈	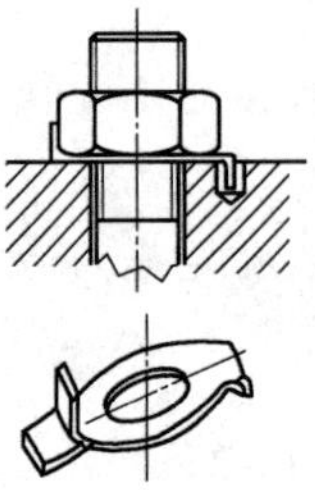	拧紧螺母后,将垫圈的耳边折弯,使零件与螺母的侧面贴合,防止回松。用于联接部分可容纳弯耳的场合
	串联钢丝	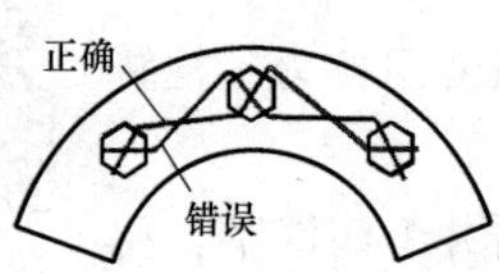	用钢丝穿过各螺钉或螺母头部的径向小孔,利用钢丝的牵制作用来防止回松。使用时应注意钢丝的穿绕方向。适用于布置较紧凑的成组螺纹联接

（续）

类型		结构形式	特点及应用
破坏螺纹副的运动关系防松	冲点和点焊	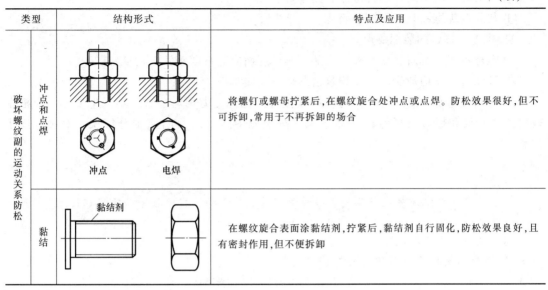 冲点　电焊	将螺钉或螺母拧紧后,在螺纹旋合处冲点或点焊。防松效果很好,但不可拆卸,常用于不再拆卸的场合
	黏结	黏结剂	在螺纹旋合表面涂黏结剂,拧紧后,黏结剂自行固化,防松效果良好,且有密封作用,但不便拆卸

扭力扳手使用注意事项:

① 使用扭力扳手时,应平稳缓慢地加载,切不可猛拉猛压,以免造成过载,导致输出转矩失准。在达到预置转矩后,应停止加载。

② 不能使用预置式扭力扳手去拆卸螺栓或螺母。

③ 严禁在扭力扳手尾端加接套管延长力臂,以防损坏扭力扳手。

④ 预置式扭力扳手使用完毕,应将其调至最小转矩,使测力弹簧充分放松,以延长其寿命。

⑤ 避免水分侵入预置式扭力扳手,以防零件锈蚀。

⑥ 所选用的扭力扳手的开口尺寸必须与螺栓或螺母的尺寸相符合,扳手开口过大易滑脱并损伤螺件的六角,在装配维修中,应注意扳手规格的选择。

各类扳手的选用原则,一般优先选用套筒扳手,其次为梅花扳手,再次为呆板手,最后选活扳手。

为防止扳手损坏和滑脱,应使拉力作用在开口较厚的一边,这一点对受力较大的活扳手尤其应该注意,以防开口出现"八"字形,损坏螺母和扳手。

（3）螺柱、螺母、螺钉的装配要点

1）双头螺柱的装配要点。

① 保证双头螺柱与机体螺纹的配合有足够的紧固性（图12-5）。

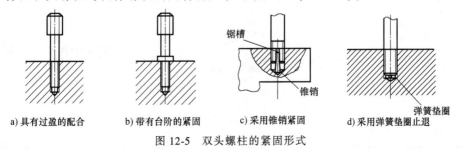

a) 具有过盈的配合　　b) 带有台阶的紧固　　c) 采用锥销紧固　　d) 采用弹簧垫圈止退

图12-5　双头螺柱的紧固形式

② 双头螺柱的轴线必须与机体表面垂直。

③ 装入双头螺柱时必须加油润滑。

2）螺母、螺钉的装配要点。

① 螺杆不产生弯曲变形，螺钉头部、螺母底面应与被联接件接触良好。

② 被联接件应均匀受压，互相紧密贴合，联接牢固。

③ 拧紧成组螺母或螺钉时，为使被联接件及螺杆受力均匀一致，不产生变形，应根据被联接件形状和螺母或螺钉的分布情况，按照先中间后两边的原则分层次、对称、逐步拧紧。

注意：

螺栓装配质量对产品的最终质量有着直接影响，扭力扳手必须定期校准。

（4）螺纹防松胶的使用

1）螺纹防松胶的使用方法见表12-3。

表 12-3　螺纹防松胶的使用方法

序号	形式	图　示	说　明
1	通孔（螺栓、螺母）	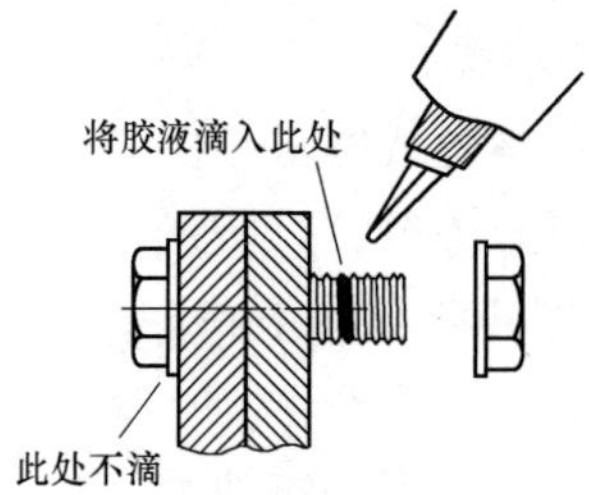 将胶液滴入此处 此处不滴	在螺栓和螺母啮合处滴几滴防松胶，拧入，上紧至规定力矩
2	不通孔（螺钉）	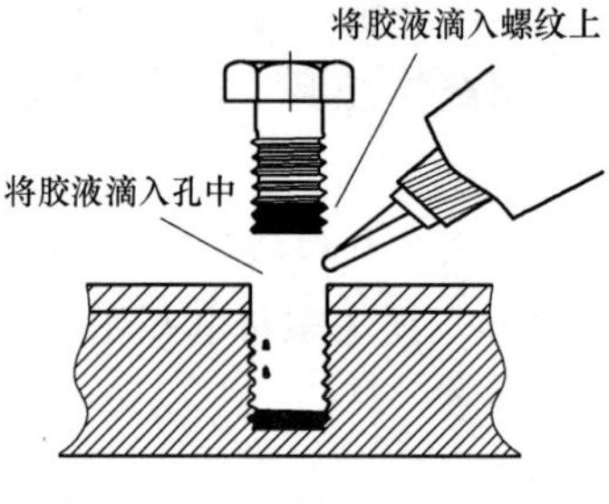 将胶液滴入螺纹上 将胶液滴入孔中	滴几滴螺纹防松胶到内螺纹孔底，再滴几滴螺纹防松胶到螺钉的螺纹上，拧入，拧紧至规定力矩
3	不通孔（双头螺柱）	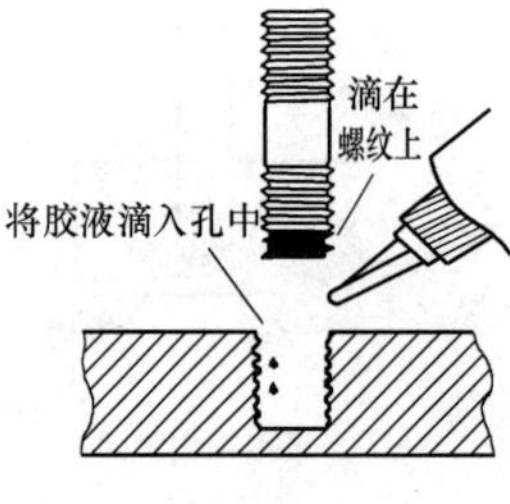 滴在螺纹上 将胶液滴入孔中	将螺纹防松胶滴入孔中数滴，并在螺栓的拧入端上也滴数滴，后拧入双头螺柱

2）使用螺纹防松胶零件的拆除。一般溶剂不能渗入接头来分解螺纹防松胶，只能使用手工工具拆卸零件，操作可在室温下进行，也可将组件加热至250℃左右，再进行拆卸。处于固化状态下的热固性塑料在高温下会变脆，从而使零件容易拆分。可使用甲乙酮和二氯甲烷等溶剂来去除拆卸后零件上残留的螺纹防松胶（图12-6）。

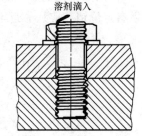

图 12-6 去除螺纹防松胶示意图

（5）螺纹联接的损坏形式及修复

1）螺孔损坏使配合过松。修复方式：在强度允许的情况下，扩大一级规格，更换螺钉。

2）螺钉、螺柱的螺纹损坏。修复方式：更换。

3）螺栓头拧断。修复方式：取出断螺栓后更换新的螺栓。

4）螺钉、螺柱因锈蚀难以拆卸。修复方式：在锈蚀处加入机油和无水酒精30min后，拧出。

（6）各种成组螺栓（钉）的紧固方法　各种成组螺栓（钉）因其在产品中的作用，装配时应引起高度重视，否则会使螺栓松紧不一致，甚至使被联接件变形，工作中出现漏油、漏气、振动、噪声和损坏的现象。学习过程中要按规定进行训练，螺母（螺钉）装配要在规定时间内做到工具选择正确、动作熟练、有序拧紧、拧紧力度合规的要求。紧固前应检查螺栓孔是否干净，有无毛刺，检查被联接件与螺栓、螺母接触的平面是否与螺栓孔垂直，同时，还应检查螺栓与螺母配合的松紧程度。

1）拧紧成组的螺栓、螺母、螺钉时，必须按照一定的顺序拧紧（图12-7a）。从中间对称位置开始，然后向两边扩展，做到分次、对称、逐步（分两次以上）拧紧。

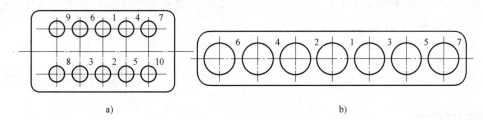

a)   b)

图 12-7　成组对称拧紧顺序

2）当拧紧长方形分布的成组螺栓（螺母）时，应从中间的螺栓开始，依次向两边对称地扩展（图12-7b）。

3）拧紧圆或方形分布的成组螺栓（螺母）时，必须对称地进行（图12-8）。

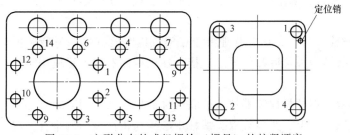

图 12-8　方形分布的成组螺栓（螺母）的拧紧顺序

4）圆形排列的成组螺栓、螺母按逆时针方向拧紧，不要一次拧紧，须分 2~3 次拧紧。如果有定位销，应从靠近定位销的螺栓（螺钉）开始（图 12-9）。

图 12-9　圆形分布的成组螺栓（螺母）的拧紧顺序

5）侧向装配时（图 12-10），应先将上面的螺钉临时固定，下面的螺钉就容易固定了。

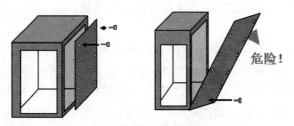

图 12-10　侧向装配实例

注意：

拧紧全部螺钉（母）前，要确认插入螺孔的螺钉是否相配。这时必须确认固定物的位置。

开始拧紧时尽可能用手拧，确认螺钉能否顺利转动。如果开始就用拧紧工具的话，即使有问题也不容易发现。

任务实施

1）合理选用各类工具（见表 12-4），熟练使用并完成螺纹件的装配，达到技术要求。

2）对 M12 以下成组螺钉的机械式防松进行装配，了解装配要求和规范。

3）用扭力扳手对 M12~M16 的螺钉进行力矩测试，学习扭力扳手的正确使用。

4）学会识别螺钉头部结构（外六角、内六角等）与配套工具的使用关系，目测其大小进行选用。

5）按成组螺栓（钉）的装配作业要求，对成组螺栓（钉）进行装拆训练。

双头螺柱联接是一种可拆卸的固定连接，在机械制造中广泛应用于连接件之一太厚或不便装拆的场合。

装配时，将双头螺柱长螺纹端拧入被联接件的螺纹孔，用双螺母相互拧紧作用于双头螺柱，使之固定在联接件上，并检查双头螺柱中心线与机体表面的垂直情况；短螺纹端穿过另一被联接件通孔，然后套上垫圈，拧紧螺母。拆卸时用双螺母相互拧紧作用于双头螺柱并反向拧松，通常只卸下螺母而不卸螺柱，以防多次装拆损伤双头螺柱和被联接件螺纹孔。

表 12-4　螺纹件装配用扳手类型

序号	扳手的类型	图　样	说　明
1	套筒扳手	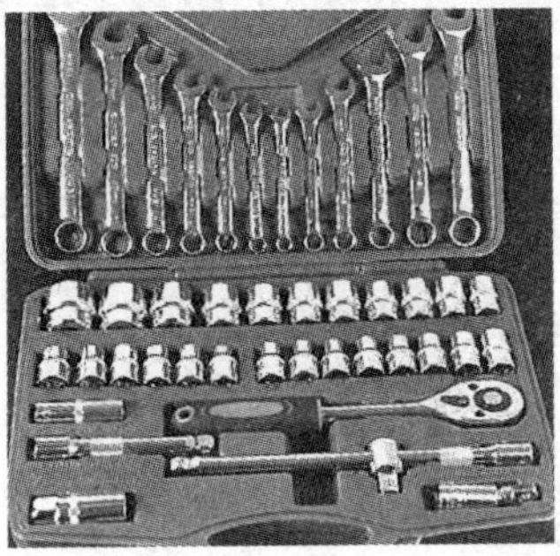	套筒扳手是由多个带六角孔或十二角孔的套筒并配有手柄、起杆等多种附件组成，特别适用于拧转地位十分窄小或凹陷很深处的螺栓或螺母。成套的目前已配有呆扳手、棘轮扳手
2	活扳手	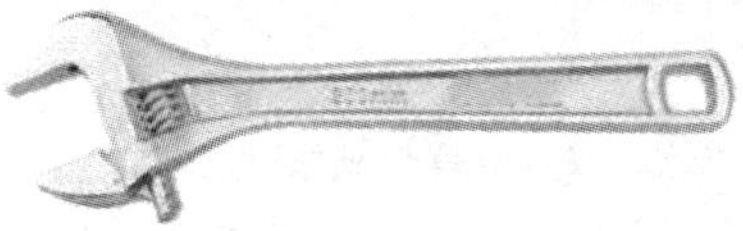	活扳手开口宽度可在一定范围内调节，是用来紧固和起松不同规格的螺母和螺栓的一种工具。使用起来很方便，不但可用于标准的米制螺栓和寸制螺栓，而且还可用于某些自制的非标准螺栓
3	内六角扳手	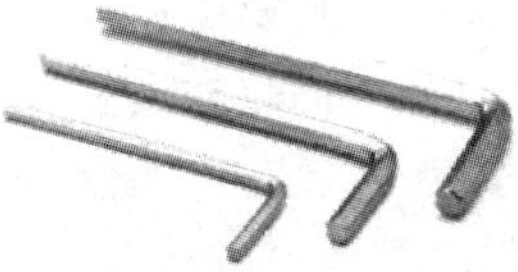	内六角扳手通过螺钉头部内六角来转矩施加对螺钉的作用力，大大降低了使用者的用力强度
4	扭力扳手	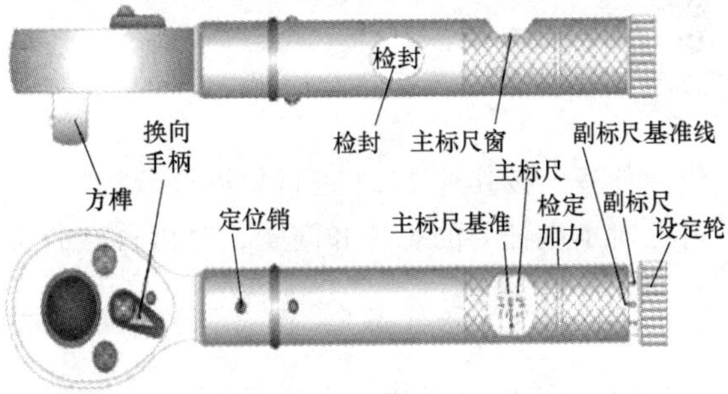	扭力扳手(又叫力矩扳手)，有电动扭力扳手、气动扭力扳手、液压扭力扳手及手动扭力扳手。手动扭力扳手可分为预置式、定值式、表盘式、数显式、打滑式、折弯式

操作步骤如下：

1）识读装配图，了解装配关系、技术要求和配合性质。

2）根据图样要求，选择双头螺柱一个，六角螺母两个。

3）选择直角尺 1 把，扳手 2 把，机械油适量。

4）在机体螺孔内加注机械油润滑，以防拧入时产生螺纹拉毛现象，同时也可防锈。

5）按图样要求将双头螺柱的长螺纹端用手旋入机体螺孔内（图 12-11）。

6）用手将两个螺母旋在双头螺柱上，并相互贴紧。

7）用一个扳手卡住上螺母，用右手按顺时针方向旋转，用另一个扳手卡住下螺母，用左手按逆时针方向旋转，将双螺母锁紧（图12-12）。

8）用扳手按顺时针方向扳动上螺母，将双头螺柱锁紧在机体上。

9）用右手握住扳手，按逆时针方向扳动上螺母，用左手握住另一个扳手，卡住下螺母不动，使两螺母松开，卸下两个螺母。

10）用直角尺检验或目测双头螺柱的轴线是否与机体表面垂直（图12-13）。

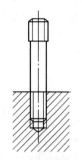 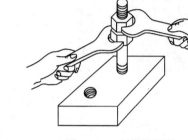 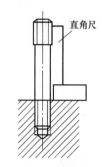

图 12-11　双头螺柱拧入机体　　　　图 12-12　双螺母锁紧　　　　图 12-13　直角尺检验

11）检查结果若稍有偏差，当对精度要求不高时，可用锤子锤击校正，或拆下双头螺柱用丝锥回攻校正螺孔；当对精度要求较高时，则要更换双头螺柱。

12）拆卸时用扳手卡住下螺母，按逆时针方向将双头螺柱从机体中拧松并旋出。

注意：
　　双头螺柱的轴线与机体表面垂直偏差较大时，不能强行用锤子锤击校正，否则影响联接的可靠性。

任务评价

1）完成作业任务，按作业12.1进行检测评分。

2）记录自己对本次任务的思考和问题，写出自己的实践感受。

子任务2　键（销）联接件的装配

键联接是将轴和轴上零件通过键在圆周方向固定以传递转矩的一种装配方法。它具有结构简单、工作可靠和装拆方便等优点，因此在机械制造中被广泛应用。

销的结构简单、联接可靠、装拆方便，在各种机械中应用很广。销联接可用来确定零件之间的相互位置，传递动力或转矩，还可用作安全装置中的被切断零件，起定位和保险作用。销是一种标准件，种类繁多，但应用较广的有圆柱销、圆锥销和开口销。

知识目标	说出常见键（销）联接的种类和装配注意事项；辨别装配工具的结构，分清各类工具的使用场合及要求
技能目标	正确选择和使用装配工具，对键、销联接进行正确的装配
素养目标	做到爱护和保养工具，严格执行作业规范，遵守安全纪律

任务描述

熟练使用装配工具，完成对各种键、销联接的装配，达到键、销联接的装配技术要求。

知识准备

1. 键联接装配的基本知识

（1）松键联接的装配　松键联接是靠键的侧面来传递转矩的，对轴上零件作圆周方向固定，不能承受轴向力，但能保证轴与轴上零件有较高的同轴度。松键联接方法有普通平键联接、半圆键联接、导向键联接、滑键联接和花键联接等。

1）松键联接装配的技术要求。保证键与键槽有较小的表面粗糙度值，键装入键槽时，一定要与槽底贴紧，长度方向上允许有 0.10mm 的间隙，键的顶面应与轮毂键槽底部留有 0.30~0.50mm 的间隙。

2）松键联接装配的要点。键和键槽不允许有毛刺，只能用键的头部和键槽配试，装配时要加润滑油，装配后的套件在轴上不允许有圆周方向上的摆动。

（2）紧键联接的装配　紧键联接主要指楔键联接。楔键联接有普通楔键联接和钩头型楔键联接两种。楔键的上下表面为工作面，键的上表面和孔键槽底面各有 1:100 的斜度，键的侧面和键槽配合时有一定的间隙。

1）楔键联接装配的技术要求。楔键的斜度一定要和配合键槽的斜度一致，楔键与键槽的两侧面要留有一定的间隙。

2）楔键联接装配的要点。装配楔键时一定要用涂色法检查键的接触情况，若接触不良，应对键槽进行修整，使其合格。

（3）平键联接装配步骤及注意事项

1）清理平键和键槽各表面上的污物和毛刺。

2）锉配平键两端的圆弧面，保证键与键槽的配合要求。一般在长度方向允许有 0.1mm 间隙，高度方向允许键顶面与其配合面有 0.3~0.5mm 的间隙。

3）清洗键槽和平键并加注润滑油，用机用虎钳将键压入键槽内，使键与键槽底面贴合。也可垫铜皮后用锤子将键敲入键槽内，或直接用铜棒将键敲入键槽内。

4）试配并安装套件（如齿轮、带轮等），装配后要求套件在轴上不得有摆动现象。

另外，间隙配合的键（或花键）装配后，相对运动的零件沿着轴向移动时，不得有松紧不均现象。

2. 销联接装配的基础知识

（1）圆柱销的装配　圆柱销依靠过盈固定在被联接件孔中，用来固定零件、传递动力或作定位元件（图12-14a）。销不宜多次装拆，一旦经拆卸而失去过盈，就必须调换。

为保证配合精度，通常需要先将两个被联接的零件一起钻孔和铰孔，严格控制配合精度；装配时应选择合适的销涂上润滑油，用铜棒将销敲入孔中，也可用C形夹将销压入。

（2）圆锥销的装配　圆锥销具有 1:50 的锥度，它定位准确，联接更加牢固可靠，可多次拆装（图12-14b），在横向力作用下可保证自锁，多用于定位。

装配时，被联接的两孔也应同时钻、铰，孔径大小以销自由插入孔中长度 80%~85% 为宜，然后用锤子敲入，销的大头可略微露出或与被联接件表面平齐。

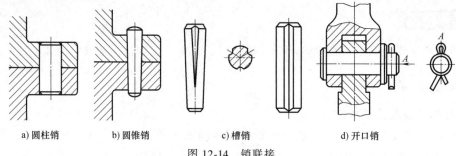

| a) 圆柱销 | b) 圆锥销 | c) 槽销 | d) 开口销 |

图 12-14　销联接

（3）槽销的装配　槽销的销孔不需要铰制，加工方便，可多次拆卸（图 12-14c）。槽销打入销孔后会压紧销孔，不易脱落，因而能承受震动和变载荷。

（4）开口销的装配　开口销由扁圆的钢条对合而成，属于圆柱销的一种（图 12-14d）。它的两腿长短不同，以便于劈开。如果螺母拧紧后须进行止动，则可将开口销插进螺栓顶上预先开好的孔内，将两腿扳开即可；如果螺母、螺栓均有孔或槽，则必须旋正对准后方可装销。

（5）销的拆卸　拆卸圆锥销时，可从小头用小圆棒顶着向外敲出；有螺尾的圆锥销可用螺母拆卸；拆卸带内螺纹的圆柱销和圆锥销时，可用螺钉和隔圈组合拆卸，也可用拔销器拔出（图 12-15）。

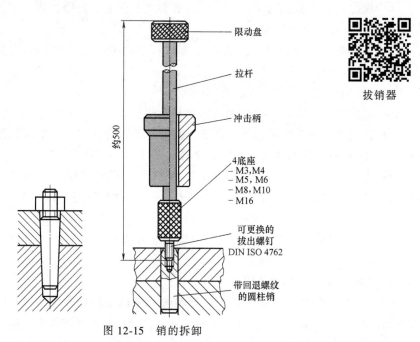

图 12-15　销的拆卸

3. 过盈连接的装配

过盈连接是以包容件（孔）和被包容件（轴）配合后的过盈来达到紧固连接的一种连接方法，常用的过盈连接有压入配合法、热胀配合法、冷缩配合法、螺母配合法和液压套合法。它的结构简单、对中性好、能承受变载和一定的冲击力，但对配合面精度要求较高，加工和装拆比较困难。

　　压装是利用工人锤击或压力机将被包容件压入包容件中。在液压阀装配中，工人锤击的压装一般多用于销、短轴等的过渡配合连接件，如轴承、销轴等。压力机的压装导向性好，效率较高。在减速器装配中，压力机的压装一般多用于轴套的过盈配合连接。在压力机上将被包容件压入包容件中时，常使用辅具压杆（图12-16）。为使压杆具有良好的导向性，压杆与轴套孔之间的间隙应保证在 0.1~0.15mm 范围内，压力机的压力调整到被包容件刚好被压入即可，压入动作反复 2~3 次。

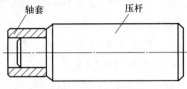

图 12-16　辅具压杆

　　（1）过盈连接装配的技术要求　保证有准确的过盈值，配合面应有较小的表面粗糙度和较高的几何精度，保证装配后有较高的对中性。

　　（2）过盈连接装配的要点　装配时配合面一定要涂上机油，尽量在竖直方向放置连接件，压入过程应连续、稳定。

任务实施

　　导向平键主要用来实现轴和轴上零件（如齿轮、带轮等）的周向固定以传递转矩。它结构简单，工作可靠、装拆方便、对中性好，适用于轮毂移动距离不大的场合。

　　导向平键装配前要做好清理和清洗工作，检查导向平键联接件的配合尺寸是否符合图样要求，导向平键与轴槽及轮毂的键槽进行试配达到图样配合要求。装配时把导向平键装在轴槽中，并用螺钉固定。导向平键与轮毂的键槽采用间隙配合，使轮毂可沿导向平键轴向移动。

　　具体步骤：

　　1）识读装配图，了解装配关系、技术要求和配合性质。

　　2）根据图样要求，选择导向平键1个，轴上零件1个，轴1根，螺钉2个。

　　3）根据图样要求，选择游标卡尺1把，外径千分尺1把，内径百分表1套。

　　4）选择 200mm 的细齿锉刀1把，平面刮刀1把，纯铜棒1根，软钳口1副，螺钉旋具1把，机械油适量，台虎钳、钻头、螺纹孔加工工具及设备等。

　　5）用锉刀去除轴和孔上键槽毛刺，以防装配时配合面拉毛或产生过大的过盈量。

　　6）用外径千分尺测量轴的尺寸，用内径百分表测量轴上零件内孔的配合尺寸（图12-17a），并用游标卡尺测量孔与槽的上极限尺寸等是否符合图样要求（图12-17c）。

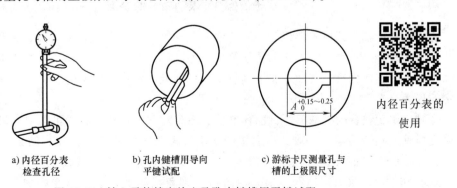

$A_{0}^{+0.15\sim0.25}$

内径百分表的使用

a) 内径百分表检查孔径　　b) 孔内键槽用导向平键试配　　c) 游标卡尺测量孔与槽的上极限尺寸

图 12-17　轴上零件精度检查及孔内键槽用平键试配

7）装配前将轴与轴上零件单独试装，以检查轴与孔的配合状况，避免装配时轴与孔配合过紧。

8）用细锉刀修锉导向平键与键槽的配合精度，要求配合稍紧，若配合过紧，可修整平键的侧面。

9）按轴上键槽的长度，配锉导向平键的半圆头，达到导向平键与轴上键槽保证有 0.10mm 左右间隙的要求。

10）将导向平键与孔内键槽试配，用手稍用力能将导向平键推过去即可。如果推不动，则根据键槽上的接触印痕，修刮配件的键槽两侧面达到配合要求（图 12-17b）。

11）在导向平键和轴上键槽配合面加注机械油，将导向平键安装于轴的键槽中，用铜棒敲击，或用放有软钳口的台虎钳夹紧，把平键压入轴上键槽内，并与槽底接触。

12）用游标卡尺测量导向平键装入后的高度是否符合与轴上零件键槽高度的配合要求。

13）在导向平键和轴上配钻螺钉孔，攻螺纹，并用螺钉固定。为了拆卸方便，导向平键视长短不同还应设有 1~3 个起键螺纹孔（图 12-18）。

14）将轴上零件的键槽与导向平键对齐，用铜棒敲击轴上零件或轴，将轴上零件安装在轴上。

15）装配后，轴上零件在轴上沿轴向滑动应灵活无阻滞，径向无摆动现象。

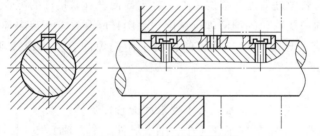

图 12-18　装配导向平键联接件

任务评价

1）完成作业任务，按作业 12.2 进行检测评分。

2）记录自己对本次任务的思考和问题，写出自己的实践感受。

子任务 3　滚动轴承的装配

用于确定轴与其他零件相对运动位置并起支撑或导向作用的零（部）件称为轴承。

轴承并非是一种通常意义上的简单机械零部件，而是一种包含了丰富技术内涵的机械产品。轴承工业作为机械基础工业，其技术水平高低，对一个国家的工业技术发展水平具有一定的代表意义。

轴承属于精密的机械部件，已标准化、系列化、通用化。轴承可以引导轴的旋转，也可以支撑轴上旋转的零件。轴、轴上零件与两端轴承支座的组合，称为轴组。轴承的种类很多，按轴承工作的摩擦性质分为滑动轴承和滚动轴承；按受载荷的方向分为深沟球轴承（承受径向力）、推力球轴承（承受轴向力）和角接触球轴承（承受径向力和轴向力）等。轴承安装不正确，会出现卡住、温度过高现象，导致轴承早期损坏。因而轴承安装的好坏与否，将影响到轴承的精度、寿命和性能。

知识目标	列举常见轴承的种类和装配注意事项；识别装配工具的结构，说出使用要求
技能目标	正确选择和使用装配工具，按装配工艺和要求对轴承进行装配
素养目标	做到爱护和保养工具，严格执行作业规范，遵守安全纪律

任务描述

通过学习，查阅资料，了解常见轴承的种类和装配注意事项，熟知装配工具的结构及使用要求；能根据轴承的装配要求，正确选择和使用工具并按科学的工艺进行装配；学会爱护保养工具并严格执行作业规范；相互配合，协同完成轴承装配任务。

知识准备

1. 轴承的基本知识

（1）轴承的类型　分为滑动轴承和滚动轴承。

（2）滚动轴承的组成　如图 12-19 所示。

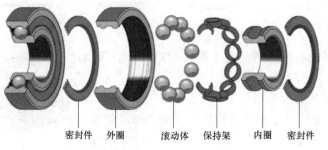

密封件　外圈　滚动体　保持架　内圈　密封件

图 12-19　滚动轴承的组成部分

（3）滚动轴承的类型　有球轴承和滚子轴承（图 12-20）。

深沟球轴承　角接触球轴承　调心球轴承　圆柱滚子轴承　圆锥滚子轴承　滚针轴承　球面滚子轴承　CARB轴承　推力调心滚子轴承

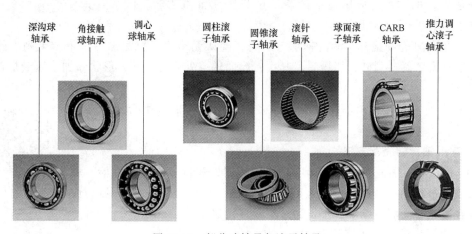

图 12-20　部分球轴承与滚子轴承

（4）滚动轴承的精度　轴承是一种精密产品，其精度的要求非常高，通常以微米（μm）要求。从图 12-21 中可以看出不同轴承精度要求。

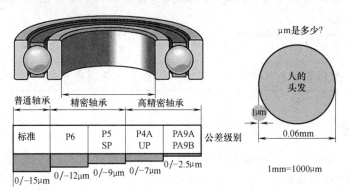

图 12-21　滚动轴承的精度

（5）滚动轴承滚动体的类型　如图 12-22 所示。

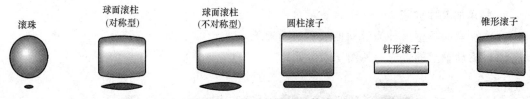

图 12-22　滚动轴承滚动体类型

（6）滚动体与滚道的接触形式（图 12-23）　有点接触和线接触两种。

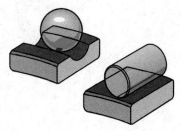

图 12-23　滚动体与滚道
接触示意图

2. 轴承装配前的注意事项

（1）轴承的准备　由于轴承经过防锈处理并加以包装，因此不到临安装前不要打开包装。另外，轴承上涂布的防锈油具有良好的润滑性能，对于一般用途的轴承或充填润滑脂的轴承，可不必清洗直接使用。但对于仪表用轴承或用于高速旋转的轴承，应用清洁的清洗油将防锈油洗去，这时轴承容易生锈，不可长时间放置。

（2）轴与外壳的检验　清洗轴承与外壳，确认无伤痕或机械加工留下的毛刺。外壳内绝对不能有研磨剂、型砂、切屑等。其次，检验轴与外壳的尺寸、形状和加工质量是否符合图样要求。

（3）涂油　安装轴承前，在检验合格的轴与外壳的各配合面涂布机械油。

3. 常用轴承的装配方法

轴承的安装是否正确，直接影响轴承使用时的精度、寿命和性能。轴承的安装应根据轴承结构、尺寸大小和轴承部件的配合性质而定，压力应直接加在紧配合套圈端面上，不得通过滚动体传递压力。

轴承内、
外圈的装配

（1）轴承安装一般采用的方法　见表 12-5。

表 12-5　轴承安装一般采用的方法

序号	方法	图示	说明
1	用铜棒和锤子敲击安装	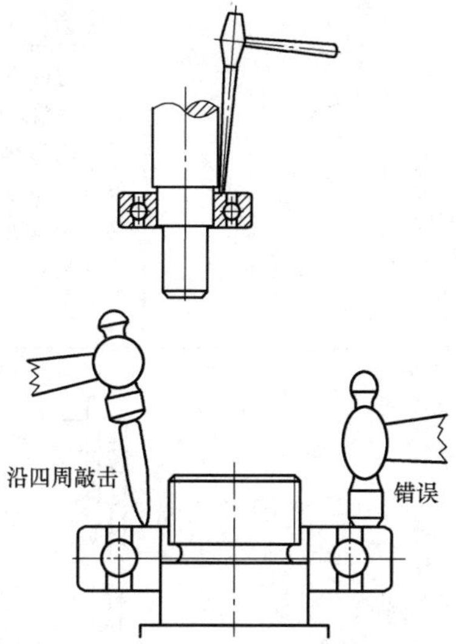 沿四周敲击　　错误	此方法是安装中小型轴承的一种简便方法。当轴承内圈为紧配合，外圈为较松配合时，将铜棒紧贴轴承内圈端面，用锤子直接敲击铜棒，通过铜棒传力，将轴承徐徐装到轴上 轴承内圈较大时，可用铜棒沿轴承内圈端面周围均匀用力敲击，切忌只敲打一边，也不能用力过猛，要对称敲打，轻轻敲打慢慢装上，以免装斜击裂轴承
2	用套筒安装		将套筒直接压在轴承端面上（轴承装在轴上时压住内圈端面；装在壳体孔内时压住外圈端面）。用锤子敲击使力能均匀地分布在安装轴承的整个套圈端面上，并能与压力机配合使用，安装省力省时，质量可靠
3	轴承先压到轴上	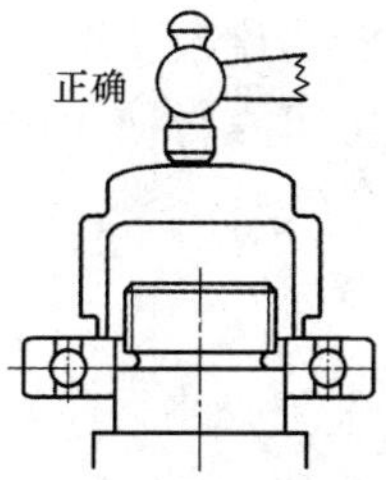 正确	轴承外圈与轴承座孔是紧配合，内圈与轴为较松配合时，可将轴承先压入轴承座孔内，这时装配套管的外径应略小于座孔的直径
4	压入配合	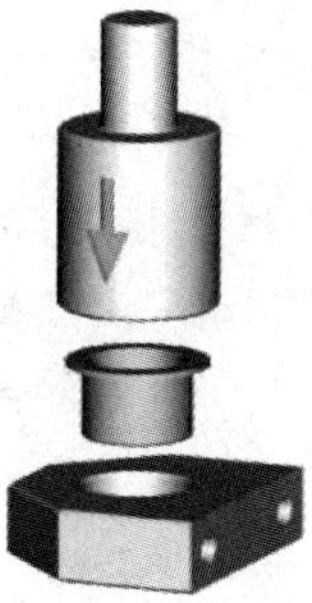	轴承内圈与轴是紧配合，外圈与轴承座孔是较松配合时，可用压力机将轴承先压装在轴上，然后将轴连同轴承一起装入轴承座孔内，压装时在轴承内圈端面上垫一根软金属材料做的装配套管（铜或软钢），装配套管的内径应比轴颈直径略大，外径直径应比轴承内圈挡边略小，以免压在保持架上

（续）

序号	方法	图　示	说　明
5	轴承内外圈同时压入	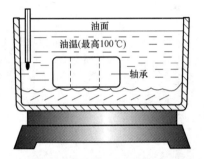 正确 垫板	如果轴承套圈与轴及座孔都是紧配合，安装时内圈和外圈要同时压入轴和座孔，装配套管（或加垫板）的结构应能同时压紧轴承内圈和外圈的端面。安装压力应直接施加于过盈配合的轴承套圈端面上，否则会在轴承工作表面上造成压伤，导致轴承很快地损坏

（2）加热配合　通过加热轴承或轴承座，利用热膨胀将紧配合转变为松配合，是一种常用和省力的安装方法。现场小型轴承油液加热，如图 12-24 所示。加热时温度一般控制在 100℃ 以下，选择 80～90℃ 较为合适，不得超过 120℃。加热温度过高，容易造成轴承套圈滚道和滚动体退火，影响硬度和耐磨性，导致轴承寿命降低，过早报废。

（3）推力球轴承的装配　分清轴承的紧环和松环（根据轴承内径大小判断，孔径相差 0.1～0.5mm）。

图 12-24　小型轴承油液加热示意图

分清机构的静止件（即不发生运动的部件，主要是指装配体）。无论什么情况，轴承的松环始终应靠在静止件的端面上。由于轴圈与座圈的区别不很明显，装配中应格外小心，不能出现装反。轴承装反了，不仅轴承工作不正常，且各配合面会遭到严重磨损。

4. 轴承装配后的检验

轴承安装后应进行旋转试验，首先检查旋转轴或轴承箱，若无异常，便以动力进行无负荷、低速运转，然后视运转情况逐步提高旋转速度及负荷，检测噪声、振动及温升，若发现异常，应停止运转并检查，运转试验正常后方可交付使用。

5. 轴承拆卸

拆卸轴承时，要特别注意人身和设备安全。

注意：

接到轴承拆卸作业任务后，必须查阅设备装配图，对机械设备、部件和零件的结构、连接方式进行了解，做到不了解结构不拆卸。拆卸前，要做好记号或拍照片留存备查阅；拆卸时，一般按与装配相反的顺序进行，把整体拆分成部件或组合件，再把组合件或部件拆成零件；拆卸时，零件回转的方向、大小头、厚薄端需分辨清楚。拆卸轴承时，应使用合适的顶拔器或内拉拔器（图 12-25）将轴承拉出，尽可能不用锤子、铁棒等工具敲打；特别细小的轴承拆卸后应用油纸包好，挂牌保存。

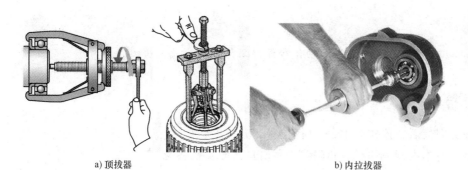

内孔拉马的
使用

a) 顶拔器   b) 内拉拔器

图 12-25 拆卸轴承工作实例

拆卸过盈配合的套圈，只能将内拉拔器的拉力加在该套圈上（图 12-25b），绝不允许通过滚动体传递拆卸力，否则滚动体和滚道都会被压伤。在拆卸遇到困难时，应使用拆卸工具向外拉的同时，向内圈上小心地浇洒热油，热量会使轴承内圈膨胀，从而使其较易脱落。也可以用液压装卸（图 12-26）。

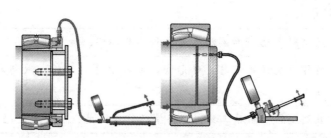

液压拉马

图 12-26 液压装卸示意图

拆卸过程中，要特别注意安全，工具必须牢固，操作必须准确，拆卸高度较大或长度较长的零部件时，应防止倒塌或倾覆，以免发生事故；可以不拆卸，或者拆卸后能降低连接质量的零部件，应尽量不拆卸，如密封连接、铆接、焊接等；有些设备或零部件标有不准拆卸的标记时，则禁止拆卸。

6. 轴承的清洗

拆卸下来的轴承，经检修后，确认仍可使用的，需经过清洗后方可使用。清洗轴承可使用的清洗剂有汽油、煤油等。拆卸下来的轴承清洗，分为粗清洗和细清洗，分别放在容器中，先放上金属的网垫底，使轴承不直接接触容器的底部（脏物）（图 12-27）。

图 12-27 轴承（套）清洗图

细清洗时，如果使轴承带着脏物旋转，会损伤轴承的滚动面，应该加以注意。在粗清洗中，可使用刷子清除润滑脂、黏着物。大致清洗干净后，转入细清洗。细清洗是将轴承在清洗油中一边旋转，一边仔细地清洗，另外，清洗油要保持清洁。

任务实施

尝试利用工具正确装拆轴承；学习用煤油或柴油对轴承进行清洗，了解注意事项。

注意：
　　装配滚动轴承时不得通过滚动体和保持架传递压力或锤击力。

任务评价

1）装配任务完成后，按作业 12.3 进行检测评分。

2）记录自己对本次任务的思考和问题，写出自己的实践感受。

子任务 4　O 形密封圈与卡簧的装配

　　所谓轴密封，即轴用密封件，是安装于孔内沟槽内的密封件，用于密封轴，阻止液体通过密封件（密封装置）与轴组成的密封副之间泄漏，即密封住轴表面，使液体无法沿轴表流动。

　　卡簧（又称挡圈）是安装于轴孔内或轴上，用于固定零部件的轴向运动，内卡簧的外径比装配内孔直径稍大。

知识目标	能识别 O 形密封圈和卡簧的种类与规格，概括其作用
技能目标	按作业规程要求完成 O 形密封圈和卡簧的装拆，做到 O 形密封圈和卡簧不损伤
素养目标	做到爱护和保养工具，严格执行作业规范，遵守安全纪律

任务描述

　　完成 O 形密封圈与卡簧的装配。

知识准备

1. 密封件装配

　　起密封作用的零配件称为密封件，密封分为静密封和动密封。静密封是相对静止结合面间的密封，如电磁阀底面的密封。动密封是相对运动结合面间的密封，如电磁阀中阀芯和阀体间的密封。液压阀中常用的静密封件是 O 形密封圈、密封挡圈、密封带、密封胶等；常用的动密封是接触型密封和间隙式密封。

　　（1）O 形密封圈（简称 O 形圈）　其主要材料为合成橡胶，在液压阀装配中用得最多、最普遍的一种密封件。O 形密封圈的安装质量，对液压阀的密封性能和使用寿命均有重要影响，在安装过程中，不能对 O 形密封圈有划伤或安装不当等情况出现。当 O 形密封圈需要通过外螺纹时，应使用相应尺寸的金属导套将其引导入 O 形密封圈槽内（图 12-28）。当 O 形密封圈需要在轴上滑行较长距离才能置于槽内时，应涂以润滑剂。安装在槽内后，应使伸长变形的 O 形密封圈恢复原形后才能装入。装入时，应涂以润滑剂缓慢旋转插入，不可强行导入，以防切损 O 形密封圈。

　　（2）密封挡圈（支撑环）　其材料为聚四氟乙烯或尼龙 6，装于密封槽中，用以防止 O

形密封圈发生间隙挤出。密封挡圈一般安装在槽内低压的一侧，若为双侧承受介质压力，则在槽内每侧各用一个挡圈。密封挡圈分为螺旋式（图 12-29）、整体式和切口式。

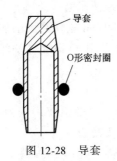

图 12-28　导套

图 12-29　螺旋式密封挡圈

（3）O 形密封圈的装配注意事项

在安装 O 形橡胶密封圈之前，检查以下各项内容：

1）导入角是否按图样要求加工，沟槽锐边是否倒角或倒圆。

2）内径、沟槽是否去除毛刺，表面有无污染。

3）密封件和零件是否已涂抹润滑脂或润滑液（要保证弹性体的介质相容性，推荐采用密封的液体来润滑）。

4）应使用含固体添加剂的润滑脂，如二硫化钼、硫化锌。

2. 卡簧的连接

卡簧（也叫挡圈）连接这是限制零件间单侧轴向运动的一种连接方式，分为弹性挡圈和钢丝挡圈（图 12-30）。在液压阀装配中，孔用弹性挡圈和孔用钢丝挡圈比较常用。在装配弹性挡圈时，一定要用挡圈钳；在装配钢丝挡圈时，钢丝挡圈的开口一定要对准孔口处的装配缺口，以便挡圈顺利装卸。

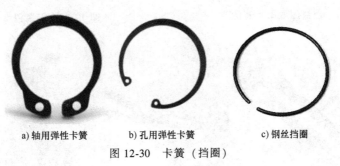

a) 轴用弹性卡簧　　　　b) 孔用弹性卡簧　　　　c) 钢丝挡圈

图 12-30　卡簧（挡圈）

安装时须用卡簧钳，将钳嘴插入卡簧的耳孔中，夹紧卡簧，才能放入预先加工好的圆孔内槽中。卡簧主要起到轴向固定的作用，其中圆锥面加挡圈固定有较高的定心度。

任务实施

1. 手工安装 O 形密封圈

1）使用无锐边工具。

2）保证 O 形密封圈不扭曲，不要过量拉伸 O 形密封圈。

3）尽量使用辅助工具安装 O 形密封圈。

4）对于用密封条粘成的 O 形密封圈，不得在连接处拉伸。

5）用手将 O 形密封圈通过孔口及孔放入沟槽内，一定要摆正，不能扭转，不能歪斜，不能硬性敲入，将 O 形密封圈恢复原状，再逐渐完全、均匀地挤压而入。

6）取出：O 形密封圈取出需自制一个专用工具，例如用 1mm 钢丝经磨削加工后制作一个小钩，将小钩平行于沟槽，贴沟槽使用微力即可探入槽底，让小钩旋转 90° 包络住密封圈，然后向上、向内略用力即可挖（撬）取而出（图 12-31）。

2．其他安装（螺钉、花健等）

1）当 O 形密封圈拉伸后，要通过螺钉、花健、键槽等时，必须使用安装心轴（套）。该轴（套）可用较软或光滑的金属或塑料制成，不得有毛刺或锐边。

2）安装压紧螺钉时，应对称旋紧螺钉，不得按顺（或逆）时针依次旋紧。

3）其他类型的密封圈装配技术要求可查阅相关手册或书籍，在这里不再描述。

3．卡簧的装配

内、外卡簧有不同的安装方法，轴用弹性卡簧与孔用弹性卡簧安装的不同点：

（1）使用工具不同　分别用外卡簧钳（轴用）和内卡簧钳（孔用），主要区别在于：内卡簧钳是拆装孔用弹簧卡簧用的，手把握紧时，钳口是闭合的（图 12-32）；外卡簧钳是拆装轴用弹簧卡簧的专用工具，轴用卡簧钳的手把握紧时钳口是张开的（图 12-33）。

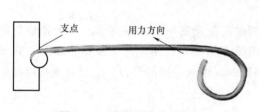

图 12-31　密封圈取出示意图

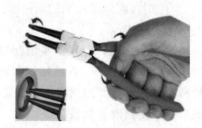

图 12-32　安装内卡簧示意图

图 12-33　安装外卡簧示意图

（2）特点的不同

1）插卡簧钳的两个小孔位置及尺寸不一样。

2）外形和受力不一样。轴用卡簧的两个小孔在卡簧外，要向外撑开放入工件，孔用的相反。

3）轴用卡簧安装在轴上，常用来挡轴承内圈，孔用卡簧固定在内孔里，挡住轴承外圈防止窜动。

（3）注意事项

1）在使用卡簧钳的时候，不要超出使用范围，因为超出使用范围或不正确的操作方法会造成损坏。

2）卡簧钳是一种非绝缘产品，在使用的过程中，禁止带电作业。

3）千万不要使用卡簧钳敲击其他物品，以免损坏。

4）卡簧钳在不用的时候，一定要放在阴凉干燥的地方，经常加注润滑油，防止出现生锈的现象。

任务评价

1）完成 O 形密封圈的装配，按作业 12.4 进行检测评分。

2）记录自己对本次任务的思考和问题，写出自己的实践感受。

任务3　传动机构的装配

子任务1　带传动、链传动机构的装配

带传动是常用的一种机械传动，它依靠挠性的带（或称传动带）与带轮间的摩擦力来传递运动和动力。带传动具有结构简单、工作平稳、噪声小、缓冲吸振、能过载保护并能适应两轴中心距较大的传动等优点，但也存在容易打滑、传动比不准确、传动效率低、带的寿命短等缺点。

链传动是通过链条和具有特殊齿形的链轮的啮合来传递运动和动力。链传动能保证准确的传动比，传递功率大，效率高，又能满足远距离传动要求，应用很广，但链条磨损后在传动中容易脱落。常用的链条有滚子链和齿形链等。

知识目标	了解常见带传动、链传动机构的种类和装配注意事项；掌握装配工具的结构和使用要求
技能目标	正确选择和使用装配工具，对带传动、链传动机构进行正确的装配
素养目标	做到爱护和保养工具，严格执行作业规范，遵守安全纪律

任务描述

熟练使用装配工具，完成对各种带传动、链传动机构的装配，达到装配技术要求。

知识准备

1. 带传动机构

（1）带传动的种类　常用的有 V 带、平带、圆带、多楔带和同步带等（图 12-34），其中 V 带传动是以一条或数条 V 带和 V 带轮组成的摩擦传动，应用最广。

（2）V 带传动机构的装配技术要求　带轮在轴上应没有歪斜和跳动，两轮中间平面应重合；V 带在小带轮上的包角不能小于 120°，张紧力要适当，且调整方便。

（3）带轮的装配和 V 带张紧力大小的调整　带轮和轴的连接为过渡配合，为了传递较

V带 　　　 平带 　　　 圆带 　　　 多楔带 　　　 同步带

图 12-34　带传动的种类

大的转矩，同时用紧固件进行轴向和圆周向固定。常用改变两带轮中心距或用张紧轮来调整张紧力。

2. 链传动机构

（1）链传动机构的装配技术要求　两链轮的轴线必须平行，径向圆跳动和轴向圆跳动应符合要求；两链条之间的轴向偏移量不能太大，链条的松紧应适当。

（2）链传动机构的装配　按要求将两个链轮分别装到轴上并固定，然后装上链条。滚子链使用弹簧卡片固定活动销轴；齿形链则采用拉紧工具拉紧链条后再进行连接。

 **任务实施**

1. 带轮的检查与调整

带轮装配后，必须检查两带轮相互位置的正确性，即两带轮的轴向偏移和倾斜角是否符合装配技术要求，以防止由于两带轮错位或倾斜引起机器振动，加剧 V 带因张紧不均匀而过快磨损等。

带轮检查时，根据装配图样要求，首先以大带轮的方向和位置作为基准固定好，然后用拉线法或直尺法来确定小带轮的方向和位置，并用纯铜棒敲击小带轮底座进行调整，使两带轮的轴向偏移和倾斜角符合装配技术要求。

具体步骤：

1）识读带轮装配图，了解装配关系和技术要求。

2）选择活扳手 1 把，纯铜棒 1 根，适当长度的线 1 根。

3）按装配图样给定的方向和位置，用活扳手固定好大带轮 A（图 12-35）。

4）按装配图样给定的方向和位置装上小带轮 B，但不固定（图 12-36）。

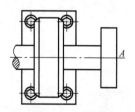

图 12-35　固定大带轮 A

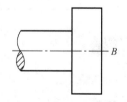

图 12-36　装配小带轮 B，但不固定

5）一个人拿线的一端，紧靠在大带轮 A 的 C 点。

6）另一个人拿线的另一端，延长至小带轮 B 的外缘，用力将线拉直。

7）如果大带轮 A 的 D 点离开直线且小带轮 B 与线接触，则小带轮 B 应向右移动才能达到装配要求（图 12-37）。

8）如果大带轮 A 上 C 点和 D 点与线接触且小带轮 B 离开直线，则小带轮 B 向左移动才能达到装配要求（图 12-38）。

9）如果大带轮 A 上 C 点和 D 点与线接触且小带轮 B 上有一点 F 与线接触，另一点离开直线，这时两带轮轴线不平行（图12-39），调整达到装配要求。

10）调整小带轮 B 的轴线达到装配要求，并用活扳手固定好小带轮 B。

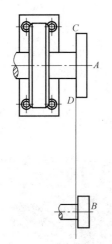 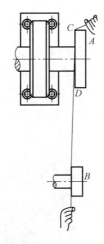 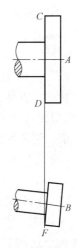

图12-37 小带轮 B 向右错位　　　图12-38 小带轮 B 向左错位　　　图12-39 两带轮轴线不平行

 注意：

1）若小带轮轴线受结构限制不能完全调整达到装配要求，应调整大带轮轴线。

2）若两带轮中心距较小，可用直尺替代拉线进行带轮轴向偏移和倾斜角的检查。

2. 更换台式钻床 V 带

与课题7任务1的作业7.2结合训练。

3. 同步带的装配

同步带装配需根据机构的结构和要求来确定装配方法：如果无张紧机构，则两轮（有挡圈）拆下，套上同步带一起安装。如果有张紧机构，则按结构要求装配后调节张紧机构，控制同步带的松紧达到规定要求。6轴机器人前臂内同步带结构如图12-40所示。

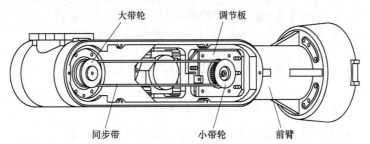

图12-40 6轴机器人前臂内同步带装配示意图

同步带装配步骤及注意事项：

（1）作业前

1）检查传动装置部件，如轴承和轴套的对称性、寿命及润滑情况等。

2）检查带轮是否直线对称。带轮直线对称与传动带特别是同步带传动装置的运转至关重要。

3）清洁同步带及带轮，应将抹布沾少许不易挥发的液体擦拭，在清洁剂中浸泡或者使用清洁剂刷洗同步带均是不可取的。为去除油污及污垢，用砂纸或尖锐的物体刮，显然也是不可取的。同步带在安装使用前必须保持干燥。

4）按图样要求选择合适的同步带。

（2）作业中

1）安装大小带轮。安装的过程中，如果两带轮的中心距离可以移动，那么就先缩短带轮的中心距离，在装好同步带之后恢复中心距。需要注意的是同步带安装完成后，才可以开始对张紧轮进行安装，因为只有在这个时候才能够轻松地安装张紧轮。

2）在带轮上安装同步带。严禁将同步带强行过渡、折断、弯曲，避免强力层损伤，失去使用价值。绝不要撬或用力过猛。

3）带轮的齿必须与带的运转方向垂直。

4）用螺钉调紧移动板（图12-41），控制传动中心距，直至张力测量仪器测出同步带张力适当为止。用手转数圈主动轮，重测张力。

5）拧紧装配螺栓，纠正转矩。由于传动装置在运作时中心距的任何变化都会导致同步带性能不良，所以务必要确保所有传动装置部件均已拧紧。

图12-41 同步带移动板调整示意

6）起动装置并观察同步带性能，查看是否有异常振动，细听是否有异常噪声。

7）关掉机器电源，检查轴承及电动机的状况，若是摸上去觉得太热，可能是同步带太紧，或是轴承不对称，或润滑不正确，如有异常，应及时调整处理。

8）确定合格后，交检验。

（3）作业后 整理作业现场，工量具保养归类摆放，清扫场地等。

任务评价

1）作业任务完成，按作业12.5进行检测评分。

2）记录自己对本次任务的思考和问题，写出自己的实践感受。

子任务2 直线导轨的装配与调整

知识目标	能说明直线导轨的使用场合，了解直线导轨的三个系统
技能目标	会按操作规程完成直线导轨的装配与调试
素养目标	做到爱护和保养工具，严格执行作业规范，遵守安全纪律

任务描述

完成直线导轨的装配。

知识准备

直线导轨（图12-42）又称线轨、线性导（滑）轨、滑轨。直线导轨作为工业机器人活动关节的重要组成部分，能大大提高工作效率和工作精度。在直线往复运动场合，如自动化仓库，直线导轨拥有比直线轴承更高的额定负载，同时可以承担一定的转矩，可在高负载的情况下实现高精度的直

图12-42　直线导轨

线运动。目前，直线导轨的种类很多，分为方形滚珠直线导轨、双轴芯滚轮直线导轨、单轴芯直线导轨等。

直线导轨的作用是用来支撑和引导运动部件，按给定的方向做往复直线运动。按摩擦性质不同，直线导轨可以分为滑动摩擦导轨、滚动摩擦导轨、弹性摩擦导轨、流体摩擦导轨等种类。

直线导轨为精密零部件，所以在直线导轨的安装过程中要特别注意以下事项：

1）直线导轨安装基面的清洁。直线导轨安装基面必须清洁干净，用刮刀铲除基面上的毛刺。对于直线导轨安装螺纹孔，一定要用磁力棒清除孔中的切屑，并用二攻丝锥重新攻螺纹，孔口用毛刺刮刀倒角。

2）直线导轨安装基面的尺寸、直线度、平行度必须符合图样要求。装配前打表检测直线导轨安装基面的各项精度，不符合要求的返修加工。

3）直线导轨滑块一般成对出现，所以在安装的过程中，不得随意组合，要注意主副导轨的区分。直线导轨两头用螺钉固定并凸出直线导轨上表面，防止滑块从直线导轨上脱落，导致滑块散架。

4）安装直线导轨滑块后，注意检测各直线导轨滑块的安装精度，其直线度、平行度是否符合图样和装配工艺要求。直线导轨滑块安装完毕后注意配钻各锥销孔，并用磁力棒清理锥销孔中的切屑。

5）按照规定的螺钉转矩表，拧紧各螺钉。直线导轨安装螺钉要求从中间向两端分初拧、复拧两次完成。

6）直线导轨滑块安装完毕后要求能够正常运行，无阻力，且根据使用条件注入润滑脂或润滑油。

1. 准备工作

为了保证直线导轨安装和工作中的安全，必须遵守以下事项：

（1）润滑　确认直线导轨的润滑方式。将出厂时涂抹的防锈油擦拭干净，在滑块内加入润滑剂。对于采用油润滑的，滚道内的润滑情况取决于直线导轨的安装方式，请查看说明书或向厂家咨询后进行操作。请事先确认润滑方式，注意提示"请确认润滑方式"（图12-43）。

图12-43　请确认润滑方式

（2）安装时的要点

1）小心轻放。移动时注意物品相关警示图标（图12-44）。

2）禁止拆卸。在没有绝对必要的情况下，尽量避免拆装导轨，否则会导致灰尘进入而降低导轨精度。

小心轻放　　　禁止拆卸　　　防止坠落　　　严禁敲击　　　禁止污染　　　高温限制　　　禁止倒置

图 12-44　警示图标

3）防止坠落。倾斜导轨可能会引起滑块从导轨上滑落，应确认滑块没有从导轨上脱离。

4）严禁敲击。滑块端盖是塑料的，防止敲打或撞击而造成损坏。

5）可互换的产品的滑块（导轨和滑块可以任意组合），在出厂时安装在暂用的轴上。需把滑块安装到导轨时，要小心谨慎。

6）禁止污染。尽可能避免灰尘和异物进入。

7）高温限制。导轨的使用环境温度应低于80℃（防热型除外）。温度过高将有可能损坏塑料端盖。

8）如果确需自行切割导轨，需彻底去除切割面上的毛刺和刃口（一般不建议自行切割，如果有尺寸上的要求，可采取订制的方式解决）。

9）禁止倒置。如果确实需要倒置安装，应安装保护装置，确保导轨的安全使用。

10）导轨存放时需注意变形，要把导轨放在水平位置上。如果导轨存放方式不当，会引起直线导轨弯曲变形。因此，请尽可能把导轨放在水平位置。

2．基准和接头的处理

（1）基准的处理　非互换性的直线导轨使用时需要注意基准面和非基准面的差异。基准侧的精度比非基准侧的精度要高，零件滑块的基准边可作为精加工的侧边（图12-45），若两侧边都为精加工面，此滑块为互换型滑块，两侧都可以作为安装的基准边。直线导轨的基准边为箭头指向的边，若没有箭头标记，则两侧都可以作为基准边。

（2）导轨的接头　导轨的接头必须按照导轨上的标记来进行安装，以保证直线导轨的精度，且建议配对的导轨接头位置能够错开（图12-46）。

图 12-45　直线导轨基准提示

图 12-46　导轨接头错位安装示意图

3．导轨安装中的专用测量仪器

为了对机器安装基准进行精度测量，需要用到相关测量仪器。

（1）水平仪　水平仪是通过液体中的气泡来进行判断，检测垂直度和水平度误差的测量仪器（图12-47）。

（2）直尺和千分表　直尺和千分表可用来测量竖直方向和侧向的移动，也可以测量垂直、水平和偏转（图12-48）。

合像水平仪　　　　　　框式水平仪　　　　　　条式水平仪

图 12-47　各种水平仪

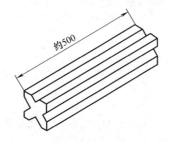

约500

图 12-48　直尺和千分表

任务实施

1. 导轨的安装

作业前正确选择装配工量具，直线导轨按具体规格型号通常选用以下工量具：游标卡尺、内六角扳手、扭力扳手、百分表及表架、平直尺、小铜棒（或铜锤）、磨石、棉布、机油、装配用螺栓（钉）等。导轨的安装步骤及要求见表 12-6。

直线导
轨的装配

表 12-6　导轨的安装步骤及要求

步骤	安装示意图及要求
1	1）机台水平校正。将两个等高量块和一大理石量尺放在安装基面上，放上精密水平仪，调整底座水平面。要求底座中凸（2~3 格） 2）安装基面粗糙度、平面度、直线度以及外观检查。当水平调试好以后，必须用测量仪器（如激光干涉仪）测量出主直线导轨安装基面（通常以靠近右侧立柱的一条直线导轨为主导轨）的平面度，误差允许每 10m 中凸 0.05mm，全行程直线度允许中凸 0.03mm。表面粗糙度值 $Ra1.6$mm，外观无铸造缺陷
2	磨石 清除安装面的杂质及污物。用磨石或者其他类似的磨料石去除安装表面上的毛刺或锐边等，然后用清洗剂（稀释剂或挥发性液体）清洗安装表面。必要时对安装基面进行精度测量

（续）

步骤	安装示意图及要求
3	将导轨平稳地放在零件上,使导轨的基准侧贴紧零件的安装面
4	将所有螺钉都装配到安装孔,以确认孔距是否准确,并将导轨底部的安装面大概固定在零件的安装面上
5	使用侧向止动螺钉,按顺序将滑轨侧边基准面压紧基础件的侧边装配面,以确定滑轨的位置
6	使用扭力扳手,以规定的转矩按顺序拧紧装配螺钉,将滑轨底部基准面紧贴在基准台装配面上
7	按照步骤1~5安装其他导轨
8	装配后,检查其全行程内运行是否灵活,有无阻碍现象。摩擦阻力在全行程内不应有明显的变化,若此时发现异常应及时找到故障并解决,以防后患。检查直线度和平行度精度是否满足要求

2. 滑块的安装

（1）锁紧滑块 锁紧滑块的止动螺钉，请按照图 12-49 所示的顺序执行。

（2）滑块的安装

1）将工作台安装至滑块上，锁定滑块装配螺钉，但不完全锁紧。

2）使用止动螺钉将滑块基准面与工作台侧向安装面锁紧，以定位工作台（图 12-50）。

3）按滑块对角的顺序，锁紧滑块装配螺栓。

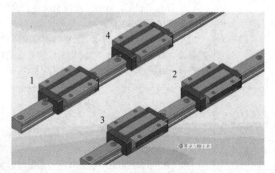

图 12-49　螺钉固定顺序

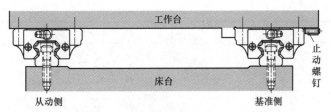

图 12-50　工作台与床台结构示意图

3．导轨副的安装

（1）基准导轨的安装　直线导轨安装中基准导轨副的安装步骤及要求参见表 12-7，根据导轨的安装类型进行装配。

表 12-7　基准导轨副的安装步骤及要求

安装类型	安装示意图及要求
导轨无定位螺钉的安装	C形夹 基准侧导轨的安装 将装配螺钉锁定，但不完全锁紧，利用 C 形夹将导轨基准面逼紧床台侧向安装面，再使用扭力扳手，按规定的转矩(力)值依序锁紧导轨装配螺栓
从动侧导轨的安装 直线量块法	直线块规 将直线块规置于两支导轨之间，使用千分表将其调整至与基准侧导轨侧向基准面平行，然后再以直线规为基准，利用千分表调整从动侧导轨的直线度，并自轴端依序锁紧导轨装配螺钉
从动侧导轨的安装 移动工作台法	从动侧 基准侧 将基准侧的两个滑块固定锁紧在工作台上，使从动侧的导轨与一个滑块分别锁定于床台与工作台上，但不完全锁紧。将千分表固定于工作台上，并使其测头接触从动侧滑块侧面，自轴端移动工作台校准从动侧导轨平行度，并同时依序锁紧装配螺钉

（续）

安装类型		安装示意图及要求
从动侧导轨的安装	仿效基准侧导轨法	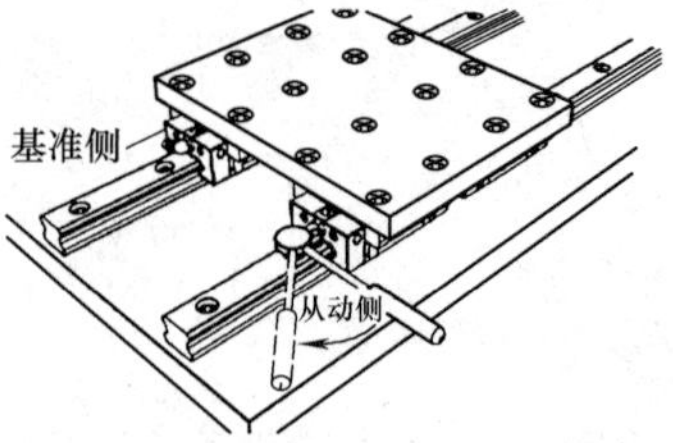 将基准侧的两个滑块与从动侧的一个滑块固定锁紧在工作台上,而从动侧的导轨与另一个滑块则分别锁定于床台与工作台上,但不完全锁紧。自轴端移动工作台,依据滚动阻力的变化调整从动侧导轨从动侧的平行度,并同时依序锁紧装配螺钉
	专用工具法	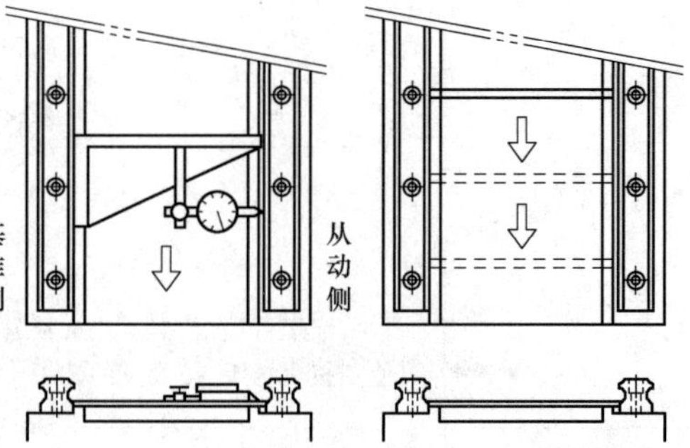 使用专用工具,以基准侧导轨的侧向基准面为基准,自轴端依安装间隔调整从动侧导轨侧向基准面的平行度,并同时依序锁紧装配螺栓
检验		装配后,检查其全行程内运行是否灵活,有无阻滞现象。摩擦阻力在全行程内不应有明显的变化,若此时发现异常应及时找到故障解决,以防后患。检查直线度和平行度精度要求

（2）导轨无侧向定位面的安装　无侧向定位面导轨的装配结构如图 12-50 所示,安装步骤及要求见表 12-8。

表 12-8　无侧向定位面导轨的安装步骤及要求

安装类型		安装示意图及要求
基准侧导轨的安装	利用假基准面法	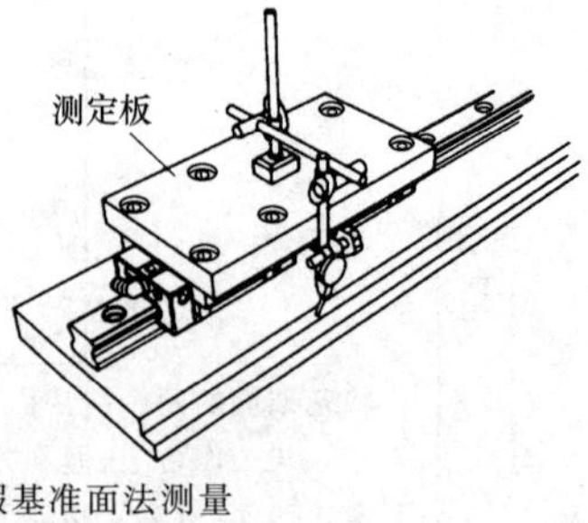 测定板的安装,利用假基准面法测量

（续）

安装类型		安装示意图及要求
基准侧导轨的安装	直线块规法	直线块规 　　将两个滑块靠紧并固定于测定平板上，以导轨安装附近设定的床台基准面为基准，使用千分表，自轴端开始校准导轨直线度，同时依序锁紧装配螺钉。先用装配螺钉将导轨锁定于床台上，但不完全锁紧，以直线量块为基准，使用千分表，自轴端开始校准导轨直线度，并同时依序锁紧装配螺钉
从动侧导轨		从动侧导轨与滑块的安装与表12-7描述范例相同
装配后检验		装配后，检查其全行程内运行是否灵活，有无阻滞现象。摩擦阻力在全行程内不应有明显的变化，若此时发现异常应及时找到故障并解决，以防后患。检查直线度和平行度精度要求

（3）装配时的注意事项

1）导轨的保养只能在即将装配前的装配区域打开，开箱后检查导轨是否有合格证，是否有碰伤或锈蚀。

2）安装前清洗导轨基准面，清洗干净后涂抹上黏度较低的防锈油。

3）紧固导轨的螺栓等级必须是12.9级，并区分导轨的定位面和标记面（定位面通常没有刻字）。

4）安装时先将安装表面的低黏度防锈油擦拭干净，不允许把滑块从导轨上拆下。

5）要求装配全过程必须戴手套操作，以防止汗液留在导轨上使导轨生锈。

6）使用扭力扳手时，按规定控制拧紧力矩，具体可查指导手册或出厂说明书。

7）相关附件如（油嘴、油管接头或防尘系统等），应在滑块座安装到直线导轨后及时进行装配，以防后续安装空间有限而无法进行。

直线导轨的装配难度不大，但需要认真细致。由于各生产厂家的型号种类有一定的差别，因此，对一些特殊结构和安装要求的直线导轨，建议装配前认真阅读厂家作业指导手册，进行装配。

✦ 任务评价

1）完成线轨装配，按作业12.6进行检测评分。

2）记录自己对本次任务的思考和问题，写出自己的实践感受。

任务4　一级减速器零部件的装配

减速器（又称减速箱）是原动机和工作机之间的独立封闭传动装置，其主要功能是降低转速，增大转矩以满足各种工作机械的要求。按照传动形式的不同，减速器可以分为齿轮减速器、蜗杆减速器、行星齿轮减速器、摆线针轮减速器、谐波齿轮减速器；按照传动级数可分为单级传动和多级传动；按照传动的布置方式又可以分为展开式、分流式和同轴式；按轴线在空间的布置又可以分为立式和卧式。

齿轮减速器主要有圆柱齿轮减速器、锥齿轮减速器和锥齿轮圆柱齿轮减速器。齿轮减速器的特点是传动效率高、工作寿命长、维护简便，因此应用范围非常广泛。齿轮减速器的级数通常为单级、两级、三级和多级。

知识目标	说明减速器的主要结构、主要部件及整机的装配工艺和装配要点；分清齿轮、轴承的润滑、冷却及密封方式与结构；概括轴承及轴上零件的调整、固定方法；正确分析减速器装配图
技能目标	运用已学知识，分析齿轮减速器主要零件的连接形式和装配关系，能够对齿轮减速器进行装配工艺分析；选择使用拆装工具进行正确拆装，并掌握对主要零部件的测量技术；能进行部件装配，符合装配精度要求；能熟练地总装配齿轮减速器，做到主要零件转动灵活，配合良好
素养目标	做到爱护和保养工具，严格执行作业规范，遵守安全纪律

任务描述

完成一级减速器的装拆，并写填写装配工艺卡。

知识准备

1. 齿轮装配基础

齿轮传动依靠轮齿间的啮合来传递运动和转矩，具有传动比恒定、变速范围大、传动效率高、功率大、结构紧凑和使用寿命长等优点，但制造和装配要求高、噪声大。常用种类有直齿、斜齿、人字齿、锥齿及齿条等。

（1）齿轮传动机构装配的技术要求

1）保证齿轮与轴的同轴度精度要求。

2）保证齿轮有准确的中心距和适当齿侧间隙。

3）保证齿轮啮合有足够的接触面积和正确的接触位置。

4）保证滑动齿轮在轴上滑移的灵活性和准确的定位位置。

5）对转速高、直径大的齿轮，装配前应进行动平衡测试。

（2）圆柱齿轮传动机构的装配　齿轮传动的装配与齿轮箱的结构特点有关，一般是先将齿轮按要求装入轴上，然后再将齿轮组件装入箱体内，对轴承进行装配、调整，盖上端盖即可。

（3）锥齿轮传动机构的装配　锥齿轮传动机构装配的顺序应根据箱体的结构而定，一般是先装主动齿轮再装从动齿轮，关键是要做好两齿轮轴的轴向定位和侧隙调整工作。

2. 蜗杆传动机构装配基础

蜗杆传动机构是利用蜗杆副传递运动及动力的一种机械传动。蜗杆轴线与蜗轮轴线在空间垂直交错，具有结构紧凑、工作平稳、传动比大、噪声小和良好的自锁性等优点，但传动效率较低，常用于两轴交错、传动比较大、传递功率不太大或间歇工作的场合。

（1）蜗杆传动机构装配的技术要求

1）保证蜗杆轴线与蜗轮轴线垂直，蜗杆轴线应在蜗轮轮齿的对称中间平面内。

2）蜗杆、蜗轮间的中心距一定要准确，有合理的齿侧间隙并保证良好的接触精度。

（2）蜗杆传动机构的装配　将蜗轮装到轴上，再把蜗轮轴装入箱体后装入蜗杆。若蜗轮不是整体的，应先将蜗轮齿圈压入轮毂上，然后用螺钉固定。对于装配后的蜗杆传动机构，还要检查其转动的灵活性，在保证啮合质量的条件下转动灵活，则装配质量合格。

蜗杆与蜗轮的齿侧间隙一般要用百分表来测量，而接触精度则用涂色法来检验。

3. 齿轮减速器的结构

齿轮减速器是减速器使用中最常见的一种类型，其结构较为典型，工艺简单，精度易于保证，通常传动比 $i \leqslant 8$，应用广泛。齿轮减速器中可以反映常见的机械结构和装配关系，如固定连接、齿轮连接、销联接、键联接和螺纹联接等，有轴组、齿轮副配合，有轴承以及密封等。

4. 减速器拆装基础知识

在减速器中采用了螺栓、螺钉、螺塞等常用件和紧固件，在箱体和箱盖上为了满足结构和工艺上的需要，多处设有齿轮、键、深沟球轴承、凸台和凹坑，并在轴承座处加大铸件壁厚，多处增设加强肋，以保证减速器外壳的强度和刚度。考虑到减速器的润滑及密封，在箱体和箱盖的结合处均开有油槽并设有挡油圈和毡圈。为了满足其工作的需要，减速器设有油面指示杆、放油孔、通气孔和观察孔。

（1）减速器（图 12-51）　主要部件及附属零件的名称和作用

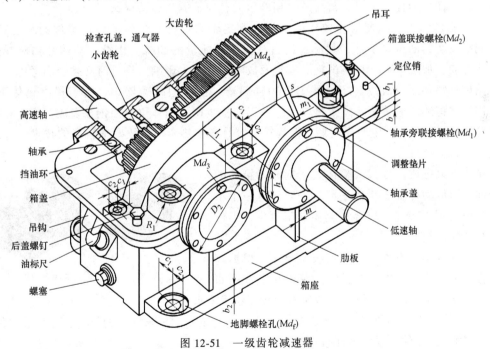

图 12-51　一级齿轮减速器

1）检查孔盖和窥视孔。在减速器上部开检查孔，可以看到传动零件啮合处的情况，以便检查齿面接触斑点和齿侧间隙。润滑油也由此注入机体内。

窥视孔上有盖板，以防止污物进入机体内和润滑油飞溅出来。

2）油塞。减速器底部设有放油孔，用于排出污油，注油前用螺塞堵住。

3）油标尺（孔）。油标用来检查油面高度，以保证有正常的油量。油标有各种结构类型，有的已定为国家标准件。

4）通气器。减速器运转时，摩擦发热使机体内温度升高，气压增大，导致润滑油从缝隙（如剖面、轴外伸处间隙）向外渗漏。常在机盖顶部或窥视孔盖上安装通气器，使机体内热胀气体自由逸出，达到机体内外气压相等，提高机体有缝隙处的密封性能。

5）启盖螺钉。机盖与机座验合面上常涂有水玻璃或密封胶，连接后结合较紧，不易分开。为便于取下机盖，在机盖凸缘上常装有 1~2 个启盖螺钉，在启盖时，可先拧动此螺钉顶起机盖。

> 在轴承端盖上也可以安装启盖螺钉，便于拆卸端盖。

6）定位销。为了保证轴承座孔的安装精度，在机盖和机座用螺栓联接后，镗孔之前装两个定位销，销孔位置尽量远，以保证定位精度。如果机体结构是对称的（如蜗杆传动机体），销孔位置不应对称布置。

7）调整垫片。调整垫片由多片很薄的软金属制成，用以调整轴承间隙。有的垫片还要起传动零件（如蜗轮、锥齿轮等）轴向位置的定位作用。

8）环首螺钉、吊环和吊钩。在机盖上装有环首螺钉或铸出吊环或吊钩，用以搬运或拆卸机盖。在机座上铸出吊钩，用以搬运机座或整个减速器。

9）密封装置。伸出轴与端盖之间有间隙，必须安装密封件，以防止漏油和污物进入机体内。密封件多为标准件，其密封效果相差很大，应根据具体情况选用。

（2）箱体结构　减速器箱体用以支撑和固定轴系零件，是保证传动零件的啮合精度、良好润滑及密封的重要零件，其质量约占减速器总质量的 50%。因此，箱体结构对减速器的工作性能、加工工艺、材料消耗、重量及成本等有很大影响，设计时必须全面考虑。

箱体材料多用铸铁（HT150 或 HT200）制造。在重型减速器中，为了提高箱体强度，也有用铸钢铸造的。铸造箱体重量较大，适于成批生产。箱体也可用钢板焊成，焊接箱体比铸造箱体轻 1/4~1/2，生产周期短，但焊接时容易产生热变形，故要求较高的技术，并应在焊接后进行退火处理。

箱体可以做成剖分式或整体式。剖分式箱体的剖分面多取传动件轴线所在平面，一般只有一个水平剖分面（图 12-52）。整体式箱体加工量少，零件少，但装配比较麻烦。

图 12-52　上、下箱体

（3）减速器装配知识　装配技术要求可根据部件的作用和性能及结构特点制订，一般在装配图和有关技术文件中给出。单级齿轮减速器的装配技术要求如下：

1）零件和组件必须正确安装在规定位置，不得装入图样未规定的垫圈、衬套等零件。

2）固定连接件必须保证连接的牢固性。

3）旋转机构转动应灵活，轴承间隙合适，各密封处不得有漏油现象。

4）齿轮副的啮合侧隙及接触斑痕必须达到规定的技术要求。

5）润滑良好，运转平稳，噪声小于规定值。

6）部件在达到热平稳时，润滑油和轴承的温度不能超过规定要求。

一级直齿圆柱齿轮减速器装配图如图 12-53 所示。

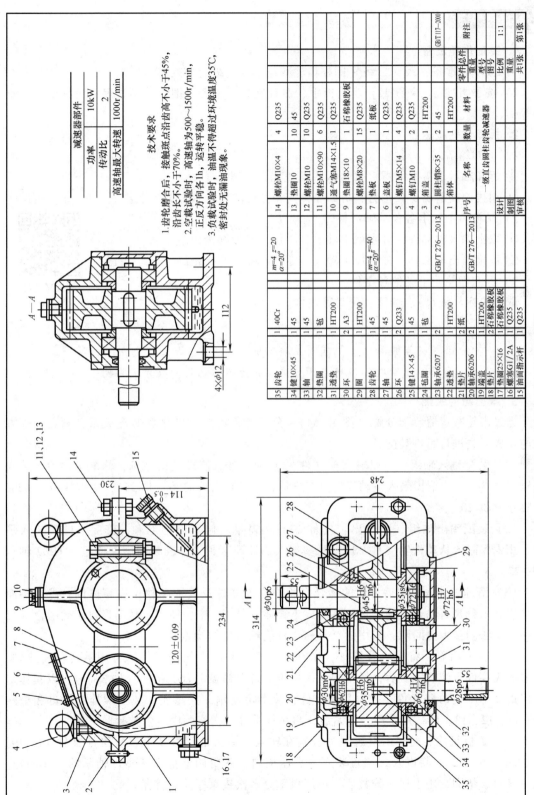

图 12-53 一级直齿圆柱齿轮减速器

减速器部件	
功率	10kW
传动比	2
高速轴最大转速	1000r/min

技术要求

1. 齿轮磨合后，接触斑点沿齿高不小于45%，沿齿长不小于70%。
2. 空载试验时，高速轴为500~1500r/min，正反方向各1h，运转平稳。
3. 负载试验时，油温不得超过环境温度35℃，密封处无漏油现象。

序号	名称	数量	材料	附注
35	齿轮	1	40Cr	
34	键10×45	1	45	
33	轴	1	45	
32	垫圈	2	毡	
31	透盖	1	HT200	
30	环	1	A3	
29	圈	1	HT200	
28	齿轮	1	45	
27	轴	1	45	
26	键14×45	2	Q233	
25	毡圈	1	45	
24	圈	1	毡	
23	轴承6207	2		GB/T 276—2013
22	透盖	2	HT200	
21	垫片	2	纸	
20	轴承6206	2		GB/T 276—2013
19	端盖	1	HT200	
18	垫片	1	石棉橡胶板	
17	垫圈25×16	2	石棉橡胶板	
16	螺塞G1/2A	1	Q235	
15	油面指示杆	1	Q235	
14	螺栓M10×4	4	Q235	
13	垫圈10	10	45	
12	螺栓M10	10	Q235	
11	螺栓M10×90	6	Q235	
10	通气塞M14×1.5	1	Q235	
9	垫圈18×10	1	石棉橡胶板	
8	螺栓M8×20	15	Q235	
7	垫板	1	纸板	
6	盖板	1	Q235	
5	螺钉M5×14	4	Q235	
4	螺钉M10	2	HT200	
3	圆柱销8×35	2	45	
1	箱体	1	HT200	
序号	名称	数量	材料	附注
设计		一级直齿圆柱齿轮减速器		
制图			图号	
审核			比例	1:1
			重量	共1张 第1张

任务实施

1. 装配作业准备

1）按小组准备一级（二级）圆柱齿轮减速器或一级蜗杆减速器。

2）按小组准备下列工具：套筒扳手、螺钉旋具、木锤、铜棒、钢直尺、游标卡尺、垫铁等工、量具。

2. 拆卸齿轮减速器

1）拆卸箱盖。

① 拆卸轴承端盖紧固螺钉（嵌入式端盖无紧固螺钉）。

② 用拔销器起出定位销钉，拆卸箱体与箱盖的联接螺栓，卸下上箱盖。

2）从箱体中取出各传动轴部件。

① 取出输入轴部件，分别取下轴上各零件，并做好标记。

② 取出输出轴部件，分别取下轴上各零件，并做好标记。

3）拆卸齿轮箱上其他各零件。

取出油标（油尺）、油塞、密封等零件。

一级减速器
装配

> **注意：**
>
> 1）合理使用装卸工具，注意正确的拆卸方法。
>
> 2）成员分工明确，做好零件标记，并按顺序记录，以方便装配。

3. 减速器的装配

通过齿轮减速器装配分解（图12-54），分析零件的装配顺序和装配关系，确定装配方法与步骤，先进行组件装配。

（1）装配输入轴组件 以输入轴（件33）为基准，修理键槽毛刺，修配平键后，装入平键（件34），用铜棒敲入主动齿轮（件35），两端装入挡油环（件26），用铜棒敲入6206球轴承（件20）。

（2）装配输出轴组 以输出轴（件27）为基准，修理键槽毛刺，修配平键后装入平键。用铜棒敲入从动齿轮（件28），两端装入挡油环（件30），两端用铜棒敲入6207轴承（件23）。

（3）清理、装入轴组后齿轮的啮合 检查有无零件及其他杂物留在箱体内，然后擦净箱体内部。分别将输入、输出轴组件装入下箱体（件1）中，使主、从动齿轮正确啮合（可采用压铅法测量齿侧间隙，采用涂红丹粉进行接触精度的检验）。

（4）合上箱盖 将箱内各零件，用棉纱擦净，并涂上机油防锈。再用手转动高速轴，观察有无零件干涉。无误后，经指导老师检查后合上箱盖。合上箱体（件3）时，以箱体加工时的2个工艺销钉（件2）为基准定位，装上定位销，并敲实。装上螺栓、螺母和垫圈（件11、12、13、14）用手逐一拧紧后，再用扳手分多次按顺序均匀拧紧。

（5）盖板组件装配并调整游隙 分别在输入、输出轴两端装上盖板组件（件18、19、21、24、29、32），将嵌入式端盖装入轴承压槽内，并用调整垫圈调整好轴承的工作间隙。装上螺钉、垫圈，用手逐一拧紧后，再用扳手分多次按顺序均匀拧紧。

（6）装配附件 拧入放油孔螺塞（件16），加垫圈（件17）；拧入通气塞（件10），加

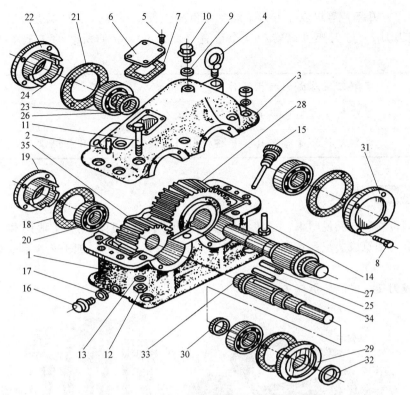

图 12-54　齿轮减速器装配分解

1—下箱体　2—工艺销钉　3—上箱体　4—吊环螺钉　5—螺钉　6—观察孔盖板　7、9、18、21—垫片

8、11、14—螺栓　10—通气塞　12—螺母　13、17—垫圈　15—油面指示杆　16—放油孔螺塞

19、22、24、29、31—盖板组件　20—6206 球轴承　23—6207 球轴承　25、34—平键　26、30、32—挡油环

27—输出轴　28—从动齿轮　29—输入轴　33—轴　35—主动齿轮

垫片（件9）；安放观察孔盖板（件6）及垫片（件7），拧紧4个螺钉（件5），拧入2只吊环螺钉（件4）。

（7）检查两轴的配合　用棉纱擦净减速器外部，检查输入、输出轴转动情况，达到灵活无阻滞现象。

（8）清点验收　清点好工具，擦净后交还指导老师验收。

　注意：

　　实训前必须预习，初步了解减速器的基本结构。按规定步骤进行拆装，分小组合作，成员分工明确，做好记录，多提出实际问题，以便在实训中加以解决。

🔧 任务评价

1）减速器装配调整，按作业 12.7 进行检测评分。

2）记录自己对本次任务的思考和问题，写出自己的实践感受。

任务5　C6140A 型车床刀架总成的装配

刀架总成是典型的机床功能性部件，广泛应用在车床等设备中。刀架总成由转盘、小滑扳、方刀架（方刀座）等组成。方刀架装在小滑板上面，在方刀架的 4 边可以夹持 4 把车刀（或 4 组刀具）。方刀架可以转动 4 个位置（间隙 90°），使所装的 4 把车刀轮流参加切削。

知识目标	了解刀架总成的结构及作用
技能目标	正确拆装刀架总成并合理调整各配合间隙
素养目标	做到爱护和保养工具，严格执行作业规范，遵守安全纪律

任务描述

1）查阅资料和产品说明书，了解刀架总成组成零件及各自作用，了解技术要求。

2）根据刀架总成装配示意图（图 12-55），完成刀架总成的装配工艺编制，确定装配工具和方法。

3）完成刀架总成的装拆任务。

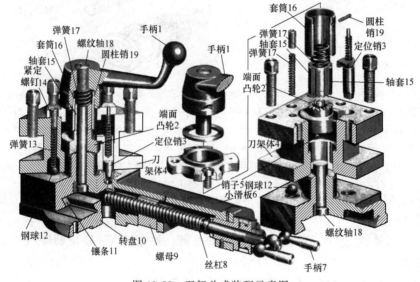

图 12-55　刀架总成装配示意图

知识准备

CA6140 型车床的刀具总成由四工位刀架通过转盘与中滑板连接后使用。

四工位刀架可夹持 4 把各类车刀（或四组刀具）（图 12-56）。

（1）四工位刀架工作原理　刀架装在刀架（小滑板）的上平面上，刀架体（图 12-57）可以转动 4 个间隔 90° 的位置，使所装的 4 把车刀轮流参与切削。每次转位后，定位销插入刀架滑板的定位孔中进行定位。刀架每次转位过程中的松夹、拔销、转位、定位及夹紧等动作，都由手柄（图 12-58）操纵。

1）刀架转位（图 12-59）。刀架转位时，首先按逆时针方向转动手柄 7，通过手柄 7 与轴 9 之间的螺纹使手柄向上移动，使刀架体 15 松开；与此同时，手柄 7 通过固定销 12 带动

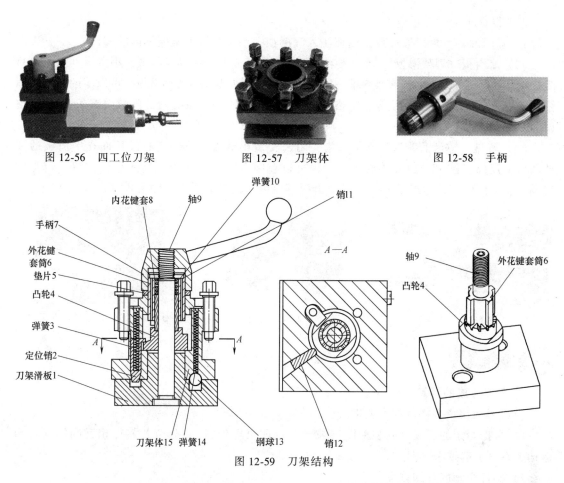

图 12-56　四工位刀架　　　　图 12-57　刀架体　　　　图 12-58　手柄

图 12-59　刀架结构

凸轮 4 转动，凸轮 4 上端有单向倾斜的端面齿，它与外花键套筒 6 的齿相啮合；外花键套筒 6 外花键与手柄 7 套内的内花键套 8 的花键相啮合；手柄 7 套内有弹簧使凸轮 4 上端有单向倾斜的端面齿与外花键套筒 6 的齿脱开，由此，逆时针方向转动手柄 7 带动刀架转位。

2）刀架定位。逆时针方向转动手柄 7，当端面凸轮 4 转到"L"形定位销尾部下面时，端面凸轮 4 上部的斜面将"L"形定位销从定位孔中拔出。手柄继续向逆时针方向转动，当凸轮 4 缺口中的底面碰到销时，凸轮便带动刀架体向逆时针方向转动，刀架体 15 转位到 90° 的位置时，粗定位钢球 13 在弹簧 14 的作用下被压入刀架滑板 1 上的一个定位孔中，使刀架体 15 得到粗定位。

将手柄 7 改为顺时针方向转动，于是外花键套筒 6 和凸轮 4 也改为顺时针方向转动。当凸轮 4 转动至"L"形定位销尾部时，定位销 2 在弹簧 3 的作用下被压入刀架滑板 1 的另一个定位孔中，刀架体 15 获得了精确的定位。

3）刀架夹紧。手柄 7 应改为顺时针方向转动，于是外花键套、凸轮也改向顺时针方向转动。当弹簧 3 转动到其上端面脱离定位销 2 的"L"形尾部时，定位销 2 在弹簧的作用下被压入小滑板的另一个定位孔中，使刀架体 15 获得精确的定位。当凸轮 4 顺时针方向转动至缺口的另一面碰到销 12 时，由于刀架体 15 已被定位，所以凸轮 4 不能继续转动，但手柄 7 仍继续顺时针方向转过一定的角度，使手柄 7 沿轴 9 的螺纹向下拧，直到将刀架体 15 压紧在刀架滑板 1 上时为止。

4）弹子油杯。可以通过弹子油杯注入润滑油，用于润滑刀架座体内的零件。

（2）小滑板（刀架滑板）　小滑板由滑板、丝杠、螺母、手柄等组成。小滑板（图 12-60）装在转盘的燕尾导轨上，当转盘转动一定的角度后，用手操作移动小滑板，可以车削较短的圆锥面。小滑板丝杠上装有刻度盘，每格移动量为 0.1mm。小滑板导轨的间隙由镶条 11 来调整（图 12-55）。

（3）转盘　转盘上部为双燕尾结构，用来安装小滑板，下部定心圆柱面在中滑板的圆柱凸台上定位（图 12-61）。转盘及小滑板可以在中滑板上回转至一定的角度位置。转盘位置调整妥当后，需拧紧螺母，螺母将 T 形螺钉拉紧，使转盘紧固在中滑板（图 12-62）上。

图 12-60　小滑板

图 12-61　转盘

图 12-62　小滑板与转盘组件

任务实施

1. 刀架总成的拆卸

（1）刀架总成拆卸的技术要求

1）根据给定的刀架总成装配图（或产品说明书等资料），分析各零件相互间的配合与运动关系，了解技术要求。

2）制订合理的拆卸方案。

3）准备拆卸时所需的工具（内六角扳手、梅花开口两用扳手、钳形扳手、一字槽螺钉旋具、锤子、细长纯铜棒、硬质细冲头、油盘及清洗油），拆装工作台、货架等。

4）旋出 8 个刀架螺钉，并对刀架进行清洁（扫）。

5）分组让学生自己动手进行拆卸。

（2）依次拆卸刀架、小滑板、转盘　其操作步骤：

1）旋出锁紧手柄 7，取出垫片 5、弹簧 10、外花键套筒 6（图 12-59）。

2）取出刀架体 15 组件放在拆装工作台上。

3）用一字槽螺钉旋具拆卸刀架体 15 组件上刀架垫片 5 的两个螺钉，取出刀架上盖、弹簧 3 与 14、钢球 13、定位销 2。

4）旋出刀架体 15 组件中的销 12，细长纯铜棒敲出凸轮 4。

5）锤子、硬质细冲头敲出小滑板丝杠组件手柄上的销 11。

6）用钳形扳手旋出丝杠上的两个圆螺母，取出刻度盘、半圆键。

7）用螺钉旋具拆出小滑板上镶条调节螺钉，抽出镶条。顺着转盘双燕尾向操作者方向取出小滑板。

8）旋出小滑板丝杠。用细长纯铜棒敲出轴 9。

9）用梅花开口两用扳手拆下转盘上的两个螺母，取下转盘，用细长纯铜棒敲出转盘上的丝杠螺母。

10）清洗全部零件并检查磨损情况，对主要零件进行编号，货架上按拆卸顺序合理摆放。

注意：

1）拆卸刀架、小滑板时，床鞍要锁紧，以免滑动影响拆卸。

2）零件拆卸、清洗后要按照组件分类摆放，弹簧、钢球、销等小零件放入油盆以免丢失。

2. 刀架总成的装配

（1）刀架总成装配的技术要求

1）根据刀架总成装配示意图（图12-55），识读并制订合理的装配方案，准备装配时所需的工具，拆装工作台等。

2）按装配图要求，将零件清点后，用半圆形磨石去除刀架、小滑板、转盘、丝杠、镶条、键等零件的毛刺并倒钝，再用煤油清洗干净所有零件。

3）将所有零、部件清洗后按序放在拆装工作台上待装配。分组、自己动手进行装配。

（2）依次装配转盘、小滑板及刀架 操作步骤：

1）装上转盘，用梅花开口两用扳手拧紧固定转盘的两个螺母，装入转盘上的丝杠螺母，旋上丝杠。

2）将轴插入小滑板孔中，用螺钉旋具拧紧小滑板下部轴的紧定螺钉。

3）将小滑板顺着转盘的双燕尾装入并靠在丝杠台阶上。在小滑板上装入镶条，用螺钉旋具调整好镶条后调节螺钉紧松（图12-60）。

4）在丝杠上装入半圆键、刻度盘，用钳形扳手旋紧两个圆螺母。

5）在小滑板丝杠上装手柄，用细长纯铜棒敲进圆锥销固定。

6）如图12-59所示，将刀架体15装到刀架滑板1上，装入凸轮4、"L"形定位销，用细长纯铜棒敲进销12。

7）在刀架体15内装入定位销2、钢球13、弹簧3与14，装上垫片5，用一字槽螺钉旋具拧紧2个螺钉。

8）用细长纯铜棒敲进手柄7销11，内装入弹簧10和外花键套筒6。

9）手柄组件旋入轴9中，定位并锁紧。

注意：

装配镶条时要注意正反面位置，如果磨损严重已无调整量，则需粘胶木垫片并进行修刮。

（3）检查刀架的定位精度和灵活性，检查小滑板移动的平稳性和灵活性 如果发现刀架固定后，每次手柄位置都不一样，需要考虑调整垫片的厚度，使操作手柄处于合理的位置。

任务评价

1）完成主轴装配工作，按作业12.8进行检测评分。

2）记录自己对本次任务的思考和问题，写出自己的实践感受。

中、高级钳工技能鉴定参考样题

样题一

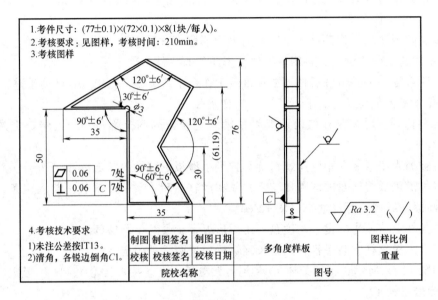

1.考件尺寸：(77±0.1)×(72×0.1)×8(1块/每人)。
2.考核要求：见图样，考核时间：210min。
3.考核图样

| 120°±6′ |
| 30°±6′ |
| φ3 |
| 90°±6′ |
| 35 |
| 120°±6′ |
| 76 |
| (61.19) |
| 50 |
| 30 |
| ▱ | 0.06 | | 7处 |
| ⊥ | 0.06 | C | 7处 |
| 90°±6′ |
| 60°±6′ |
| 35 |
| C |
| 8 |
| ∇ Ra 3.2 |

4.考核技术要求
1)未注公差按IT13。
2)清角，各锐边倒角C1。

制图	制图签名	制图日期	多角度样板	图样比例
校核	校核签名	校核日期		重量
院校名称			图号	

样题二

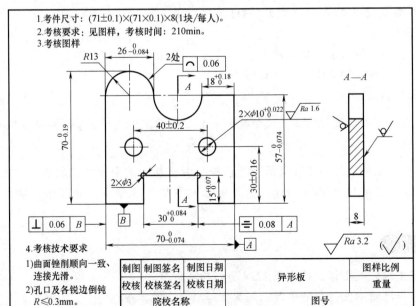

1.考件尺寸：(71±0.1)×(71×0.1)×8(1块/每人)。
2.考核要求：见图样，考核时间：210min。
3.考核图样

| R13 |
| 26 0/−0.084 |
| 2处 | ⌒ | 0.06 |
| A |
| 18 +0.18/0 |
| A—A |
| 40±0.2 |
| 2×φ10 +0.022/0 | ∇ Ra 1.6 |
| 70 0/−0.19 |
| 57 0/−0.074 |
| 2×φ3 |
| 15 +0.07/0 |
| 30±0.16 |
| A |
| ⊥ | 0.06 | B |
| B |
| 30 +0.084/0 |
| ≡ | 0.08 | A |
| 70 0/−0.074 |
| A |
| 8 |
| ∇ Ra 3.2 |

4.考核技术要求
1)曲面锉削顺向一致、
连接光滑。
2)孔口及各锐边倒钝
R≤0.3mm。

制图	制图签名	制图日期	异形板	图样比例
校核	校核签名	校核日期		重量
院校名称			图号	

样题三

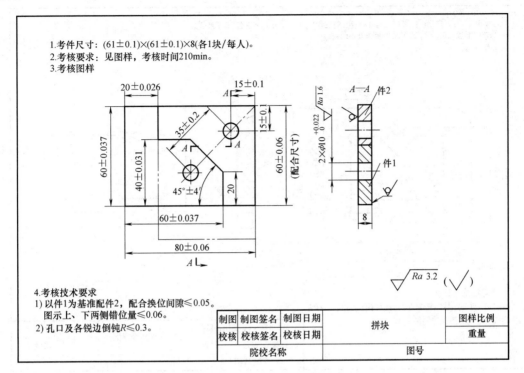

1.考件尺寸：(61±0.1)×(61±0.1)×8(各1块/每人)。

2.考核要求：见图样，考核时间210min。

3.考核图样

4.考核技术要求

1) 以件1为基准配件2，配合换位间隙≤0.05。
图示上、下两侧错位量≤0.06。

2) 孔口及各锐边倒钝R≤0.3。

$\sqrt{Ra\ 3.2}\ (\sqrt{\ })$

制图	制图签名	制图日期	拼块	图样比例
校核	校核签名	校核日期		重量
院校名称			图号	

样题四

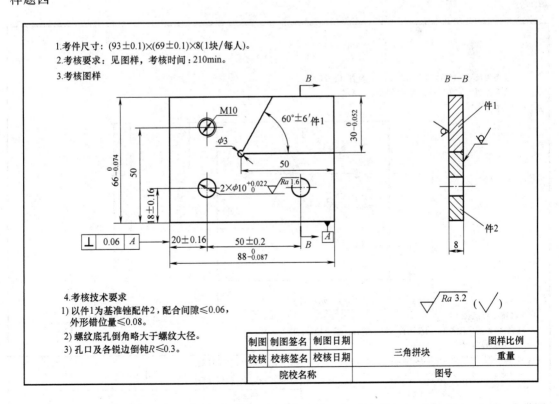

1.考件尺寸：(93±0.1)×(69±0.1)×8(1块/每人)。

2.考核要求：见图样，考核时间：210min。

3.考核图样

4.考核技术要求

1) 以件1为基准锉配件2，配合间隙≤0.06，
外形错位量≤0.08。

2) 螺纹底孔倒角略大于螺纹大径。

3) 孔口及各锐边倒钝R≤0.3。

$\sqrt{Ra\ 3.2}\ (\sqrt{\ })$

制图	制图签名	制图日期	三角拼块	图样比例
校核	校核签名	校核日期		重量
院校名称			图号	

样题五

1.考件尺寸：(51±0.1)×(41±0.1)×8 和(81±0.1)×(71±0.1)×8(各1块/每人)。
2.考核要求：见图样，考核时间300min。
3.考核图样

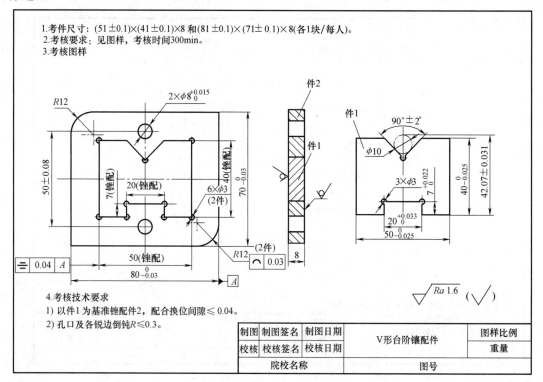

制图	制图签名	制图日期	V形台阶镶配件	图样比例
校核	校核签名	校核日期		重量
院校名称			图号	

4.考核技术要求
1) 以件1为基准锉配件2，配合换位间隙≤0.04。
2) 孔口及各锐边倒钝R≤0.3。

样题六

1.考件尺寸：(101±0.1)×(81±0.1)×8(各1块/每人)。
2.考核要求：见图样，考核时间300min。
3.考核图样

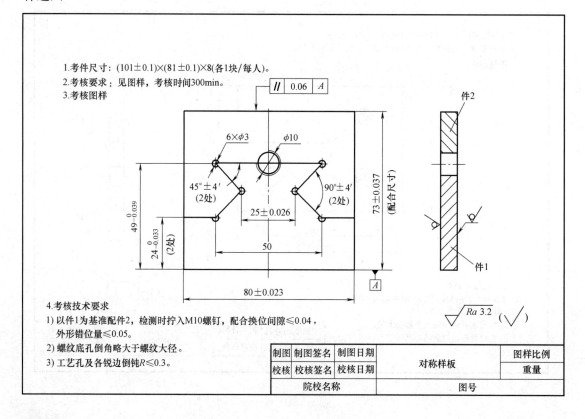

制图	制图签名	制图日期	对称样板	图样比例
校核	校核签名	校核日期		重量
院校名称			图号	

4.考核技术要求
1) 以件1为基准配件2，检测时拧入M10螺钉，配合换位间隙≤0.04，
   外形错位量≤0.05。
2) 螺纹底孔倒角略大于螺纹大径。
3) 工艺孔及各锐边倒钝R≤0.3。

样题七

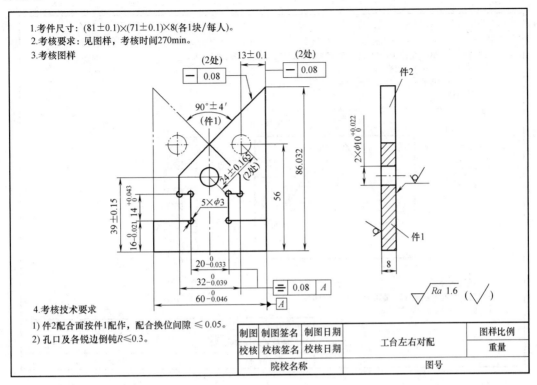

1.考件尺寸: (81±0.1)×(71±0.1)×8(各1块/每人)。
2.考核要求: 见图样，考核时间270min。
3.考核图样

4.考核技术要求
1) 件2配合面按件1配作，配合换位间隙≤0.05。
2) 孔口及各锐边倒钝R≤0.3。

制图	制图签名	制图日期	工台左右对配	图样比例
校核	校核签名	校核日期		重量
院校名称			图号	

样题八

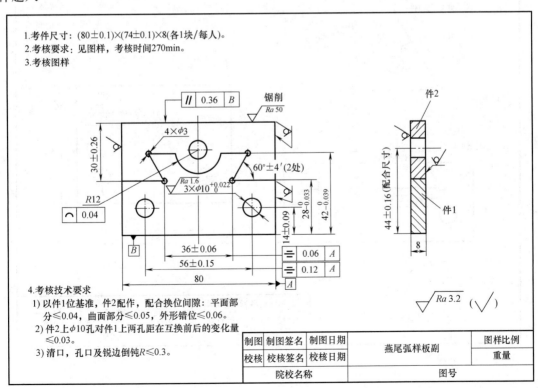

1.考件尺寸: (80±0.1)×(74±0.1)×8(各1块/每人)。
2.考核要求: 见图样，考核时间270min。
3.考核图样

4.考核技术要求
1) 以件1位基准，件2配作，配合换位间隙: 平面部
分≤0.04，曲面部分≤0.05，外形错位≤0.06。
2) 件2上φ10孔对件1上两孔距在互换前后的变化量
≤0.03。
3) 清口，孔口及锐边倒钝R≤0.3。

制图	制图签名	制图日期	燕尾弧样板副	图样比例
校核	校核签名	校核日期		重量
院校名称			图号	

样题九

1.考件尺寸：(88±0.1)×(66±0.1)×8和(89±0.1)×(77±0.1)×8(各1块/每人)。
2.考核准备：ϕ10h6×20圆柱销(3个/每人)。
3.考核要求：见图样，考核时间300min
4.考核图样

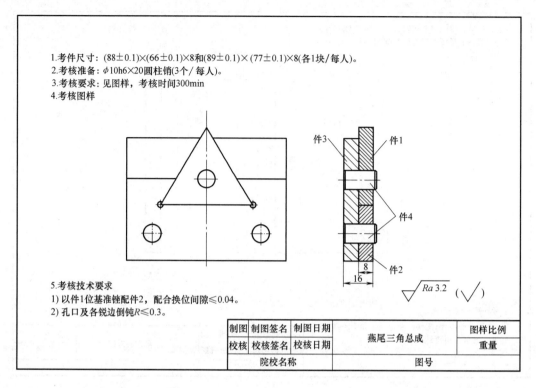

5.考核技术要求
1) 以件1位基准锉配件2，配合换位间隙≤0.04。
2) 孔口及各锐边倒钝R≤0.3。

制图	制图签名	制图日期	燕尾三角总成	图样比例
校核	校核签名	校核日期		重量
院校名称			图号	

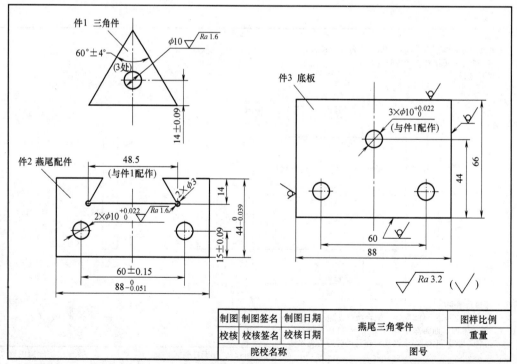

制图	制图签名	制图日期	燕尾三角零件	图样比例
校核	校核签名	校核日期		重量
院校名称			图号	

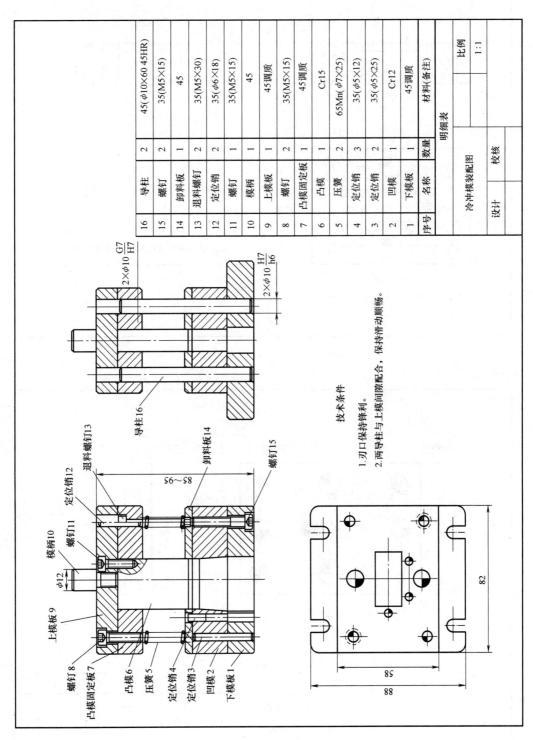

序号	名称	数量	材料(备注)
16	导柱	2	45(φ10×60 45HR)
15	螺钉	2	35(M5×15)
14	卸料板	1	45
13	退料螺钉	2	35(M5×30)
12	定位销	2	35(φ6×18)
11	螺钉	1	35(M5×15)
10	模柄	1	45
9	上模板	1	45调质
8	螺钉	2	35(M5×15)
7	凸模固定板	1	45调质
6	凸模	1	Cr15
5	压簧	2	65Mn(φ7×25)
4	定位销	3	35(φ5×12)
3	定位销	2	35(φ5×25)
2	凹模	1	Cr12
1	下模板	1	45调质

明细表

冷冲模装配图

设计　校核

比例　1:1

技术条件

1.刃口保持锋利。

2.两导柱与上模间隙配合，保持滑动顺畅。

样题十

203

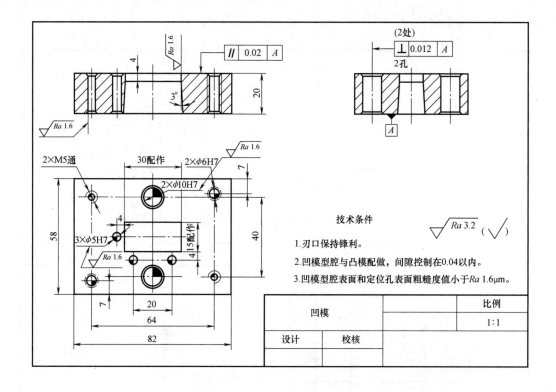

技术条件

1.刃口保持锋利。

2.凹模型腔与凸模配做，间隙控制在0.04以内。

3.凹模型腔表面和定位孔表面粗糙度值小于 Ra 1.6μm。

凹模			比例
			1：1
设计	校核		

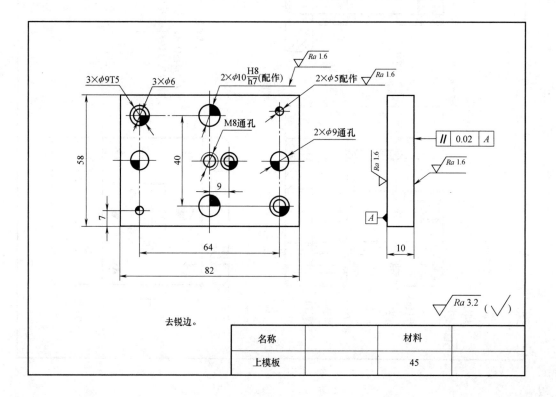

去锐边。

名称		材料	
上模板		45	

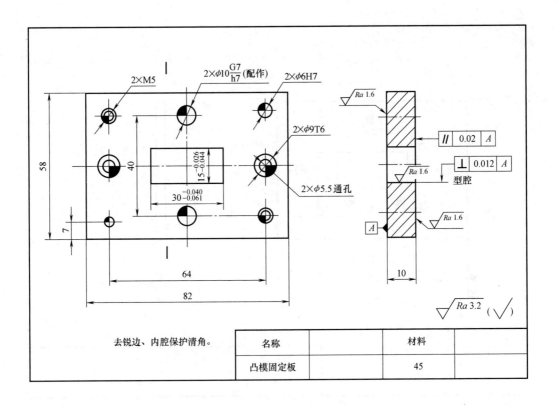

去锐边、内腔保护清角。

名称		材料	
凸模固定板		45	

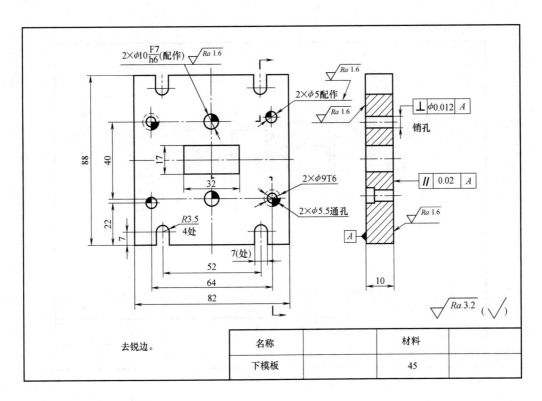

去锐边。

名称		材料	
下模板		45	

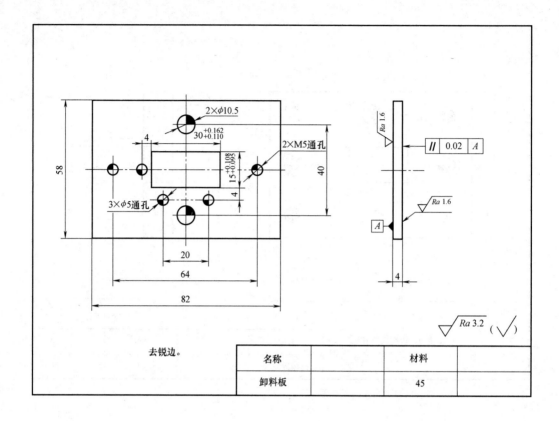

去锐边。

名称		材料	
卸料板		45	

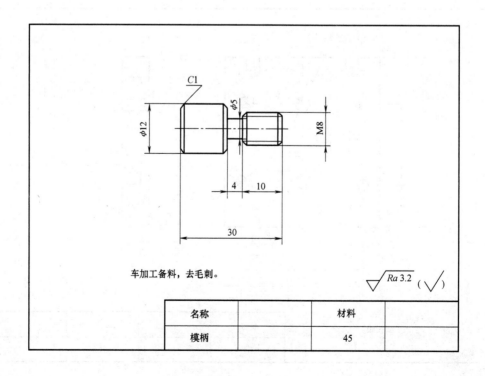

车加工备料，去毛刺。

名称		材料	
模柄		45	

参 考 文 献

[1] 高永伟. 钳工工艺与技能训练 [M]. 北京：人民邮电出版社，2009.

[2] 高永伟，沈震江. 装配钳工 [M]. 北京：机械工业出版社，2017.

[3] 冯刚，滕朝晖. 钳工实训指导书 [M]. 北京：机械工业出版社，2014.

[4] 高永伟. 工业机器人机械装配与调试 [M]. 北京：机械工业出版社，2018.

[5] 武藤一夫. 机电一体化 [M]. 王益全，滕永红，于慎波，译. 北京：科学出版社，2017.

[6] KRARSF，GILLAR ，SMID P. 机械加工设备及应用 [M]. 段振云，张幼军，于慎波，等译. 北京：科学出版社，2009.

钳工实训一体化教程

作业评价手册

班级：_____

姓名：_____

目　　录

模块 1　生产安全与产品检测基础

课题 1　入 门 指 导

1.1　能说（写）出钳工的基本操作内容。

1.2　辨认（写）出常用作业工具和设备设施（根据回答的正确性酌情打分）。

1.3　填写题表 1-1 工具清单表。

题表 1-1　工具清单表

序号	名称	规格	数量
1			
2			
3			
4			
5			

1.4 填写题表1-2台虎钳的零件名称及作用。

题表1-2 台虎钳的零件名称及作用

序号	名称	作用	数量	序号	名称	作用	数量
1				8			
2				9			
3				10			
4				11			
5				12			
6				13			
7				14			

1.5 完成对台虎钳装拆及保养并填写题表1-3。

题表1-3 台虎钳装拆及保养评分表

序号	考核要求	配分	评分标准	检测记录	自评	互评	师评
1	两表填写正确	20	每错一处扣4分				
2	正确使用工具	20	每发现一次错误扣4分				
3	正确保养台虎钳	20	一处不合格扣5分				
4	工具、量具正确摆放	20	一处不合格扣5分				
5	遵守实训纪律	10	违反一次扣5分				
6	遵守安全文明生产	10	违反一次扣5分				
	合计	100					

1.6 填写题表1-4。

题表1-4 钳工实训安全注意事项确认表

学号		姓名	
班级			年 月 日
教育形式	讲授,视频(钳工实训安全教育)		
内容	钳工岗位安全操作规程及实训安全注意事项		
以上内容我已知晓并将在实训过程中努力遵守	(签名)	实训指导教师	(签名)

注：1. 未经安全教育培训，不得参加实训。

2. 加强对安全制度、安全操作规程的认识，树立安全意识。

3. 填写钳工实训安全注意事项确认表，遵守钳工操作安全规则。

课题2 通用类量具原理及应用

2.1 游标卡尺读数训练（现场教学：①指导老师调整卡尺的位置，让学生读数，检查读数的准确性后进行评分（题表2-1）。②学生根据老师所报尺寸进行卡尺调整，老师观察学生操作游标卡尺的方法和测量方法是否正确，进行评分）。

题表 2-1 游标卡尺操作考核评分表

序号	考核内容		配分	评分标准	检测记录	自评	互评	师评
1	常识及外观检查(20分)	现场提问及外观检查	4	游标卡尺分度值的确定				
2			4	等温要求或环境控制				
3			4	游标卡尺的组成				
4			4	观察测量示值				
5			4	测量面进行处理(去毛刺等)				
6	操作方法正确性及熟练程度(50分)	观察及结果查验	4	手持游标卡尺的正确性				
7			4	测量过程是否合理,有无违规				
8			24	直径尺寸(8处)				
9			18	长度尺寸(6处)				
10	数据处理与记录符合要求(30分)	记录的填写	4	型号规格				
11			4	环境条件				
12			3	记录有无涂改				
13			5	书写是否规范				
14			2	签名				
15			4	足够的信息量				
16		数据处理	4	有效位数的保留				
17			4	检定结果的判定				
合计			100					

2.2 按题表 2-2 进行评价。

题表 2-2 千分尺操作考核评分表

序号	考核内容		配分	评分标准	检测记录	自评	互评	师评
1	常识及外观检查(20分)	现场提问及外观检查	4	千分尺分度值的确定				
2			4	等温要求或环境控制				
3			4	固定套管、微分筒、测力装置等				
4			4	观察测量示值				
5			4	测量面进行处理(去毛刺等)				
6	操作方法正确性及熟练程度(50分)	观察及结果查验	5	手持千分尺的正确性				
7			5	测量过程是否合理,有无违规				
8			32	直径尺寸(8处)				
9			8	外形尺寸(2处)				

序号	考核内容		配分	评分标准	检测记录	自评	互评	师评
10	数据处理与记录符合要求（30分）	记录的填写	4	型号规格				
11			4	环境条件				
12			3	记录有无涂改				
13			5	书写是否规范				
14			2	签名				
15			4	足够的信息量				
16		数据处理	4	有效位数的保留				
17			4	检定结果的判定				
合计			100					

2.3 进行平面度、垂直度检测（题表2-3）。

题表2-3 平面度、垂直度检测记录表

序号	量具	测量内容	记录　μm									
			1	2	3	4	5	6	7	8	9	10
1	刀口形直尺	平面度										
2	直角尺	垂直度										

注：测量准确性总分按每次5分计，共100分。

2.4 进行百分表操作考核，评分标准见题表2-4。

题表2-4 百分表操作考核评分表

序号	考核内容		配分	评分标准	检测记录	自评	互评	师评
1	常识及外观检查(20分)	现场提问及外观检查	4	百分表分度值的确定				
2			4	等温要求或环境控制				
3			4	百分表的组成及表座				
4			4	观察测量示值				
5			4	测量面进行处理(去毛刺等)				
6	操作方法正确性及熟练程度(50分)	观察及结果查验	10	安装百分表的正确性				
7			8	正确调整百分表零位				
8			8	过程是否合理,有无违规				
9			8	平行度				
10			8	平面度				
11			8	跳动				

4

序号	考核内容		配分	评分标准	检测记录	自评	互评	师评
12	数据处理与记录符合要求（30分）	记录的填写	4	型号规格				
13			4	环境条件				
14			3	记录有无涂改				
15			7	书写是否规范				
16			4	足够的信息量				
17		数据处理	8	有效位数的保留与结果判定				
合计			100					

2.5 进行 BT40 刀柄和拉钉尺寸测量考核，评分标准见表 2-5。

题表 2-5　BT40 刀柄和拉钉尺寸测量考核评分标准

序号	考核内容		配分	评分标准	检测记录	自评	互评	师评
1	常识及外观检查（15分）	现场提问及外观检查	4	选择量具的合理性				
2			2	等温要求或环境控制				
3			4	量具的组成				
4			3	观察测量示值				
5			2	测量面的处理				
6	操作方法正确性及熟练程度（65分）	观察及结果查验	4	量具操作规范性				
7			3	量具校对的合理性				
8			6	测量过程是否合理，有无违规				
9			18	外径（9处）				
10			4	内径（2处）				
11			8	角度（4处）				
12			18	长度（18处）				
13			4	圆弧（2处）				
14	数据处理与记录符合要求（20分）	记录的填写	3	记录有无涂改				
15			5	书写是否规范				
16			2	签名				
17		数据处理	5	有效位数的保留				
18			5	检定结果的判定				
合计			100					

模块2 钳工技术训练

课题3 划线技术

3.1 按题表3-1进行评价。

题表3-1 合格性评价表

序号	考核内容	配分	自评	互评	师评
1	熟知划线工具及名称	20			
2	熟知划线工具的使用方法	20			
3	熟知划线工具的保护方法	20			
4	认真细致操作	20			
5	严格执行"7S"管理	20			
	合计	100			

3.2 按题表3-2进行评价。

题表3-2 扇形锉配件划线评分表

序号	考核要求	配分	评分标准	检测记录	自评	互评	师评
1	识图正确,制图方法正确	10	制图方法不正确扣10分				
2	基准选定正确	10	一处不正确扣5分				
3	检查毛坯	5	余量预留符合要求				
4	工件安放、工具选用正确	10	每缺一条线扣10分				
5	划线图面干净整洁,线条清晰、准确	30	线条凌乱扣10分,尺寸线不精确一处扣5分				
6	样冲眼规范	5	样冲眼不规范不得分				
7	规定时间内完成作业	10	每超时1min扣2分				
8	检查尺寸是否遗漏	10	每遗漏一处扣2分				
9	整理绘图工具	10	绘图工具乱放扣10分				
	合计	100					

3.3 按题表3-3进行评价。

题表3-3 支架零件立体划线评分表

序号	考核要求	配分	评分标准	检测记录	自评	互评	师评
1	划线内容正确	15	每错一次扣3分				
2	线划步骤正确	15	每错一次扣3分				

序号	考核要求	配分	评分标准	检测记录	自评	互评	师评
3	主要定位尺寸准确	15	每错一处扣3分				
4	主要孔线准确	15	每错一处扣3分				
5	主要轮廓尺寸准确	10	每错一处扣3分				
6	线条清晰	10	一处模糊不清或线条重叠扣3分				
7	样冲眼位置准确	10	每错一处扣3分				
8	安全操作并能正确使用工具、量具，场室保持整洁	10	工具、量具使用不当，一次扣2分，其余不合规定每次扣2分				
	合计	100					

课题4　錾削技术

4.1　按题表4-1进行评价。

题表4-1　锤击要领评分表

序号	考核内容	配分	评分标准	自评	互评	师评
1	作业姿势	20	达标　基本达标　尚未达			
2	握锤	20	达标　基本达标　尚未达标			
3	锤击	30	准确　基本准确　不准确			
4	锤击速度	20	合理　稍快　稍慢			
5	安全文明	10	严格执行　基本执行　有违反			
	合计	100				

4.2　按题表4-2进行评价。

题表4-2　錾削基本训练评分表

序号	考核内容	考核要求	配分	评分标准	检测记录	自评	互评	师评
1	着装整齐，工具齐全	1. 穿工作服，袖口系紧。 2. 工具装入工具套内、器材齐全	5	不穿工作服、袖口没有系紧，工具、器材不全，一次扣5分				
2	錾削平面	工具选择；平面錾削余量：0.5~2mm/次；起錾达要求；錾削到尽头达要求	30	不按规定，每发现一次扣5分				
3	錾削油槽	工具选择：刃磨切削刃至符合要求 要领：随时调整錾子倾斜度，使后角保持不变	15	不按规定，每发现一次扣5分				
4	錾削板料	1. 较小板料錾削 2. 较大板料錾削 3. 复杂形状板料錾削	40	不按规定，每发现一次扣5分				
5	文明生产	整理工具	10	工具凌乱扣10分				
		合计	100					

课题 5　锉 削 技 术

5.1　按题表 5-1 进行评价。

题表 5-1　锉削训练评分表

序号	考核内容	配分	评分标准	检测记录	自评	互评	师评
1	工作服、鞋、帽穿戴整齐	5	未达标扣 5 分				
2	工件装夹正确、牢固	5	有误酌情扣分				
3	锉刀正确握持	10	错误一次扣 2 分				
4	作业时身体姿势正确	10	错误一次扣 2 分				
5	推锉过程的平衡性	10	错误一次扣 2 分				
6	推锉时用力均匀	10	错误一次扣 2 分				
7	锉刀全长参加切削	10	错误一次扣 3 分				
8	锉削时回程不得有拖拉现象	10	错误一次扣 3 分				
9	正确使用量具进行测量	10	错误一次扣 2 分				
10	工具摆放整齐（"7S"管理）	10	不整齐一次扣 2 分				
11	安全文明生产	10	酌情扣分				
	合计	100					

5.2　按题表 5-2 进行评价。

题表 5-2　刀口形直角尺操作评分表

序号	考核内容	考核要求	配分	评分标准	检测记录	自评	互评	师评
1		(15 ± 0.02) mm	4	超差不得分				
2		$15^{+0.021}_{0}$ mm	5	超差不得分				
3		$50^{0}_{-0.039}$ mm	4	超差不得分				
4		(1 ± 0.10) mm（2 处）	5	超差不得分				
5		$60°\pm5'$	4	超差不得分				
6	锉削	$\boxed{//\ \ 0.02\ \ A}$	10	超差不得分				
7		$\boxed{\perp\ \ 0.02\ \ A}$	12	超差不得分				
8		$\boxed{\perp\ \ 0.02\ \ B}$	12	超差不得分				
9		$Ra0.8\mu m$（4 处）	8	升高一级不得分				
10		$Ra3.2\mu m$（6 处）	6	升高一级不得分				
11	铰孔	$2\times\phi5H7$	6	超差不得分				
12		(70 ± 0.10) mm	10	超差不得分				
13		$Ra1.6\mu m$（孔，2 处）	4	升高一级不得分				
14		安全文明生产	10	违者酌情扣分				
	合计		100					

5.3 按题表 5-3 进行评价。

题表 5-3 六角螺母评分表

序号	考核内容	考核要求	配分	评分标准	检测记录	自评	互评	师评
1	锉削	$30^{\ 0}_{-0.052}$ mm （三组）	15	超差不得分				
2		$120°±3'$ （6 处）	24	超差不得分				
3		⫽ 0.04 B （三组）	12	超差不得分				
4		⊥ 0.04 A （6 处）	12	超差不得分				
5		▱ 0.04 （6 处）	12	超差不得分				
6		$Ra1.6\mu m$（6 处）	6	升高一级不得分				
7	螺纹孔	M10	3	超差不得分				
8		$Ra3.2\mu m$	2	升高一级不得分				
9		⊥ $\phi0.10$ A	4	超差不得分				
10		安全文明生产	10	违者酌情扣分				
	合计		100					

5.4 按题表 5-4 进行评价。

题表 5-4 平键加工评分表

序号	考核要求	配分	评分标准	检测记录	自评	互评	师评
1	$16^{+0.12}_{+0.05}$ mm	16	超差不得分				
2	$R8^{\ -0.25}_{-0.40}$ mm （2 处）	20	超差不得分				
3	⫽ 0.04 B （2 处）	16	超差不得分				
4	⊥ 0.04 A （2 处）	12	超差不得分				
5	▱ 0.04 （2 处）	10	超差不得分				
6	$Ra1.6\mu m$（2 处）	6	升高一级不得分				
7	动作正确	10	违者酌情扣分				
8	安全文明生产	10	违者酌情扣分				
	合计	100					

5.5 在题表 5-5 中画出工序简图。

题表 5-5 工序内容对应图表

序号	工序	工序简图
1	锉削长方体的四个大面	

序号	工序	工序简图
2	锉削一个端面	
3	划形体加工线	
4	加工腰形孔	
5	加工鸭嘴锤底面	
6	加工鸭嘴锤斜面	
7	加工倒角	
8	修整	

5.6 完成题表 5-6。

序号	工具名称	工具材料	工具材料性能	用途
1	划针			与钢直尺、直角尺或半径样板等导向工具一起使用,用于划线
2	游标高度卡尺			可以用来量取高度,又可以用量爪直接划线
3	直角尺			可作为划平行线、垂直线的导向工具,还可以用来找正工件在划线平板上的垂直位置,并可以检验工件两平面度的垂直度或单个平面的平面度
4	粗糙度样板			可以检验各种工件表面的粗糙度
5	扁锉、圆锉、半圆锉、整形锉			扁锉用于锉削平面、外圆弧面或球面等。圆锉可以锉削孔、腰形孔或内圆弧面等。半圆锉可以锉削内外圆弧面、有角度的锉削面、平面和曲面等。整形锉可以修整各种不同大小的面
6	钻头			大小不同的钻头可以在实体工件上加工大小不同的孔,也可以在已有的孔进行再加工
7	锯弓			可以锯削金属、木料等
8	淬火钳			夹持零件淬火

5.7　按题表 5-7 进行评价。

题表 5-7　鸭嘴锤质量评分表

序号	考核内容	配分	评分标准	检测记录	自评	互评	师评
1	(20 ± 0.05)mm(2 处)	18	超差不得分				
2	▯ 0.05 A	4	超差不得分				
3	⊥ 0.05 A (2 处)	6	超差不得分				
4	▱ 0.15 B	4					
5	▱ 0.03 (4 处)	12					
6	$C3.5$	8	超差不得分				
7	表面粗糙度 $Ra3.2\mu m$	10	升高一级不得分				
8	(10 ± 0.10)mm	10	超差不得分				
9	10mm、35mm、$R6$mm	6	超差不得分				
10	28mm、112mm、65mm、9mm、12mm、$R8$mm、$R2.5$mm	7	超差不得分				
11	表面光整、美观	5	目测酌情扣分				
12	安全文明生产	10	违者酌情扣分				
	合计	100					

5.8 按题表5-8进行评价。

题表5-8 鸭嘴锤作业综合评价表

序号	考核内容	配分	自评	互评	师评
1	能叙述使用游标卡尺的注意事项	5			
2	能叙述使用千分尺的注意事项	5			
3	能准确读出游标卡尺的检测读数	5			
4	能准确读出千分尺的检测读数	5			
5	能根据测量精度,选择合适的测量工具	5			
6	能说出鸭嘴锤的划线步骤	5			
7	划线准确且用时短	5			
8	能说出游标卡尺的检测方法,得出检测结论	5			
9	测量前能先清洁零件	5			
10	在检测过程中能体现安全意识	5			
11	能正确维护和保养量具	6			
12	工作服穿着整齐	5			
13	语言表达流畅、准确	6			
14	积极思考、主动参与学习	6			
15	听从安排,与其他小组成员合作良好	6			
16	分析、解决问题,书写记录完整	6			
17	文明礼貌,不说粗言秽语	5			
18	服从工位安排,执行一体化课室"7S"管理规定	10			
	合计	100			
综合评价与建议		任课教师签名:			

课题6 锯削技术

6.1 按题表6-1进行评价。

题表6-1 锯削作业评分表

序号	考核内容	考核要求	配分	评分标准	检测记录	自评	互评	师评
1	准备工作	穿工作服、袖口系紧 工具、器材齐全	10	不穿工作服、袖口没有系紧,工具、器材不全,一次扣5分				
2	锯条选择	粗齿锯条适合锯削软材料和较大表面 细齿锯条适用于锯削硬材料	10	一项不清楚扣5分				

序号	考核内容	考核要求	配分	评分标准	检测记录	自评	互评	师评
3	工件夹持	工件伸出钳口不应过长 工件必须夹紧	10	一次不合格扣5分				
4	锯削	姿势：站位、握锯 方法：远起锯、近起锯 锯削：锯缝深度超过锯弓高时，可将锯条转过90°安装	40	一次不合格扣5分				
5	质量	尺寸按图样要求	10	一处不合格扣2分				
		几何公差按图样要求	10	一处不合格扣2分				
6	文明生产	工具摆放整齐、文明生产	10	工具凌乱酌情扣分				
	合计		100					

6.2 按题表6-2进行评价。

题表6-2 型材锯削作业评分表

序号	考核内容	考核要求	配分	评分标准	检测记录	自评	互评	师评
1	准备工作	穿工作服、袖口系紧，工具、器材齐全	5	不穿工作服、袖口没有系紧，工具、器材不全，一次扣5分				
2	锯条选择	粗齿锯条适合锯削软材料和较大表面 细齿锯条适用于锯削硬材料	5	一项不清楚扣2.5分				
3	工件夹持	工件伸出钳口不应过长 工件必须夹紧	5	一处不合格扣2.5分				
4	锯削	姿势：站位、握锯 起锯方法：远起锯、近起锯 棒料锯削：毛坯可从几个方向锯削 管子锯削：每个方向只锯到管子内壁，然后顺锯条推进方向转管子再锯削 薄板料锯削：宜采用木块夹持薄板，连同薄板一起锯下的方法 深缝锯削：锯缝深度超过锯弓内高时，可将锯条转过90°安装	55	一处不清楚扣5分				

序号	考核内容	考核要求	配分	评分标准	检测记录	自评	互评	师评
5	质量	尺寸按图样要求	10	一处不合格扣2分				
6		几何公差按图样要求	10	一处不合格扣2分				
7	文明生产	工具整理整齐	10	工具凌乱酌情扣分				
	合计		100					

课题7　孔加工技术

7.1　按题表7-1进行评价。

题表7-1　砂轮机作业评分表

序号	考核内容	配分	评分标准	检测记录	自评	互评	师评
1	正确穿戴安全防护用品	10	一处不符合扣5分				
2	准确说出砂轮机和砂轮各组成部分的名称,了解其结构	15	回答不全酌情扣2~10分				
3	能用敲击和目测的方法检查砂轮是否有安全隐患	10	方法不对或未能查出隐患一项扣5分				
4	会利用工具正确更换砂轮并对安装好的砂轮进行修正	15	根据现场酌情打分				
5	采用报废钢条进行试磨削训练,做到站立姿势、用力等正确,磨削面平整	20	根据现场酌情打分				
6	用砂轮进行打磨练习,做到倒角均匀,磨削面平整	20	根据现场酌情打分				
7	执行"7S"管理,做到安全操作	10	违者一次扣2分				
	合计	100					

7.2 按题表 7-2 进行评价。

题表 7-2 台式钻床调整作业评分表

序号	技术要求	配分	评分要求	检测记录	自评	互评	师评
1	正确穿戴安全防护用品	10	一处不符合扣5分				
2	准确说出台式钻床各组成部分的名称，了解其结构	15	回答不全酌情扣2~10分				
3	能正确调整钻速	15	方法不对扣5分				
4	会利用工具及辅具正确更换传动带及工作台高度	15	根据现场酌情打分				
5	正确使用钻夹头安装钻头	15	根据现场酌情打分				
6	编制现有设备"五定"图表并进行设备加油保养	20	根据现场酌情打分				
7	执行"7S"管理，做到安全操作	10	违者一次扣2分				
	合计	100					

7.3 按题表 7-3 进行评价。

题表 7-3 钻头刃磨和试钻操作评分表

序号	考核课题	考核内容	考核要求	配分	评分标准	检测记录	自评	互评	师评
1	准备工作	1. 着装整齐，2. 工具齐全	1. 穿工作服、袖口系紧 2. 工具、器材齐全	10	不穿工作服、袖口没有系紧，工具、器材不全一次扣5分				
2	操作	麻花钻刃磨	选择砂轮：粒度F46~80，中软级别磨削钻头	30	不知道砂轮选择原则扣5分；顶角2φ不准确(118°±2′)扣5分 主切削刃不等长、等高扣5分/项 未采取防退火方法扣5分				
3		钻头、工件夹持	会使用钻夹头、钻套夹持钻头；工件夹紧牢固	10	一处不合格扣5分				
4		钻通孔（选做：钻深孔、圆柱面钻孔、斜面上钻孔、钻半圆孔、冷却和润滑）	钻通孔时最好在接近钻通时手动进给；钻深孔时要及时退钻头排屑和冷却	40	一处不合格扣10分				

15

序号	考核课题	考核内容	考核要求	配分	评分标准	检测记录	自评	互评	师评
5	文明生产	整理工具	工具整齐	10	工具凌乱扣10分				
		合计		100					

7.4 按题表7-4进行评价。

题表7-4 扩孔、锪孔、铰孔操作评分表

序号	考核课题	考核内容	考核要求	配分	评分标准	检测记录	自评	互评	师评
1	准备工作	着装整齐,工具齐全	1. 穿工作服、袖口系紧 2. 工具、器材齐全	10	不穿工作服、袖口没有系紧,工具、器材不全一次扣5分				
2		麻花钻刃磨	选择砂轮:粒度F46~80,中软级别磨削钻头	15	不知道砂轮选择原则扣5分 顶角2ϕ不准确（180°±2′）扣5分 主切削刃不等长、等高扣5分/项 未采取防退火方法扣5分				
3		正确选择刀具	正确选择扩孔钻、锪钻、铰刀	10	选择不正确一次扣5分				
4	操作	钻头、工件夹持	会采用钻夹头夹持钻头;工件夹紧牢固	15	一处不合格扣5分				
5		钻通孔锪孔	扩孔时采取手动进给 锪孔时采取手动进给 合理选择切削液	20	一处不合格扣5分				
6		铰孔	手法、姿势正确 孔径合格 表面粗糙度值$Ra1.6\mu m$ 孔口无明显喇叭口	20	一处不达标扣5分				
7	文明生产	整理工具	工具整齐	10	工具凌乱扣10分				
		合计		100					

7.5　按题表 7-5 进行评价。

题表 7-5　攻螺纹、套螺纹操作评分表

序号	考核课题	考核内容	考核要求	配分	评分标准	检测记录	自评	互评	师评
1	准备工作	着装整齐，工具齐全	1. 穿工作服、袖口系紧　2. 工具、器材齐全	10	不穿工作服、袖口没有系紧，工具、器材不全一次扣5分				
2	操作	攻螺纹	计算正确	5	计算错误扣5分				
3			孔口要倒角	5	一处不合格扣2分				
4			螺纹孔垂直	10	一处不合格扣2分				
5			操作动作要领正确	20	依据现场表现酌情扣分				
6			合理选用切削液	5	不加扣5分				
7		套螺纹	计算正确	5	计算错误扣5分				
8			正确夹持	5	不正确不得分				
9			操作动作要领正确	20	依据现场表现酌情扣分				
10			合理选用切削液	5	一处不清楚扣5分				
11	文明生产	整理工具	工具整齐	10	工具凌乱扣10分				
合计				100					

7.6　按题表 7-6 进行评价。

题表 7-6　阀体的孔系加工评分表

序号	考核要求	配分	评分标准	检测记录	自评	互评	师评
1	（60±0.1）mm	10	超差不得分				
2	（30±0.1）mm	10	超差不得分				
3	5（2处）	4	超差不得分				
4	3×ϕ10H7	15	超差不得分				
5	2×ϕ8H7	10	超差不得分				
6	2×M8	10	超差不得分				
7	6×ϕ5	12	超差不得分				
8	2×ϕ4	4	超差不得分				
9	2×ϕ9（90°）	2	超差不得分				
10	C1mm（6处）	6	超差不得分				
11	C2mm（2处）	2	超差不得分				
12	Ra1.6μm（5处）	5	降级不得分				
13	安全文明生产	10	违规一次扣5分				
合计		100					

课题 8 弯形与矫正技术

8.1 按题表 8-1 进行评价。

题表 8-1 矫正作业操作评分表

序号	考核内容	考核要求	配分	评分标准	检测记录	自评	互评	师评
1	准备工作	穿工作服、袖口系紧;工具、器材齐全	10	不穿工作服、袖口没有系紧,工具、器材不全一次扣5分				
2	锤子选择	根据不同材料大小正确选择锤子	10	选择错误扣5分				
3	工件安装	工件安装或摆放正确	10	一次不合格扣5分				
4	锤击	姿势:站位、握锤动作协调;腕挥、肘挥、臂挥;锤击点准确、用力恰当	40	一次不合格扣5分				
5	质量	尺寸按图样要求	10	一处不合格扣2分				
6		几何公差按图样要求	10	一处不合格扣2分				
7	文明生产	工具摆放整齐、文明生产	10	工具凌乱酌性扣5分				
	合计		100					

8.2 按题表 8-2 进行评价。

题表 8-2 B30 型管子卡箍检测评分表

序号	考核内容	考核要求	配分	评分标准	检测记录	自评	互评	师评
1	准备工作	穿工作服、袖口系紧;工具、器材齐全	10	不穿工作服、袖口没有系紧,工具、器材不全一次扣5分				
2	锤子选择	根据不同材料大小正确选择锤子	10	选择错误扣5分				
3	工件安装	工件安装或摆放正确	10					
4	锤击	姿势:站位 握锤动作协调:腕挥、肘挥、臂挥 锤击点准确、用力恰当	40	一次不合格扣5分				
5	质量	尺寸按图样要求	10	一处不合格扣2分				
6		几何公差按图样要求	10	一处不合格扣2分				
7	文明生产	工具摆放整齐、文明生产	10	工具凌乱酌性扣5分				
	合计		100					

18

课题 9 刮 削 技 术

9.1 按题表 9-1 进行评价。

题表 9-1 刮刀刃磨操作评分表

序号	考核内容	配分	评分标准	检测记录	自评	互评	师评
1	刮刀两大平面平整	20	不平整一面扣 10 分				
2	粗刮、精刮、细刮角度准确	30	一处不准确扣 5~10 分				
3	刃磨姿势正确	20	一次不正确扣 3 分				
4	磨石磨损匀称	10	不匀称扣 10 分				
5	严格执行"7S"管理	20	按执行情况酌情扣分				
	合计	100					

9.2 按题表 9-2 进行评价。

题表 9-2 原始平板刮削评分表

序号	考核内容	配分	评分标准	检测记录	自评	互评	师评
1	姿势(站立、双手)正确	10	目测				
2	刀迹整齐、美观(3 块)	10	目测				
3	接触点每 25mm×25mm 在 18 点以上(3 块)	30	目测				
4	刮点清晰、均匀,每 25mm×25mm 点数允差 6 点(3 块)	15	目测				
5	无明显落刀痕,无丝纹和振痕(3 块)	15	目测				
6	团队合作,分工协调	10					
7	安全文明生产	10	违者不得分				
	合计	100					

课题 10 研 磨 技 术

10.1 按题表 10-1 进行评价。

题表 10-1 研磨基础训练评价表

序号	考核内容	配分	考核要求	检测记录	自评	互评	师评
1	规范着装,保持工作环境清洁有序	20	违反一次扣 5 分				
2	正确选用研具和磨料	20	按现场操作酌情扣分				
3	研磨动作规范	30	按现场操作酌情扣分				
4	初步掌握研磨质量检验方法	20	按现场操作酌情扣分				
5	安全文明生产	10	违反一次扣 5 分				
	合计	100					

10.2 按题表 10-2 进行评价。

题表 10-2 刀口形直尺研磨评价表

序号	考核内容	配分	评分标准	检测记录	自评	互评	师评
1	规范着装、保持工作环境清洁有序	10	违反一次扣 5 分				
2	正确选用研具和磨料	10	按现场操作酌情扣分				
3	研磨动作规范	10	按现场操作酌情扣分				
4	初步掌握研磨质量检验方法	10	按现场操作酌情扣分				
5	$\parallel$ $\boxed{0.02}$ $\boxed{A}$	5	超差扣 5 分				
6	$\boxed{\diagup\!\!\!\!\Box}$ $\boxed{0.04}$ （2 处）	10	一处超差扣 5 分				
7	$\perp$ $\boxed{0.02}$ $\boxed{B}$ （2 处）	10	一处超差扣 5 分				
8	$-$ $\boxed{0.01}$ （2 处）	10	一处超差扣 5 分				
9	$\boxed{\diagup\!\!\!\!\Box}$ $\boxed{0.015}$	5	超差扣 5 分				
10	表面粗糙度 $Ra0.8\mu m$ （6 处）	10	一处超差扣 2 分				
11	安全文明生产	10	违反一次扣 5 分				
	合计	100					

模块 3 综合零件加工与装配

课题 11 锉 配 技 术

11.1 按题表 11-1 进行评价。

题表 11-1 作业任务评价表

序号	考核内容	配分	评分标准	检测记录	自评	互评	师评
1	书写清晰、字迹端正	5	未达标酌情扣分				
2	锉配件类型	5	类型判定不正确不得分				
3	锉配件主要技术要求	10	不完整酌情扣 2~6 分				
4	主要控制尺寸	15	不完整酌情扣 3~10 分				
5	所需工具	10	不完整酌情扣 2~6 分				
6	所需量具	10	不完整酌情扣 2~6 分				
7	加工工艺编制	35	不合理或未完成酌情扣分				
8	安全文明素养	10	违反要求一次扣 5 分				
	合计	100					

11.2 按题表 11-2 进行评价。

题表 11-2 凹凸配件加工评分表

序号	考核内容	考核要求	配分	评分标准	检测记录	自评	互评	师评
1		$22_{-0.05}^{0}$ mm	6	超差不得分				
2		$20_{-0.05}^{0}$ mm	6	超差不得分				
3		▱ 0.02	20	超差不得分				
4		⊥ 0.03 A	12	超差不得分				
5	锉配	≡ 0.10 B	8	超差不得分				
6		(66±0.04) mm	4	超差不得分				
7		(80±0.04) mm	4	超差不得分				
8		配合间隙 ≤0.06mm	15	超差不得分				
9		$Ra3.2\mu m$	5	超差不得分				
10	锯削	(20±0.15) mm	6	超差不得分				
11		▱ 0.4	4	超差不得分				
12	安全文明生产		10	违者酌情扣分				
	合计		100					

21

11.3 按题表 11-3 进行评价。

题表 11-3 燕尾镶配件评分检测表

序号	考核内容	考核要求	配分	评分标准	检测记录	自评	互评	师评
1	锉配	$42_{-0.039}^{\ 0}$mm（2处）	10	超差不得分				
2		$24_{-0.03}^{\ 0}$mm	8	超差不得分				
3		$60°\pm4'$	8	超差不得分				
4		（20±0.02）mm	8	超差不得分				
5		表面粗糙度 $Ra3.2\mu m$	8	升高一级不得分				
6		≡ 0.15 A	4	超差不得分				
7		配合间隙≤0.04mm（5处）	20	超差不得分				
8		错位量≤0.06mm	4	超差不得分				
9	钻孔	$2\times\phi8_{0}^{+0.05}$mm	2	超差不得分				
10		$2\times M10$	2	超差不得分				
11		（12±0.20）mm（4处）	4	超差不得分				
12		（45±0.15）mm（2处）	4	超差不得分				
13		表面粗糙度 $Ra6.3\mu m$（4处）	4	升高一级不得分				
14		≡ 0.25 A	4	超差不得分				
15		安全文明生产	10	违者酌情扣分				
合计			100					

11.4 按题表 11-4 进行评价。

题表 11-4 四方镶配考核评分表

序号	加工内容	配分	评分标准	检测记录	自评	互评	师评
1	$25_{-0.05}^{\ 0}$mm（2处）	20	超差不得分				
2	∥ 0.04 C （2处）	16	超差不得分				
3	⊥ 0.03 B （4处）	12	超差不得分				
4	⊥ 0.03 A	4	超差不得分				
5	▱ 0.03 （6面）	12	超差不得分				
6	配合间隙≤0.05mm	16	超差不得分				

序号	加工内容	配分	评分标准	检测记录	自评	互评	师评
7	表面粗糙度 Ra3.2μm	10	升高一级不得分				
8	安全文明生产	10	违反一次扣5分				
	合计	100					

11.5 按题表 11-5 进行评价。

题表 11-5 等边三角镶配评分表

序号	考核内容	考核要求	配分	评分标准	检测记录	自评	互评	师评
1	件1	$54_{-0.046}^{0}$ mm（2 处）	8	超差不得分				
2		$22_{-0.033}^{0}$ mm（2 处）	8					
3		$60°\pm4'$（4 处）	8					
4		$\phi10_{0}^{+0.022}$ mm（3 处）	1					
5		$Ra1.6$μm	1	升高一级不得分				
6		$Ra3.2$μm（7 处）	3.5					
7	件2	$60°\pm4'$（2 处）	6	超差不得分				
8		$\phi10_{0}^{+0.022}$ mm（2 处）	2					
9		（15±0.09）mm（2 处）	6					
10		（60±0.15）mm	4					
11		$Ra1.6$μm（2 处）	2	升高一级不得分				
12		$Ra3.2$μm（9 处）	4.5					
13	配合	配合间隙≤0.04mm（8 处）	16	超差不得分				
14		外形错位量≤0.05mm（4 处）	6					
15		（60±0.23）mm（2 处）	4					
16		（80±0.06）mm（3 处）	6					
17	其他	3×ϕ3mm	2	不符要求酌情倒扣分				
18		去锐边倒钝 R≤0.3mm	2					
19		安全文明生产	10	违反一次扣5分				
	合计		100					

11.6 按题表 11-6 进行评价。

题表 11-6 圆弧燕尾镶配件加工检测评分表

序号	考核内容	考核要求	配分	评分标准	检测记录	自评	互评	师评
1	件Ⅰ	$50_{-0.025}^{0}$ mm	3	超差无分				
2		$32_{-0.02}^{0}$ mm	3	超差无分				
3		$10_{-0.022}^{0}$ mm	2×2	超差无分				
4		(8 ± 0.02) mm	3	超差无分				
5		$60°\pm4'$（2 处）	4×2	超差无分				
6		$R15$ mm	3	超差无分				
7		⌒ 0.05（面轮廓度）	3	超差无分				
8		$R8$ mm（2 处）	1.5×2	超差无分				
9		⊥ 0.02 B（12 处）	0.5×12	超差无分				
10		$Ra1.6\mu m$（周边 12 处）	0.5×12	降级无分				
11		▱ 0.08 A	3	超差无分				
12	件Ⅱ	(80 ± 0.23) mm	3	超差无分				
13		$50_{-0.025}^{0}$ mm	3	超差无分				
14		(25 ± 0.1) mm	3	超差无分				
15		(30 ± 0.125) mm	3	超差无分				
16		(35 ± 0.125) mm	5	超差无分				
17		$\phi8H7$（2 孔）	2×2	超差无分				
18		$Ra1.6\mu m$（2 孔）	1×2	降级无分				
19		$Ra1.6\mu m$（周边 12 处）	0.5×12	降级无分				
20	配合	燕尾配合（10 处）间隙 ≤0.03mm	1×10	超差无分				
21		圆弧配合（10 处）间隙 ≤0.04mm	弧面 1×6 直面 1×4	超差无分				
22		— 0.04（2 处）	2×2	超差无分				
23		倒角 $C0.5$mm、倒圆 $R0.3$mm	1×2	酌情扣分				
合计			100					
1	扣分	违章操作	1~5 分	酌情扣分				
2		外形夹、碰、砸伤、加工缺陷	1~5 分	酌情扣分				
3		使用钻模、二类工具、换件	按 0 分现场裁定					
合计								

11.7 按题表 11-7 进行评价。

题表 11-7 压模检测评分表

序号	考核内容	考核要求	配分	评分标准	检测记录	自评	互评	师评
1	锉配	$65_{-0.03}^{0}$ mm	4	超差不得分				
2		$45_{-0.03}^{0}$ mm	4	超差不得分				
3		$30_{0}^{+0.02}$ mm	4	超差不得分				
4		$15_{-0.02}^{0}$ mm	4	超差不得分				
5		$10_{-0.02}^{0}$ mm	4	超差不得分				
6		$135°±2'$	5	超差不得分				
7		$90°±2'$	5	超差不得分				
8		$\boxed{\equiv\ |\ 0.08\ |\ A}$（2 处）	10	超差不得分				
9		$Ra1.6\mu m$（10 处）	5	升高一级不得分				
10		配合间隙 ≤ 0.03mm	10	超差不得分				
11		换位间隙 ≤ 0.06mm	15	超差不得分				
12	攻螺纹	4×M10	8	超差不得分				
13		$(36±0.03)$ mm	4	超差不得分				
14		$(46±0.03)$ mm	4	超差不得分				
15		$Ra3.2\mu m$	4	升高一级不得分				
16	其他	安全文明生产	10	违反一次扣 5 分				
		合　计	100					

11.8 按题表 11-8 进行评价。

题表 11-8 整体式镶配件检测评分表

序号	考核内容	考核要求	配分	评分标准	检测记录	自评	互评	师评
1	锉配	$20_{-0.03}^{0}$ mm（2 处）	8	超差不得分				
2		$20_{0}^{+0.08}$ mm	5	超差不得分				
3		$18_{0}^{+0.03}$ mm	6	超差不得分				
4		$Ra3.2\mu m$（18 处）	9	升高一级不得分				
5		互换间隙 ≤ 0.05mm（9 处）	27	超差不得分				
6		错位量 ≤ 0.06mm	5	超差不得分				
7	铰孔	$2×\phi10_{0}^{+0.02}$ mm	2	超差不得分				
8		$(22±0.15)$ mm（2 处）	2	超差不得分				
9		$(40±0.125)$ mm	5	超差不得分				
10		$Ra1.6\mu m$（2 处）	2	升高一级不得分				
11		孔对 A 的对称度误差 ≤ 0.30mm	4	超差不得分				
12	锯削	$(30±0.35)$ mm	8	超差不得分				
13		$\boxed{//\ |\ 0.30\ |\ B}$	7	超差不得分				
14	其他	安全文明生产	10	违反一次扣 5 分				
		合　计	100					

课题 12   装配技能训练

12.1   按题表 12-1 进行评价。

题表 12-1   螺纹、螺栓联接装配考核评分表

序号	考核课题	考核内容	考核要求	配分	评分标准	检测记录	自评	互评	师评
1	准备工作	着装整齐,工具齐全	1. 穿工作服、袖口系紧 2. 工具、器材齐全	5	1. 不穿工作服、袖口没有系紧各扣 1 分 2. 工具、器材不全各扣 2 分				
2	操作	双头螺柱装配	1. 螺栓与机体配合紧固 2. 双头螺柱轴线与机体表面垂直 3. 装入时加油润滑,便于拆卸更换	25	一项不清楚扣 5 分				
3		螺母和螺钉装配	1. 螺钉或螺母与工件贴合面干净 2. 螺孔内不能有脏物 3. 成组拧紧的螺母拧紧顺序	25	一项不清楚扣 5 分				
4		螺母的防松	1. 锁紧螺母防松 2. 弹簧垫圈防松 3. 开口销或带槽螺母防松 4. 止动垫圈防松 5. 串联钢丝防松	25	操作程序一项不清楚扣 5 分				
5		工具使用	正确使用活扳手	10	不熟练,使用错误酌情扣分				
6	文明生产	整理工具	工具整齐	10	凌乱扣 10 分				
		合计		100					

12.2   按题表 12-2 进行评价。

题表 12-2   键联接和销联接装配考核评分表

序号	考核内容	考核要求	配分	评分标准	检测记录	自评	互评	师评
1	着装整齐,工具齐全	1. 穿工作服,袖口系紧 2. 工具、器材齐全	5	1. 不穿工作服、袖口没有系紧各扣 1 分 2. 工具、器材不全各扣 2 分				
2	普通键联接装配	1. 清理键和键槽毛刺 2. 检查键的直线度和键槽对轴线的歪斜度 3. 用键头和键槽互配,键应紧紧嵌在键槽中 4. 锉配键长度,两头应留有 0.1mm 间隙 5. 配合面加机油,用铜棒将键压入槽中 6. 检查:装配后套件不能摇动	45	一项不清楚扣 5 分				

26

序号	考核内容	考核要求	配分	评分标准	检测记录	自评	互评	师评
3	销联接装配	1. 圆柱销：要求有少量过盈；销孔采用同时钻孔、铰孔方法保证对中；装配时销表面涂抹机油，用铜棒垫在销端面上打入 2. 圆锥销：锥度一般为1：50，用于经常拆卸的场合；孔宜采用铰刀铰出，孔径以销子能自由插入孔中80%为宜；装配后，销打头稍露出被联接件表面或使之一平	40	一项不清楚扣5分				
4	文明生产	工具整齐	10	工具凌乱扣10分				
		合计	100					

12.3　按题表12-3进行评价。

题表12-3　轴承的装配考核评分表

序号	考核内容	考核要求	配分	评分标准	检测记录	自评	互评	师评
1	着装整齐工具齐全	1. 穿工作服，袖口系紧 2. 工具、器材齐全	5	不穿工作服、袖口没有系紧，工具、器材不全一次扣5分				
2	轴承的密封	毡圈密封：工作温度低于90°，用于密封润滑脂 皮碗密封圈：工作温度-40~100℃；用于防止漏油时，密封唇向着轴承；用于防污物时，密封唇背着轴承 间隙密封：通过轴承盖开槽实现密封，用于较清洁的场合	15	一项不清楚扣5分				
3	轴承的游隙调整	分类：径向游隙和轴向游隙 调整方法：使轴承内外圈做适当的相对轴向位移 方法：轴承压盖加装垫子	15	一项不清楚扣10分				
4	轴承装配的准备	1. 检查与轴承相配的零件、外壳等是否有毛刺、锈蚀和固体微粒 2. 用汽油清洗与轴承配合的零件，用干净的布擦净，涂薄油（注意防火） 3. 复核轴承型号 4. 清洗轴承表面的防锈油脂，后放在干净布上	10	一项不清楚扣2分				
5	轴承内圈的装配	1. 压力只能施加在带配合的套圈端面上 2. 轴承内圈与轴紧配合，外圈与壳体为较松配合时，先将轴承装在轴上，再把轴和轴承装入壳体	10	一项不清楚扣5分				

序号	考核内容	考核要求	配分	评分标准	检测记录	自评	互评	师评
6	轴承外圈的装配	1. 当轴承外圈与壳体紧配合,内圈与轴配合较松时,采用将轴承先装入壳体的方法 2. 当轴承内外圈均为紧配合时,可采用装配套筒同时压入的方法;过盈量较小时可用锤子敲击;过盈量较大时可采用压力机械或加温、冷缩等 3. 调整游隙要点: 1）标有代号的端面为可见部位 2）装配过程中严格保持清洁 3）装配后轴承应运转灵活,无噪声	35	一项不清楚扣4分				
7	文明生产	整理工具整齐	10	凌乱扣10分				
	合计		100					

12.4 按题表 12-4 进行评价。

题表 12-4 O 形密封圈与卡簧的装配考核评分表

序号	考核内容	考核要求	配分	评分标准	检测记录	自评	互评	师评
1	着装整齐,工具齐全	1. 穿工作服,袖口系紧 2. 工具、器材齐全	10	1. 不穿工作服、袖口没有系紧各扣2分 2. 工具、器材不全各扣3分				
2	O 形封圈	正确使用工具 装配作业流程合理 装配后 O 形密封圈无损伤	40	一项不清楚扣10分				
3	卡簧	正确使用卡簧钳 卡簧未损伤 卡簧位置准确	40	一项不清楚扣10分				
4	文明生产	卫生整洁、工具整齐	10	凌乱扣10分				
	合计		100					

12.5 按题表 12-5 进行评价。

题表 12-5 带传动的装配考核评分表

序号	考核内容	考核要求	配分	评分标准	检测记录	自评	互评	师评
1	着装整齐,工具齐全	1. 穿工作服,袖口系紧 2. 工具、器材齐全	10	1. 不穿工作服、袖口没有系紧各扣1分 2. 工具、器材不全各扣2分				
2	带轮装配的准备	1. 按照轴、毂孔的键槽修配合适的键 2. 清除安装面上的污物,并涂抹润滑油	15	一项不清楚扣8分				

28

序号	考核内容	考核要求	配分	评分标准	检测记录	自评	互评	师评
3	带轮装配的准备	1. 安装带轮时用木锤敲击或用压力器压入；对于在轴上空转的带轮，则先将轴套或滚动轴承压在轮毂孔中，再装到轴上 2. 带轮的径向圆跳动量为（0.00025~0.0005mm）D；轴向圆跳动量为（0.0005~0.0001mm）D 3. 两带轮中间平面应重合，倾斜角不应超过1°	25	一项不清楚扣8分				
4	安装传动带	1. 先将带套在小带轮上，转动大带轮，用螺钉旋具将带拨入大带轮槽中 2. 装好后传动带上端面应与轮槽平齐或略高于槽面	20	一项不清楚扣10分				
5	传动带调整	1. 新旧传动带不能混用 2. 中等中心距时，大拇指能按下15mm即可 3. 传动带在工作过程中应随时进行调整	20	一项不清楚扣5分				
6	文明生产	卫生整洁、工具整齐	10	凌乱扣10分				
	合计		100					

12.6　按题表12-6进行评价。

题表12-6　直线导轨的装配检测考核评分表

序号	考核内容	考核要求	配分	评分标准	检测记录	自评	互评	师评
1	着装整齐，工具齐全	1. 穿工作服，袖口系紧 2. 工具、器材齐全	10	1. 不穿工作服、袖口没有系紧各扣1分 2. 工具、器材不全各扣2分				
2	安装调试	测量调试方法正确	8	不正确扣5~8分				
3		装配测量基准选择正确	8	不正确扣8分				
4		定位面和标记面方向正确	8	不正确扣8分				
5		线轨滑块供油孔位置正确	8	不正确扣8分				
6		线导清洁	8	不清洁酌情扣				
7	精度检测	导轨上素线直线度公差0.01mm 导轨侧素线直线度公差0.01mm 导轨平行度公差0.01mm	30	一项超差扣10分				
8		全行程内运行是否灵活，有无阻滞现象	10	有阻滞扣10分				
9	文明生产	卫生整洁、工具整齐	10	凌乱扣10分				
	合计		100					

12.7 按题表 12-7 进行评价。

题表 12-7　一级齿轮减速器的装配检测评分表

序号	考核课题	考核内容	配分	评分标准	检测记录	自评	互评	师评
1	轴组	轴的精度保持在 0.03mm	4	轴的精度被破坏扣 4 分				
2		轴承游隙的调整（按技术要求）	6	调整游隙不当扣 6 分				
3		齿轮与轴和健的配合	8	任何两者配合不正确扣 8 分				
4		间隙调整与定位准确性	8	相配合的间隙调整不当扣 3 分，2 处以上调整不当扣 8 分				
5	箱体总成	两齿轮标准中心距±0.18mm	10	中心距达不到图样要求扣 5 分				
6		轮齿接触精度：沿齿高不低于 35%，沿齿长不低于 40%	10	单一方向不达标扣 5 分，高度和宽度方向均不达标扣 10 分				
7		输入轴与输出轴平行度误差 0.03~0.05mm	10	不符合技术要求扣 5 分				
8		箱体内的 45# 机油按规定加入	3	加错机油扣 2 分，高度不合要求的扣 1 分				
9		减速器的剖分面、各接触面的密封性	4	箱体上下剖面结合不好扣 4 分				
10		总成后的动转平衡性符合要求	7	起动困难，空载阻力大扣 7 分				
11		噪声符合设计要求（小于 45dB）	5	未达标的扣 5 分				
12		其他主要技术指标符合设计要求	10	主要技术指标不达标的扣 10 分				
13	准备	对轴、轴承、齿轮及相关标准件的外观进行检查	5	未认真阅读图样和装配技术要求扣 2 分，对中部件不检查扣 3 分				
14	装配规程	按装配工艺规程进行装配，并及时、合理调整间隙	5	未按工艺规程操作扣 2 分，间隙调整不合理的扣 3 分				
15	其他	清洁度、无渗漏	5	不符合要求扣 5 分				
合计			100					

12.8 按题表 12-8 进行评价。

题表 12-8　CA6140 车床刀架总成部件拆装及调整评分表

序号	考核课题	考核内容	配分	评分标准	检测记录	自评	互评	师评
1	纪律	出勤纪律	3	违纪扣 3 分				
2		工装穿戴	2	不达标扣 2 分				
3	工艺准备	工艺编制与记录	10	按编制的正确性和记录的完整性酌情扣分				
4		工作过程知识的掌握程度	5	按现场提问的情况酌情扣分				
5	操作	各种拆装工具使用	10	使用不当一次扣 2 分				
6		刀架拆装	20	按优 20、良 15、及差 10 打分				
7		小滑板拆装	20	按优 20、良 15、及差 10 打分				
8		各种工具的保养	5	保养不当扣 2 分				

序号	考核课题	考核内容	配分	评分标准	检测记录	自评	互评	师评
9	精度	刀架工位定位准确	5	调整错误扣 5 分				
10		刀架转动灵活	5	超差扣 5 分				
11		小滑板锁紧螺母间隙合理,丝杠转动灵活无阻碍	5	不符合要求扣 5 分				
12	素养	团队合作	3	酌情扣分				
13		兴趣、态度、积极性	3	酌情扣分				
14		"7S"执行	4	违反一次扣 1 分				
合计			100					

课 外 作 业

模块 1　生产安全与产品检测基础

课题 1　入门指导

1.1　简述钳工的主要任务及种类。

1.2　操作者应该学会正确选择和穿戴哪些作业保护？

1.3　企业生产现场安全文明生产的基本要求有哪些？

1.4　请说出整理与整顿，清扫与清洁的不同点。

1.5　定置管理的基本内容有哪些？

1.6　实训纪律有哪些基本要求？

1.7　钳工实训场地设备的主要布局需要考虑哪些因素？

1.8　参观工厂的目的是什么？

1.9　写一篇工厂参观感想或观看视频后的感想。

课题 2　通用类量具原理及应用

2.1　简述游标卡尺的结构及用途。

2.2　游标卡尺的分类及精度有哪些？

2.3　游标卡尺误差的主要原因主要有哪些？

2.4　简述千分尺的结构与分类。

2.5　简述千分尺的使用方法。

2.6　简述刀口形直尺使用时的要求。

2.7　简述百分表的结构和用途。

2.8　简述百分表维护与保养要求。

2.9　简述量块及使用环境要求。

2.10　产品测量的要求有哪些？

模块 2　钳工技术训练

课题 3　划线技术

3.1　简述划线及作用。

3.2　简述划针及使用要领。

3.3　简述划规的使用要领。

3.4　划线平板的使用注意事项有哪些？

3.5　涂料的种类及使用场合有哪些？

3.6　何为平面划线？何为立体划线？

3.7　简述划线的步骤。

3.8　划线基准有哪几类？

3.9　何为找正及借料？

3.10　请说出 10 种以上划线工具。

3.11　当需要刃（研）磨划线器刀尖时，哪个面需要刃（研）磨？

课题4 錾削技术

4.1 在曲面上錾油槽时应该注意什么？

4.2 錾切薄板料有哪几种方法？

4.3 分别说明錾削较窄和较宽平面的方法。

4.4 简述錾子的正确握持方法。

4.5 锤子的握法有哪几种？详细说明每一种锤子的正确握法。

课题5 锉削技术

5.1 锉刀选择的一般原则是什么？

5.2 分析锉削加工缺点。

5.3 简述游标万能量角器读数及使用方法。

5.4 为什么在加工前先选择加工基准？应如何选择加工基准？

5.5 加工鸭嘴锤时如何选基准？

5.6 锉削时为何要求尽可能最大限度地留有加工余量，并尽量使公称尺寸保持最大？

5.7 为什么要在加工前进行划线？划线的具体步骤是什么？

5.8 锉削内、外圆弧面等曲面，其方法与锉削平面的方法相同吗？

5.9 试通过查阅资料或咨询老师，总结对鸭嘴锤两端进行淬火的具体操作过程。

课题6 锯削技术

6.1 何为锯路？

6.2 如何选择锯条粗细？

6.3 试说出锯条折断的原因。

课题7 孔加工技术

7.1 钻床具体保养内容有哪些？

7.2 简述砂轮检查方法。

7.3 简述钻孔加工的安全操作规程。

7.4 刃磨后的麻花钻经目测或用角度样板检查后的几何角度应达到哪些要求？

7.5 简述钻孔时手动进给操作要点。

7.6 高速钢铰刀为何不能在普通台式钻床上机铰？

7.7 铰孔铰刀退出时为何不能反转？

7.8 35钢件，M10攻螺纹前底孔的直径多少？

7.9 M12套螺纹前的圆杆直径是多少？

7.10 简述套螺纹的基本方法。

课题8 弯形与矫正技术

8.1 简要说明中性层的概念。

8.2 解释冷作硬化的概念。

8.3 常用的矫正方法有哪些？

8.4 简述矫正的安全操作规程。

课题9 刮削技术

9.1 何为刮削？

9.2 简述挺刮法操作方法要点。

9.3 何为刮花？

9.4 刮削的检验有哪些方法？

9.5 简述刮削质量缺陷分析要点。

9.6 简述原始平板的刮削要点。

课题10 研磨技术

10.1 何为研磨？

10.2 对研具的要求有哪些？

10.3 磨料的粗细是如何区分的？

10.4 研磨液的种类和作用有哪些？

10.5 简述磨料白刚玉、绿碳化硅的特性和适用范围。

10.6 手绘平面研磨时的运动轨迹。

10.7 简述研磨的压力和速度。

模块3 综合零件加工与装配

课题11 锉配技术

11.1 锉配作业一般应考虑哪些原则？

11.2 要提高锉配技能需做到哪些方面？

11.3 举例说明对称度控制的基本方法。

11.4 四方镶配作业的注意事项有哪些？

11.5 钳工实际操作技能的基本内容有哪些？

11.6 技能鉴定考核课题主要由哪些内容构成？

课题12 装配技能训练

12.1 简述通用机械（器）装配技术要求。

12.2 什么是封闭环？

12.3 查阅资料，了解装配单元系统图的组成和画法。

12.4 什么是预紧？预紧有何目的？

12.5 简述扭力扳手使用时的注意事项。

12.6 简述双头螺柱的装配要点。

12.7 简述平键联接装配注意事项。

12.8 安装O形橡胶密封圈之前，进行检查的内容有哪些？

12.9 简述卡簧钳使用时的注意事项。

12.10 简述直线导轨基准和接头的处理方法。

12.11 直线导轨装配时的注意事项有哪些？

12.12 简述齿轮传动机构装配的技术要求。

12.13 蜗杆传动机构装配时，蜗轮和螺杆哪个先装？

12.14 单级齿轮减速器的装配技术要求有哪些？

12.15 简述车床刀架部件的结构及作用。